U0332561

高职高专"十二五"公共基础课规划教材

物 理 学

第 2 版

主 编 赵建彬
副主编 郝立宁 高景峰 孟秀兰
参 编 吕兴行 巩金海 朵丽华 顾晓红

机械工业出版社

本书为高职高专理工科通用物理教材。作者在"以必需、够用为度，以应用为目的"的原则指导下，精选和组织教材内容，除了包括经典物理学基本内容外，还注意适当融入近代和现代物理概念与物理思想，并编入了科学家介绍、物理趣闻等内容，以培养学生的创新意识和科学素养，扩大学生的现代物理知识视野。为了适用理工科不同专业的需求，本书以"*"形式安排了部分章节的选讲内容。

本书不但可作为高职高专理工科各专业的物理教材，也可作为职业大学、成人和电视大学的物理教材，还可作为高等院校本科工程物理学(少学时)专业的教材及文科物理的教学参考用书。

图书在版编目(CIP)数据

物理学/赵建彬主编. —2 版. —北京：机械工业出版社，2012.7

高职高专"十二五"公共基础课规划教材

ISBN 978-7-111-38498-4

Ⅰ.①物… Ⅱ.①赵… Ⅲ.①物理学—高等职业教育—教材 Ⅳ.①O4

中国版本图书馆 CIP 数据核字(2012)第 106451 号

机械工业出版社(北京市百万庄大街 22 号 邮政编码 100037)

策划编辑：李大国　责任编辑：李大国
责任校对：陈延翔　封面设计：张　静
责任印制：张　楠
北京诚信伟业印刷有限公司印刷
2012 年 8 月第 2 版第 1 次印刷
184mm×260mm・16.25 印张・396 千字
标准书号：ISBN 978-7-111-38498-4
定价：30.00 元

凡购本书，如有缺页、倒页、脱页，由本社发行部调换

电话服务　　　　　　　　网络服务

社服务中心：(010)88361066　教材网：http://www.cmpedu.com

销售一部：(010)68326294　机工官网：http://www.cmpbook.com

销售二部：(010)88379649　机工官博：http://weibo.com/cmp1952

读者购书热线：(010)88379203　**封面无防伪标均为盗版**

第2版前言

一、第2版修订的指导思想

本书作为高职高专理工科通用物理教材，参考了高等学校工程专科基础课程委员会修订的"高等学校工程专科物理学课程教学基本要求"，一如既往，在"以必需、够用为度"的原则指导下，精选和组织教材内容。在保持第1版基本结构和内容的基础上，本书第2版更加兼顾结构的完整性、内容的基础性、教学的选择性，删去了一些难度大的内容、习题和例题，将一些有难度的习题变成了选做题，同时增加了一些必要的内容。在内容的编排上，充分考虑到学生的可接受性，同时适应新课程的教学要求，尽量渗透物理学的研究方法，特别注意渗透科学家勇于探索的科学精神和求真务实的科学态度，力求达到提高学生科学素养的目的。

二、第2版的基本特点

1. 以经典物理学为主要框架，融入必要的近代物理学基本知识和现代物理学观点，力求使学生接受经典物理学知识的同时了解近代物理学发展，提高物理学习兴趣，扩大科学视野。

2. 着重阐述物理学的基本规律，对重点和难点内容的讲解力求清晰、透彻，并注意到一定的知识涵盖面；加强理论联系实际环节，强化应用意识，注意把科学思想和辩证唯物主义的观点渗透于全书中。

3. 充分运用高中物理学已有知识，在此基础上引入专科物理教学内容；凡涉及后续专业基础课中详细讲述的内容，本书均作为选讲或不再涉及。

4. 为了培养学生创新意识、科学素养，了解当今物理学前沿的发展以及物理学在现代技术中的应用，本书在每章后加入了科学家介绍、现代技术、物理趣闻等内容，还在书末加入了诺贝尔物理学奖介绍。

5. 考虑到各学校本课程安排课时不同，书中带"＊"部分为选讲内容，各校各专业可视情况灵活选择。

物理既是高等教育中后续课程学习的基础，也是素质教育的重要内容。在本书的编排和编写过程中，我们注重科学素养教育的渗透，注意培养学生创新思维能力，体现对学生科学思想、科学方法、科学精神和科学态度的培养。通过本书的学习，我们希望能培养学生以科学的眼光看世界，提高学生的科学思维能力及解决实际问题的能力，使学生达到高等教育要求的基本水平。

三、第2版章节内容的变化

按照教学基本要求，并考虑到读者已有的中学物理基础，本书修订时对第1版部分章节在内容和结构上做了如下调整：

1. 删去了第1版中第三章流体力学和第十五章等离子体两章内容，使全书由第1版的十五章改为十三章。把选讲的狭义相对论基础、量子物理基础、激光简介三章的内容调到了本书的最后三章；把热学部分和电磁学部分共五章的内容调到了振动学基础之前(力学部分之后）。

2. 绪论部分增加了物理学研究方法介绍；力学部分增加了参考系与坐标系介绍，增加了牛顿定律、万有引力的功及势能、质点系内一对内力功的计算，增加了质点系的动量定理的推导（同时删去了原来用碰撞特例的推导）、动量守恒定律的适用范围及条件；气体分子动理论及热力学部分增加了理想气体模型及统计假设、理想气体压强的推导、卡诺循环、可逆过程和不可逆过程，删去了能量的退化及热量的传递一节；电磁学部分主要修改了章节内的一些小标题及具体内容（如突出了电磁感应现象的展示）；振动和机械波部分把第五节"阻尼振动、受迫振动、共振"作为选讲。增加了半波损失产生条件，删去了声压和声压级，调整了声波和多普勒效应内容的次序；波动光学部分增加了光的电磁波性质、相干与非相干叠加概念、等倾干涉概念、半波损失产生的条件；增加了科学家菲涅耳介绍；调换了杨氏双缝干涉和光程两节的次序及光的偏振和全息照相原理两节的次序，并将全息照相原理作为选讲；在量子物理基础一章，将内容做了删减、精简及改写，在激光简介一章，修改增加了氦-氖气体激光器粒子数反转原理。在书的最后增加了诺贝尔物理学奖介绍。

总体上，统一了全书相同和不同物理量的使用符号。修改了书中很多内容上的细节，其中包括一些图误及文字错误。

3. 删去了20个难度大的习题，另外将18个难度偏大的习题改为选做题。

本书由赵建彬任主编，参加编写的有赵建彬、郝立宁、高景峰、朵丽花、巩金海、吕兴行、顾晓红、孟秀兰。第2版主要由孟秀兰统稿，对全书进行了修改、校勘和润色。

本书由河北师范大学郑凌峰教授主审。

虽然编者在修订过程中力图体现物理课程的改革精神，为实现"好教好学"的修订初衷而苦心经营，但囿于思想认识和学术水平，仍难免有错误和不足之处，敬请读者批评指正。

编　者

目　录

绪　论

一、博大精深的物理学

物理学是自然科学中最基本的学科，它研究物质的基本结构及其运动的最一般规律。物理学的研究领域极其广泛：在空间标度上，它从基本粒子的亚核世界(10^{-18}m)到整个宇宙(10^{27}m)；在时间标度上，从小于10^{-21}s的短寿命到宇宙纪元(10^{17}s)。正如理查德·费尔曼所说的，"物理学是最基本的包罗万象的一门学科"。

古代物理学研究自然现象，也就是整个物质世界的运动规律。公元前，阿基米德就发现了杠杆原理和浮力定律，他生动地描述杠杆的作用："给我一个支点，就能移动地球"。物理学在16世纪开始形成体系，成为一门学科；17世纪建立了牛顿力学；18世纪到19世纪，形成包括经典统计物理和热力学在内的热学理论，并创立了法拉第—麦克斯韦统一的电磁理论；经过物理学家们二百多年的努力，到19世纪末已成功地建立了力学、热学、电磁学与光学这个庞大完整的理论体系，今天称之为经典物理学。它准确地给出宏观世界低速运动的规律，几乎能解释当时已经发现的所有现象。1757年哈雷彗星在预定的时间回归，1846年海王星在预言的方位上被发现，都惊人地证明了经典力学的一种决定论的可预测性。这曾使伟大的法国数学家拉普拉斯夸下海口："给定宇宙的初始条件，我们就能预言它的未来。"当今，日食和月食的准确预测、宇宙探测器的成功发射与轨道设计，可以说是在较小范围内证实了拉普拉斯的壮语。经典物理学同时在技术中得到了广泛、成功的应用。

但是，这种传统的思想信念在20世纪初遇到了严重的挑战。历史进入20世纪时，物理学开始深入扩展到微观高速领域，人们发现牛顿力学在这些领域不再适用。物理学的发展要求对牛顿力学以及长期认为是不言自明的基本概念做出根本性的改革。这种改革终于实现了，那就是相对论和量子力学的建立。爱因斯坦在1905年发表了题为《论动体的电动力学》的论文，完整地提出了狭义相对论，揭示了空间和时间的联系，引起了物理学的革命。普朗克于1900年首先提出量子概念，经过爱因斯坦、玻尔、德布罗意、玻恩、海森伯、薛定谔、狄拉克等许多物理大师的创新努力，到20世纪30年代，就已经建成了完整的量子力学理论。

以量子力学和相对论的创立为标志的物理学革命，不仅导致了人类宇宙观的重大转变，诱发或促进了整个自然科学的改观，而且带来了人类社会空前的技术进步，极大地改变了人类的生产方式、生活方式乃至思维方式。以量子理论和相对论为两大支柱的物理理论称为近代物理学。量子理论和相对论并不是对经典理论的简单否定，而是在更高的层次上包含了原有的理论，经典理论是量子理论和相对论在宏观和低速条件下的近似，我们的世界本质上是量子化和具有相对性的，整个物理学的两大部分完整而又和谐。

当代物理学本身已经发展成为一个相当庞大的学科，包含有若干相对独立的分支学科。例如粒子物理、广义相对论、超导物理、等离子体物理、凝聚态物理、光物理、耗散结构理论、混沌现象理论、非线性结构理论等。应该说，它们是推动当代科学技术发展和社会进步的重要基础之一。它们仍在不断地涌现出新思想、新原理、新方法和新技术，成为新的技术和产业部门的源泉和生长点。

未来物理学仍将是自然科学的基础。一方面，物理学将继续通过它和其他一切学科的交叉、渗透和相互作用产生出许多新的边缘学科；另一方面，物理学仍会不断地提供新的理论、实验技术和新材料来推动其他学科、技术和社会的进步。

二、物理学与人类文明

早在公元前4世纪，《墨经》一书中就记载了力、运动、杠杆平衡、光学、热学等许多物理学成就；汉代张衡制成了浑天仪和地动仪；三国时代马钧制成了指南车和利用惯性原理的抛石机；宋代制成了早期火箭。明末以前，我国在天文、力、热、声、光等方面的研究，均处于世界领先地位。西方古代科学文化的中心是古希腊，古希腊物理学在公元前200年已有许多成就。古代物理学的成就促进了生产力的发展，推动了社会进步。

近代科学是从物理学开始的。被誉为"科学之父"的伽利略从物理学角度支持哥白尼的日心说，他成功地观测到了金星、月球表面的山谷和太阳黑子。物理学的革命从根本上动摇了形而上学的自然观，将人们从中世纪神学桎梏的黑暗中解放出来。物理学的研究对人类思维方式产生了不可估量的影响，它提供了科学的认识论和方法论，物理学的归纳、分析、比较、观察和实验方法已成为近代科学研究的基本方法，物理学为现代科学自然观提供了理论基础。

物理学史可以说是造福人类的历史，物理学是几乎所有工程技术的基础，而技术的进步又支持物理学向更深、更广的领域推进。经典物理学的建立和完善极大地推动了当时工业技术的发展，蒸汽机的发明和应用，推动了热力学理论的发展，在热力学理论的指导下，各种热机得以研制和开发。人类结束了单纯依靠人力和畜力的局面，掌握了向自然界索取能源的能力，由此引发了人类历史上的第一次工业技术革命。

到了19世纪，电学和磁学现象的研究以及麦克斯韦的电磁理论为建立现代的电力工业和通信系统奠定了基础，无线电、电视、雷达的发明极大地改变了人们的生活，人类社会开始了以电气化为标志的第二次工业技术革命，工业电气化使社会生产力跃上新的台阶。

20世纪以来，物理学的发展在深化人类对自然规律的认识和促进现代社会发展两方面的影响尤为突出。量子力学和相对论为描述自然现象提供了一个全新的框架，它们不仅是现代物理学的基础，而且也是化学、生物学等其他学科的基础。量子力学还导致了半导体、光通信等新兴工业的崛起，并为激光技术的发展、新材料的发现和研制以及新型能源开发等开辟了新的技术途径；半导体材料、半导体物理和半导体器件研究的进展为计算机革命铺平道路，而计算机革命给人类社会和技术进步所带来的影响是无法估计的。其中激光和半导体晶体管还多次成为诺贝尔奖项。李政道说："从1925年以后，几乎所有的20世纪的物质文明都是从这两个物理基础科学发展衍生的。"

今天和将来的许多新技术都还将来源于物理学的基础研究。尤其需要指出的是，物理科学与生命科学的结合，在发展改善人类生存条件和促进社会进步的关键科学技术方面，如能源科学、环境科学、信息科学和材料科学等方面将发挥重要的基础作用。

三、物理学的研究方法

1. 实验法

物理学是一门实验科学，物理学的很多基本规律是实验事实的归纳与总结。实验是理论之源，是检验理论的最终标准。自然界中的物理现象涉及很多因素，各种不同的运动形式往往交织在一起，实验的研究方法就是运用仪器设备，有选择、有控制地再现物理现象，再进一步达到去粗取精、由表及里地认识现象的本质，提炼出规律性。实验是发现规律、验证规律的重要手段，实验过程可以由任何人重新实现，这也是物理理论令人信服的力量所在。

深入地观察现象，选取形成现象的主要因素细致地进行实验，对观测结果进行分析、综合，归纳出必要的假设，再建立抽象的物理模型，而后运用数学工具形成理论，并在实践中接受检验，进行修正，这种实验显示、逻辑论证和数学分析的有机统一是物理学研究的一个重要方法。同时，实验也是理论付诸应用的必由之路，自 1901 年至今的诺贝尔物理学奖有 2/3 的奖项颁给了实验或与实验有关的项目。

2. 理想模型法

物理学的理论研究总是从物理模型开始的。一方面，物理模型以客观原型为依据，通过简化，突出反映原型中对所研究问题起决定作用的因素，忽略其他因素，使问题大大简化，且具有广泛的适用性。为人们所熟悉的物理模型有：质点、刚体、理想气体、点电荷、点光源……例如，质点就是不考虑物体的形状、大小，而把其看做一个具有质量的几何点，因此，由质点讨论的结果，对于物体的大小和形状无关紧要的情况，都是适用的。另一方面，由于物理模型是对客观原型的近似描写，所以物理理论总是有一定的适用条件或适用范围。如欧姆定律只适用于导体，并不适用于超导体。

3. 类比推理法

类比推理法是根据两类或两个事物之间在某些方面的相似性而推出它们在其他方面也可能相似的一种逻辑思维方法。类比推理法是人类认识客观世界的一种思维方法，也是科学研究中的一种创造性思维方法，它在物理学的发展中具有重要作用。例如，惠更斯从光与声的相似性出发，认为光是一种波；德布罗意将光运动和粒子机械运动进行类比，从光的波粒二象性推出物质粒子也具有波动性。

4. 分析综合法

分析综合法是分析法与综合法的总和。分析法是指将要研究的对象由整体分解为若干组成部分(层次或要素)，然后对各个部分(层次或要素)分别进行研究以揭示它们的本质和属性，并研究部分(层次或要素)之间的相互作用及其关系。如牛顿力学中的隔离法、抛体运动的分解法等。综合法与分析法正好相反，它是把分析中的各个部分(层次或要素)联合成整体进行研究，从而在整体上把握客观事物的本质属性和规律的思维方法。如从牛顿运动三定律到经典力学的创立就是运用了综合法。

此外，比较与分类、归纳与演绎、定性分析、理想实验、科学假设、数学方法、直觉方法、美学方法等也是研究物理学的重要方法。

以上这些研究方法不仅已成为所有自然科学乃至所有科学的研究方法，也是启迪我们思维、处理日常事物的指导方法。

物理学是人类文化的精彩篇章，今天的物理学绝不仅仅是少数物理学家专门研究的一门学问，而是现代文明生活中不可缺少的基础知识，是一切科学技术、社会生产、经济管理的基础。在高等教育中，物理课程的教学目的，不仅要使学生获得必要的基础理论知识，还要学习物理学的研究方法，养成实事求是的科学态度和勇于探索的科学精神，提高学生的科学素养水平。因此，一切有志于提高科学素养和文化层次的人都有必要学习了解物理学。

第一章 质点力学

物体之间或同一物体各部分之间相对位置的变化称为机械运动。机械运动是自然界中最简单、最常见的一种运动形式，研究机械运动的规律及其应用的学科称为力学。力学在各种自然科学中发展得最早，经过许多人长时间的努力，在 17 世纪力学已成为一门理论严密、体系完整的学科。牛顿在前人观察、实验的基础上，总结出了三条运动定律和万有引力定律，奠定了经典力学的基础，不仅适应了 18 世纪工业革命的需要，同时也有力地推动了其他学科的发展，由此逐渐形成了力学的许多分支学科，如流体力学、材料力学、结构力学、水力学等，成为工程技术的重要基础。

自然界中的物体多种多样，各物体的运动也不尽相同。为了简化问题，突出运动物体的主要特征，使所讨论的问题具有比较普遍的意义，常把客观物体简化为物理模型来研究。质点是力学中最简单的物理模型，质点即具有一定质量而几何尺寸或形状可以忽略不计的物体。简单地说，它是一个具有质量、占有空间位置的点。在有些问题（如物体做平动）中，当物体的线度和形状对所讨论的问题影响很小时，都可把物体看做质点。本章讨论质点力学的基本知识。

第一节　位置矢量　位移

一、参考系和坐标系

自然界中的所有的物体都在不停地运动，绝对静止不动的物体是没有的。在观察一个物体的位置或位置变化时，总要选取某个物体作为标准，选取的标准物体不同，对物体运动的描述也不同。为描述物体的运动而选的标准物叫做**参考系**。在运动学中，参考系的选择是任意的，在讨论地面附近物体的运动时，常选地面为参考系。

在确定了参考系后，为了准确定量地描述一个质点相对于此参考系的位置，要在此参考系上建立一个坐标系。最常见的是笛卡儿直角坐标系，有时为了研究问题方便还选用极坐标系、自然坐标系、球坐标系和柱坐标系等。在直角坐标系中，先固定一个坐标原点，记作 O，从此原点沿三个互相垂直的方向引三条固定的有刻度和方向的直线作为坐标轴，一般记作 x，y，z 轴，如图 1-1 所示。在此坐标系中，一个质点在任意时刻的位置会准确给出，如 P 点的位置就可以用坐标 (x_0, y_0, z_0) 来表示。

二、位置矢量

为了描述质点的运动，首先要确定质点的位置。如图 1-1 所示，从坐标原点 O 画一个指向 P 点的有向线段 OP，此有向线段的长度指出 P 点到原点的距离，其箭头指出 P 点所在的方向，这种可以用来确定质点所在位置的矢量，称为**位置矢量**，简称**位矢**，常用 r 表示。

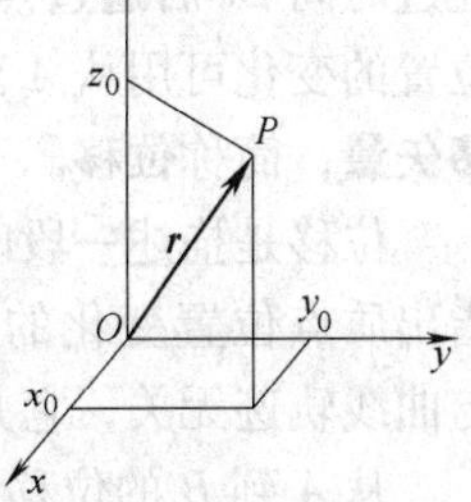

图 1-1　位置矢量

在图 1-1 中，P 点在直角坐标系中相对原点的位置可由自原点 O 指向 P 点的有向线段来表示，也可由坐标 x_0、y_0 和 z_0 来表示。于是，位置矢量 r 就可表示成坐标形式

$$r = x_0 i + y_0 j + z_0 k \tag{1-1}$$

式中，i、j 和 k 分别为沿 x、y 和 z 轴的单位矢量。位置矢量 r 的数值为

$$r = |r| = \sqrt{x_0^2 + y_0^2 + z_0^2}$$

位矢的方向可用方向余弦来表示，即

$$\cos\alpha = \frac{x_0}{|r|}, \quad \cos\beta = \frac{y_0}{|r|}, \quad \cos\gamma = \frac{z_0}{|r|}$$

式中，α、β 和 γ 分别是 r 与 x 轴、y 轴和 z 轴之间的夹角，称为方向角。方向角之间满足

$$\cos^2\alpha + \cos^2\beta + \cos^2\gamma = 1$$

质点运动时，它的位置矢量 r 是随时间 t 而变化的，因此 r 是时间 t 的函数，即

$$r = r(t) \tag{1-2}$$

这个位置矢量 r 随时间 t 变化的关系式称为**质点的运动学方程**。

这时，质点的坐标 x、y 和 z 也是时间 t 的函数，即

$$\begin{cases} x = x(t) \\ y = y(t) \\ z = z(t) \end{cases} \tag{1-3}$$

式(1-3)表示质点运动在三个坐标轴上的分运动。由这三式消去 t 即可得质点的轨迹方程。

如果质点在平面上运动，那么可以确定质点在平面直角坐标系中的位置为 $r = xi + yj$，相应的运动方程可简化为

$$r(t) = x(t)i + y(t)j \tag{1-4}$$

已学习过的运动学方程有：匀速直线运动的运动学方程为 $x = vt$；匀加速直线运动的运动学方程为 $x = v_0 t + \frac{1}{2}at^2$；平抛运动方程为 $\begin{cases} x = v_0 t \\ y = \frac{1}{2}gt^2 \end{cases}$，若选抛出时速度方向为 x 轴正方向，竖直向下为 y 轴正方向，则平抛运动方程可表示为矢量方程

$$r(t) = x(t)i + y(t)j = v_0 ti + \frac{1}{2}gt^2 j$$

三、位移矢量

如图 1-2 所示，若质点沿曲线从位置 A 移动到位置 B，在时刻 t 通过点 A，其位矢为 r_A；经过时间 Δt 后通过点 B，其位矢为 r_B。在时间 Δt 内，质点位置的变化可用从 A 到 B 的矢量 Δr 来表示，称为**质点的位移矢量**，简称位移。

位移是描述一段时间内质点位置变化的物理量，它同时指出质点位置变化的距离和方向，只与始、末两位置有关，与曲线轨迹无关，它并不代表质点实际走过的路程。

从 A 到 B 的位移等于质点在末位置的位矢 r_B 和在初位置的位矢 r_A 之差，即

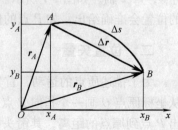

图 1-2 位移矢量

$$\Delta r = r_B - r_A \qquad (1\text{-}5)$$

在平面直角坐标系中, 位移为

$$\Delta r = \Delta x i + \Delta y j \qquad (1\text{-}6)$$

位移的大小和方向分别为

$$|\Delta r| = \sqrt{(\Delta x)^2 + (\Delta y)^2}$$

$$\theta = \arctan \frac{\Delta y}{\Delta x}$$

式中, θ 为 Δr 与 x 轴之间的夹角。

在此应注意物理量位移和路程的区别。路程是在一段时间内, 质点所经过的轨迹的长度, 路程为标量。质点的位移可出现正、负或零的情况, 但路程必为正值。一般情况下, 路程和位移的大小并不相等。例如, 一个人沿半径为 R 的圆周跑一圈, 路程为 $2\pi R$, 而位移为零。

第二节 速度 加速度

一、速度

速度是描述质点位置变化快慢和方向的物理量, 也是描述质点运动状态的一个参量。

1. 平均速度和平均速率

如图 1-3 所示, 设 t 时刻, 质点在点 A 处, 经 Δt 运动到点 B, 在这段时间内, 从点 A 到点 B 的位移是 Δr, 经历的路程是 Δs。

质点的位移与完成这段位移所用的时间之比称为该段时间内的 **平均速度**, 用 $\overline{v}$ 表示,

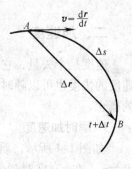

$$\overline{v} = \frac{\Delta r}{\Delta t} \qquad (1\text{-}7)$$

平均速度只能近似地描述 t 时刻附近质点运动的快慢和方向。

质点通过的路程与通过这段路程所用的时间之比, 称为该段时间内的平均速率, 用 $\overline{v_s}$ 表示, 即

图 1-3 平均速度和速度

$$\overline{v_s} = \frac{\Delta s}{\Delta t} \qquad (1\text{-}8)$$

平均速率是标量, 恒为正值。一般情况下, 它不等于平均速度的大小。

2. 瞬时速度和瞬时速率

为了确切描述质点在 t 时刻运动的快慢与方向, 可以令 Δt 趋于零, 当 $\Delta t \to 0$ 时平均速度的极限值称为质点在 t 时刻的**瞬时速度**, 简称**速度**, 用 v 表示, 即

$$v = \lim_{\Delta t \to 0} \frac{\Delta r}{\Delta t} = \frac{dr}{dt} \qquad (1\text{-}9)$$

速度是描述运动质点在某一瞬时位置变化率的物理量。式(1-9)表明, 速度 v 与 dr 同方向, 因此**速度的方向总是沿轨道曲线的切线指向质点前进的方向**。在平面直角坐标系中, 速度的大小为 $v = \sqrt{v_x^2 + v_y^2}$。

当 $\Delta t \to 0$ 时平均速率的极限称为质点在 t 时刻的**瞬时速率**, 简称**速率**, 用 v 表示, 即

$$v = \lim_{\Delta t \to 0} \frac{\Delta s}{\Delta t} = \frac{ds}{dt} \qquad (1\text{-}10)$$

速率是描述质点在某一瞬时运动快慢的物理量，它恒为正值。

因为当 $\Delta t \to 0$ 时，质点的位移长度 $|\Delta \boldsymbol{r}|$ 无限接近于所对应的路程 Δs，所以

$$\left| \frac{d\boldsymbol{r}}{dt} \right| = \frac{ds}{dt}, \quad 即 \ |\boldsymbol{v}| = v$$

可知在任一时刻，**质点速度的大小与速率相等**。

上节讨论了平面直角坐标系中质点的运动学方程是

$$\boldsymbol{r}(t) = x(t)\boldsymbol{i} + y(t)\boldsymbol{j}$$

利用速度定义式(1-9)，得

$$\boldsymbol{v} = \frac{d\boldsymbol{r}}{dt} = \frac{dx}{dt}\boldsymbol{i} + \frac{dy}{dt}\boldsymbol{j} \qquad (1\text{-}11a)$$

一般用 v_x 和 v_y 表示速度在直角坐标系中的分量，则

$$v_x = \frac{dx}{dt}, \quad v_y = \frac{dy}{dt} \qquad (1\text{-}11b)$$

速度的大小和方向(用 $\boldsymbol{v}$ 与 x 轴正方向的夹角 α 表示)分别为

$$\begin{cases} v = \sqrt{v_x^2 + v_y^2} \\ \tan\alpha = \dfrac{v_y}{v_x} \end{cases} \qquad (1\text{-}11c)$$

二、加速度

速度是个矢量，它既有大小又有方向。当质点做曲线运动时，其方向不断改变，而运动速度的快慢也可以随时改变。为了定量描述各个时刻速度矢量的变化情况，下面引进加速度的概念。

1. 瞬时加速度

如图 1-4 所示，质点做曲线运动，在 t 时刻，质点位于 A 点，速度为 $\boldsymbol{v}_A$，在 $t + \Delta t$ 时刻位于 B 点，在 Δt 这段时间内质点速度的增量为 $\Delta \boldsymbol{v} = \boldsymbol{v}_B - \boldsymbol{v}_A$。

把 $\Delta \boldsymbol{v}$ 与 Δt 之比称为质点在这段时间的平均加速度，用 $\bar{\boldsymbol{a}}$ 表示，即 $\bar{\boldsymbol{a}} = \dfrac{\Delta \boldsymbol{v}}{\Delta t}$。当 $\Delta t \to 0$ 时，平均加速度的极限 $\dfrac{d\boldsymbol{v}}{dt}$ 称为质点在 t 时刻的**瞬时加速度**，简称**加速度**，用符号 $\boldsymbol{a}$ 表示，即

$$\boldsymbol{a} = \frac{d\boldsymbol{v}}{dt} \qquad (1\text{-}12)$$

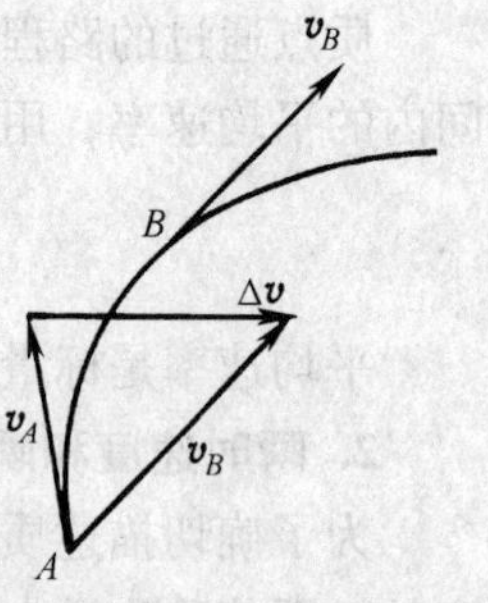

图 1-4 速度的增量 $\Delta \boldsymbol{v}$

加速度是矢量，其方向是当 $\Delta t \to 0$ 时速度增量 $\Delta \boldsymbol{v}$ 的极限方向，由图 1-4 可见，加速度的方向与同一时刻速度的方向一般并不相同。如果质点做变速直线运动，则加速度 $\boldsymbol{a}$ 的方向与速度 $\boldsymbol{v}$ 的方向均在同一直线上，且当质点做加速运动时，$\boldsymbol{a}$ 与 $\boldsymbol{v}$ 同向；反之，当质点做减速运动时，$\boldsymbol{a}$ 与 $\boldsymbol{v}$ 反向。

加速度是描述运动质点速度的大小和方向随时间变化的物理量，其意义为速度矢量随时间的变化率。若把速度的定义式(1-9)代入式(1-12)可得

$$a = \frac{\mathrm{d}v}{\mathrm{d}t} = \frac{\mathrm{d}^2 r}{\mathrm{d}t^2} \qquad (1\text{-}13)$$

即加速度是速度对时间的一阶导数或位矢对时间的二阶导数。

2. 直角坐标系中的加速度

将式(1-11a)和式(1-11b)代入加速度定义式(1-13)，得平面直角坐标系中加速度的表达式

$$a = \frac{\mathrm{d}v_x}{\mathrm{d}t}i + \frac{\mathrm{d}v_y}{\mathrm{d}t}j = \frac{\mathrm{d}^2 x}{\mathrm{d}t^2}i + \frac{\mathrm{d}^2 y}{\mathrm{d}t^2}j \qquad (1\text{-}14)$$

用符号 a_x 和 a_y 表示 x 轴和 y 轴方向的加速度分量，则

$$\begin{cases} a_x = \dfrac{\mathrm{d}v_x}{\mathrm{d}t} = \dfrac{\mathrm{d}^2 x}{\mathrm{d}t^2} \\[2mm] a_y = \dfrac{\mathrm{d}v_y}{\mathrm{d}t} = \dfrac{\mathrm{d}^2 y}{\mathrm{d}t^2} \end{cases} \qquad (1\text{-}15)$$

则可求得加速度的大小和方向(用 a 与 x 轴正方向的夹角 α 表示)

$$a = \sqrt{{a_x}^2 + {a_y}^2}$$

$$\tan\alpha = \frac{a_y}{a_x}$$

在国际单位制中，加速度的单位是米/秒^2($\mathrm{m/s^2}$)。

3. 圆周运动的加速度

已经学过，当质点做半径为 R 的匀速圆周运动时，加速度的大小：$a = v^2/R$，其方向沿轨道半径指向圆心，称为向心加速度。向心加速度反映了速度方向的变化程度。

当质点做变速圆周运动时，由于速度的方向和大小都变化，因此加速度 a 不再指向圆心，而是与速度 v 有一夹角，如图 1-5 所示。这时加速度矢量可以按质点运动轨道的法线方向和切线方向分解。

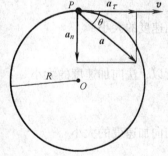

沿轨道半径指向圆心的加速度分量 a_n 称为**法向加速度**(又称向心加速度)，它与匀速圆周运动中的加速度具有相同的物理含义，反映了速度方向随时间变化的程度，a_n 的大小为

$$a_n = \frac{v^2}{R} \qquad (1\text{-}16a)$$

图 1-5　变速圆周运动的加速度

沿轨道切线方向上的加速度分量 a_τ 称为**切向加速度**，它反映了速度的大小即质点速率随时间变化的程度。可以证明，切向加速度的大小等于质点速率 v 对时间 t 的导数

$$a_\tau = \frac{\mathrm{d}v}{\mathrm{d}t} \qquad (1\text{-}16b)$$

法向加速度描述质点的速度方向对时间的变化率；切向加速度描述质点的速度大小对时间的变化率。法向加速度 a_n 和切向加速度 a_τ 互相垂直，它们是加速度的两个分量。用它们可求得加速度的大小和方向(用 a 与速度 v 之间的夹角 θ 表示)

$$a = \sqrt{a_n^2 + a_\tau^2} \qquad (1\text{-}16c)$$

$$\tan\theta = \frac{a_n}{a_\tau} \qquad (1\text{-}16\text{d})$$

当质点做一般曲线运动时，速度的大小在变化，方向也在变化，其加速度也可依此方法分解为切向加速度和法向加速度。当质点做直线运动时，其法向加速度等于零。

例 1-1 已知质点的运动方程 $r = (3t + 2t^3)i + (5t - 2t^2)j$，求 $t = 3\text{s}$ 时质点的速度和加速度。

解 由速度定义得

$$v = \frac{\mathrm{d}r}{\mathrm{d}t} = (3 + 6t^2)i + (5 - 4t)j$$

由直角坐标系中加速度定义得

$$a = \frac{\mathrm{d}v}{\mathrm{d}t} = 12ti - 4j$$

当 $t = 3\text{s}$ 时，代入公式得

$$v = (57i - 7j)\,\mathrm{m/s}$$
$$a = (12 \times 3i - 4j)\,\mathrm{m/s}^2 = (36i - 4j)\,\mathrm{m/s}^2$$

例 1-2 已知质点的运动学方程是 $x = R\cos\omega t$，$y = R\sin\omega t$，其中 R 和 ω 是两个常量，求该质点的速度和加速度。

解 此质点在平面上运动，将两式分别求平方后相加，得

$$x^2 + y^2 = R^2$$

显然这是一个以原点为圆心的圆的方程，也就是质点的轨道方程。质点的速度在直角坐标系的分量是

$$v_x = \frac{\mathrm{d}x}{\mathrm{d}t} = -R\omega\sin\omega t, \quad v_y = \frac{\mathrm{d}y}{\mathrm{d}t} = R\omega\cos\omega t$$

则速度的大小

$$v = \sqrt{v_x^2 + v_y^2} = R\omega$$

所以，法向加速度的大小

$$a_n = \frac{v^2}{R} = R\omega^2$$

切向加速度的大小

$$a_\tau = \frac{\mathrm{d}v}{\mathrm{d}t} = 0$$

第三节 牛顿定律

前面已学习了质点的运动，当时只是描述了物体的运动情况，称为运动学。下面将学习物体为什么做那样的运动，这部分称为动力学。动力学主要以牛顿运动定律为基础，研究物体运动状态发生改变时的规律。

一、牛顿三定律的内容

牛顿第一定律 任何物体都保持静止或匀速直线运动状态，直到外力迫使它改变这种运

动状态为止。

牛顿第一定律表明，任何物体都具有保持其运动状态不变的性质，这个性质称为惯性，因此牛顿第一定律又称为惯性定律。

牛顿第二定律　当物体受到外力作用时，它所获得的加速度 a 的大小与合外力 F 的大小成正比，与物体的质量成反比，加速度 a 的方向与合外力 F 的方向相同。其数学表达式为

$$F = ma \tag{1-17}$$

在国际单位制(SI)中，力 F 的单位为牛顿(N)，质量 m 的单位为千克(kg)，加速度 a 的单位为米/秒²(m/s^2)。

牛顿第三定律　当物体甲以力 F 作用于物体乙时，物体乙同时以力 F' 作用于物体甲，F 和 F' 在同一条直线上，等值、反向。其数学表达式为

$$F = -F' \tag{1-18}$$

牛顿第三定律又称为作用与反作用定律。

二、牛顿定律的特点及适用条件

惯性参考系　在参考系中观察物体的运动时，如果一个不受外力作用的物体将保持静止或匀速直线运动状态不变，这样的参考系称为惯性参考系，简称惯性系。并非所有的参考系都是惯性系。对一般力学问题，地球可以看做惯性系。相对于惯性系做匀速运动的参考系都是惯性系。相对于惯性系做加速度不为零运动的参考系不是惯性系，称为非惯性系。

牛顿定律中的物理量具有同时性和瞬时性，且作用与反作用力属于同一性质的力，牛顿定律适用于惯性系。如果在非惯性系中观察物体的运动，则还需要考虑惯性力。

第四节　功

一、功

在中学我们学习过直线运动中恒力做功的计算，质点在恒力 F 作用下，沿直线产生位移 s 过程中的功为

$$A = Fs\cos\theta$$

式中，力 F 的大小和方向不变，s 是受该力作用的质点沿直线运动的位移大小，θ 是力 F 与位移 s 之间的夹角。

若一质点在力 F 的作用下，发生一段无限小的位移 dr，则此力对该质点所做的功可定义为**力在位移方向上的分量与该位移大小的乘积**。若以 dA 表示功，则

$$dA = F_r |dr| = F|dr|\cos\theta \tag{1-19a}$$

式中，F_r 为力 F 沿 dr 方向亦即轨道切线方向的分量；θ 为力 F 与位移 dr 之间的夹角。按矢量标积的定义，上式又可写成

$$dA = F \cdot dr \tag{1-19b}$$

这就是说，**功等于质点受的力和它的位移的标积**。

注意，按式(1-19b)定义的功是标量，它没有方向，但有正负。

当 $0 \leq \theta < \pi/2$ 时，$dA > 0$，力对质点做正功；当 $\theta = \pi/2$ 时，$dA = 0$，力对质点不做功；当 $\pi/2 < \theta \leq \pi$ 时，力对质点做负功。对于这最后一种情况，也常说成是质点在运动中克服力 $\boldsymbol{F}$ 做了功。

在一般情形下，质点可能沿一条曲线运动，而且在运动过程中，作用于质点上力的大小、方向都可能不断改变。如图 1-6 所示，设质点在变力 $\boldsymbol{F}$ 作用下沿曲线从点 a 移动到点 b。在这一过程中，作用于质点的力是变力，即力的大小和方向随质点的位置而变化，而且质点的轨道也不是直线，此时显然不能直接应用式（1-19b）来计算变力 $\boldsymbol{F}$ 所做的功。

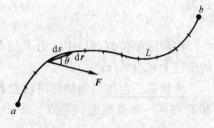

图 1-6　曲线运动中

要计算 $\boldsymbol{F}$ 在路径 L 上对质点所做的功，可将轨道曲线分成许多微分线段，称为**位移元** $d\boldsymbol{r}$，计算出 $\boldsymbol{F}$ 在每一位移元上所做的**元功**，再对整个路径上所有元功求和。

取任一小段位移元 $d\boldsymbol{r}$，由于 $d\boldsymbol{r}$ 极小，所以每一位移元都可以看成是直线，且在每一个位移元的范围内，质点所受的力皆可视为恒力，这样，根据直线运动恒力做功的定义，可写出力在位移元 $d\boldsymbol{r}$ 内对质点所做的元功

$$dA = \boldsymbol{F} \cdot d\boldsymbol{r} = F\cos\theta ds \qquad (1\text{-}20)$$

当 $d\boldsymbol{r}$ 趋于零时，对所有元功的求和实际上变成了积分。于是，质点沿路径 L 由点 a 运动到点 b 的过程中，**变力所做的功就是全部元功的和**，即

$$A = \int_a^b dA = \int_a^b F\cos\theta ds \qquad (1\text{-}21)$$

在质点沿路径 L 由点 a 运动到点 b 的过程中，如果同时受到几个力 $\boldsymbol{F}_1$、$\boldsymbol{F}_2$、$\cdots$、$\boldsymbol{F}_n$ 的作用，则合力 $\boldsymbol{F}$ 的功为

$$
\begin{aligned}
A &= \int_a^b \boldsymbol{F} \cdot d\boldsymbol{r} \\
&= \int_a^b (\boldsymbol{F}_1 + \boldsymbol{F}_2 + \cdots + \boldsymbol{F}_n) \cdot d\boldsymbol{r} \\
&= \int_a^b \boldsymbol{F}_1 \cdot d\boldsymbol{r} + \int_a^b \boldsymbol{F}_2 \cdot d\boldsymbol{r} + \cdots + \int_a^b \boldsymbol{F}_n \cdot d\boldsymbol{r} \\
&= A_1 + A_2 + \cdots + A_n \qquad (1\text{-}22)
\end{aligned}
$$

即**合力的功等于各分力功的代数和**。

积分求功的一般步骤是：

（1）根据具体问题给出元功表达式 $dA = \boldsymbol{F} \cdot d\boldsymbol{r} = F\cos\theta ds$；

（2）必要时通过变量变换，把 $F\cos\theta ds$ 统一为对某个坐标变量的表达式；

（3）按照初、末位置，确定积分变量的上、下限，然后进行积分。

例 1-3　某物体在平面上沿坐标轴 x 的正方向前进，平面上各处的摩擦因数不等，因而作用于物体的摩擦力是变力。已知某段路面摩擦力大小随坐标 x 变化的规律是 $f = 1 + x\,(x > 0)$。求从 $x = 0$ 到 $x = L$，摩擦力所做的功。

解　已知①摩擦力的大小是 $f = 1 + x$；②物体沿 x 轴正方向行进，其位移 $dx > 0$，因为摩擦力与运动方向相反，力和位移的夹角 $\theta = \pi$，于是 $\cos\theta = \cos\pi = -1$，所以当物体从 x 移动到 $x + dx$，摩擦力的元功为

$$dA = f\cos\theta ds = -(1+x)dx$$

从 $x=0$ 到 $x=L$，摩擦力所做的功

$$A = -\int_0^L (1+x)dx = -L\left(1 + \frac{1}{2}L\right)$$

二、功的计算举例

下面我们来讨论几种常见的力做功问题。

1. 重力的功

例 1-4　如图 1-7 所示，质量为 m 的质点，沿曲线从点 a 运动到点 b，点 a 和点 b 相对于地面的高度分别为 h_a 和 h_b，求此过程中重力所做的功。

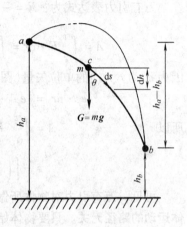

解　由于物体沿曲线运动，则力与物体运动方向的夹角不断变化，用 dr 表示每个位移元，ds 表示与位移相对应的路程元；重力 mg 与位移元 dr 的夹角为 θ，则重力对物体所做的元功为

$$dA = mg\cos\theta ds$$

上式中 $\cos\theta ds = -dh$，于是有关系式 $dA = -mg dh$，于是

$$A = \int_{h_a}^{h_b} -mg dh = -(mgh_b - mgh_a) = mgh_a - mgh_b$$

图 1-7　重力做功的计算

$$(1-23)$$

由此可见，**重力对物体所做的功仅与物体始、末位置**（分别用高度 h_a 和 h_b 表示）**的高度有关，与物体运动的路径无关。**只要物体始末位置一定，无论物体沿哪条路径移动，重力对物体所做的功皆相同，这是重力做功的特点。

例 1-5　如图 1-8 所示，滑雪运动员的质量为 m，沿滑雪道下滑了 h 高度，忽略他所受的摩擦力，求在这一过程中他受的合外力做的功。

解　在下滑过程中，在任一位置，运动员受的力有重力 mg 和滑雪道的支持力 F_N，其合力为

$$F = F_N + mg$$

此合力的功为

$$A_{AB} = \int F \cdot dr = \int_A^B F_N \cdot dr + \int_A^B mg \cdot dr$$

此式右侧第一项为支持力 F_N 对运动员做的功。由于在下滑过程中，滑雪道对运动员的支持力 F_N 总与元位移 dr 的方向垂直，所以此力做的功为零。第二项为重力对运动员做的功，由图可知

$$mg \cdot dr = mg|dr|\cos\varphi = mg dh$$

其中 $dh = |dr|\cos\varphi$ 为运动员下降的高度，所以

$$\int_A^B mg \cdot dr = mg\int_A^B dh$$

式中右侧的积分为运动员下降的总高度 h，因此重力

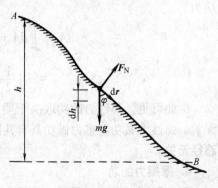

图 1-8　例 1-5 图

对运动员做的功为

$$\int_A^B m\mathbf{g} \cdot d\mathbf{r} = mgh$$

注意，重力的功只和运动员下降的总高度有关，而不决定于运动员滑过的路程。在本题中，它等于合外力对运动员做的总功，即

$$A_{AB} = mgh$$

2. 万有引力的功

万有引力表达式为：$\mathbf{F} = -G\dfrac{Mm}{r^2}\mathbf{e}_r$

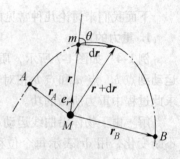

$$A = \int_{r_A}^{r_B} \mathbf{F} \cdot d\mathbf{r} = \int_{r_A}^{r_B} -G\frac{Mm}{r^2}\mathbf{e}_r \cdot d\mathbf{r}$$

因为 $\mathbf{e}_r$ 为 r 方向的单位矢量（图 1-9），所以

$$\mathbf{e}_r \cdot d\mathbf{r} = |\mathbf{e}_r| \cdot |d\mathbf{r}|\cos\theta = dr$$

所以

$$A = \int_{r_A}^{r_B} -G\frac{Mm}{r^2}dr$$

图 1-9　万有引力的功

$$= -\left[\left(-G\frac{Mm}{r_B}\right)\right] - \left[\left(-G\frac{Mm}{r_A}\right)\right] \tag{1-24}$$

可见，**万有引力对物体所做的功仅与物体始、末位置**（分别用 r_A 和 r_B 表示）**有关，与物体运动的路径无关**。只要物体始末位置一定，无论物体沿哪条路径移动，万有引力对物体所做的功皆相同。

3. 弹性力的功

例 1-6　如图 1-10 所示，弹簧一端固定于墙上，另一端系一物体，取弹簧自然状态（无形变的状态）时物体所在位置为原点，弹簧伸长方向为 Ox 轴的正方向，弹簧的弹力是一个变力。当弹簧伸长 x 时，其弹力为 $F = -kx$，计算物体从 x_a 移动到 x_b 过程中弹力所做的功。

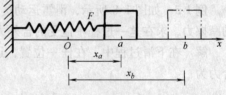

解　当物体向右移过一段位移元 dx 时，弹性力的方向指向坐标轴的负方向，弹性力对物体所做的元功为

$$dA = Fdx = -kxdx$$

图 1-10　弹力的功

在物体由位置 x_a 移到位置 x_b 过程中，弹力所做的功为

$$A = \int_a^b dA = \int_{x_a}^{x_b} (-kx)dx$$

$$= -\left(\frac{1}{2}kx_b^2 - \frac{1}{2}kx_a^2\right) = \frac{1}{2}kx_a^2 - \frac{1}{2}kx_b^2 \tag{1-25}$$

由此可见，弹性力的功取决于质点位于初、末位置时弹簧的伸长量 x_a 和 x_b，而与路径无关。弹性力做功与重力做功具有共同的特点：**做功只与始末位置有关，与物体移动的具体路径无关**。

4. 摩擦力的功

例 1-7　如图 1-11 所示，质量为 m 的物体在粗糙水平面上沿半径为 R 的半圆轨道 L_1 由

直径的一端 a 运动到另一端 b，设动摩擦因数为 μ，计算摩擦力所做的功。如果物体运动的轨道是沿此圆的直径 L_2 从 a 端到 b 端，摩擦力所做的功又为多少？

解 因为物体在运动轨道上任一点摩擦力 F_d 都等于 μmg，方向与运动方向相反，即 $\theta = \pi$，所以在半圆轨道 L_1 上摩擦力所做的功为

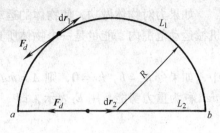

$$A_{L_1} = \int_{L_1} \boldsymbol{F}_d \cdot \mathrm{d}\boldsymbol{r} = \int_{L_1} F_d \cos\pi \mathrm{d}s_1$$

$$= -\mu mg \int_{L_1} \mathrm{d}s_1 = -\mu mg \pi R$$

在沿直径 L_2 的轨道上摩擦力所做的功为

图 1-11 摩擦力的功

$$A_{L_2} = \int_{L_2} \boldsymbol{F}_d \cdot \mathrm{d}\boldsymbol{r} = \int_{L_2} F_d \cos\pi \mathrm{d}s_2$$

$$= -\mu mg \int_{L_2} \mathrm{d}s_2 = -\mu mg \times 2R$$

可见**摩擦力的功与物体运动的路径有关**，路径不同，摩擦力所做的功不同。因此功是过程量。

第五节 势 能

一、保守力和非保守力

若研究对象由相互作用的若干个质点构成一个系统，则此系统称为**质点系**。质点系内各个质点之间的相互作用力称为内力；系统外其他物体对系统内任意一质点的作用力称为外力。例如，将地球表面的一个物体 A 和地球组成的系统作为质点系，则它们之间的相互作用力称为内力，系统外的物体（如太阳及其他行星）对物体 A 和地球的作用力均为外力。

上节中讨论了重力、万有引力、弹性力、摩擦力所做的功，已经知道重力、万有引力、弹力所做的功有一个共同特点，即它们所做的功只与初、末位置有关，而与路径无关；而摩擦力所做的功取决于质点走过的路径，路程越长，摩擦力所做的功越多。

把做功只与初、末位置有关，与路径无关的力称为**保守力**。重力、万有引力、弹性力是保守力，还有一些力，如分子间相互作用的分子力、静电力等也都是保守力。反之，如果力做的功和受力物体移动路径有关，这种力就称为**非保守力**，如摩擦力、气缸内气体点火膨胀对活塞的作用力、火药爆炸力、磁场力等都是非保守力。

二、势能的概念

以上节所讨论的重力、万有引力和弹力做功的表达式式(1-23)、式(1-24)和式(1-25)中可以发现，差式的两项有完全相同的结构，这表明：在重力、万有引力做功的同时发生了与质点系中质点间相对位置 h 和 r 有关的能量变化 $mgh_a - mgh_b$ 及 $-\left[\left(-G\dfrac{Mm}{r_B}\right) - \left(-G\dfrac{Mm}{r_A}\right)\right]$；

在弹性力做功的同时，发生了与相对位置 x 有关的能量变化 $\dfrac{1}{2}kx_a^2 - \dfrac{1}{2}kx_b^2$。因此，在保守力场中，**由质点系中质点间相对位置决定的能量，称为势能**。从上面的分析可以看出，每一

种保守力有一种与之对应的势能，与重力对应的势能称为重力势能；与万有引力对应的势能称为引力势能；与弹性力对应的势能称为弹性势能。

如果力对物体做功，使物体的运动状态发生了变化，就说该物体获得了相应的能量。在机械运动范围内，能量是一个物体所具有的做功本领。在前述重力做功的表达式

$$A = mgh_a - mgh_b$$

中，如果令 $h_a = h$，$h_b = 0$，则 $A = mgh$ 反映了位于高处的物体所具有的做功本领。把 $A = mgh$ 称为**重力势能**，用 E_p 表示，即

$$E_p = mgh \qquad (1\text{-}26)$$

则式(1-23)可写成

$$A = -(E_{pb} - E_{pa}) = -\Delta E_p \qquad (1\text{-}27)$$

式(1-27)表明，**重力所做的功等于重力势能增量的负值**。若重力做正功，则系统的重力势能将减少；若重力做负功，系统的重力势能将增加。由于重力是物体与地球间的相互作用，高度表述物体与地球之间的相对位置，因此应将 $A = mgh$ 理解为物体与地球所组成的系统的重力势能，但习惯上说成是物体的重力势能。

如选无穷远处为势能零点，即令(1-24)中 $r_B = \infty$，则万有引力势能可表示为

$$E_p = -G\frac{Mm}{r} \qquad (1\text{-}28)$$

相仿地，在弹性力做功的表达式

$$A = \frac{1}{2}kx_a^2 - \frac{1}{2}kx_b^2$$

中，若令 $x_a = x$，$x_b = 0$（以平衡位置为坐标原点和势能零点），则 $A = \frac{1}{2}kx^2$ 表示物体在弹簧伸长量为 x 时所具有的做功本领，把它称为物体和弹簧所组成的系统的弹性势能，简称为**弹簧的弹性势能**，亦用 E_p 表示，即

$$E_p = \frac{1}{2}kx^2 \qquad (1\text{-}29)$$

则式(1-25)可写成

$$A = -(E_{pb} - E_{pa}) = -\Delta E_p$$

这与式(1-27)相类似，即**弹簧弹性力的功等于弹性势能增量的负值**。

综上所述，对保守力而言，它们所做的功等于相应系统势能增量之负值，即

$$A = -(E_{pb} - E_{pa}) = -\Delta E_p \qquad (1\text{-}30)$$

式(1-30)表明，**系统势能的变化可用保守力所做的功来量度**。若保守力做正功，则系统的势能减少；若保守力做负功，则系统的势能增加。

势能是标量，其单位与功的单位相同。

应注意的是，势能只有相对的意义，只有选择了势能零点，物体在其他位置的势能才有确定的数值，各位置的势能与零点的选择有关，对于不同的势能零点，系统在某同一位置的势能是不同的。但根据式(1-30)可知，某两个位置之间势能的差值与零点的选择无关。

对于动能，很容易而且很合理地认为它属于运动的质点。对于势能，由于它是以研究一对保守内力的功引进的，所以它应属于以保守力相互作用着的整个质点系统，它实质是一种内力相互作用能。对一个两质点系统，不能在这两个质点间按某种比例分配这一势能，更不

能说势能只属于某一个质点。只有对保守内力才能引进势能的概念，对非保守内力，谈不上势能概念，如不存在"摩擦势能"等。

第六节 能量守恒定律

一、质点和质点系的动能原理

中学物理中已经学习了关于单个质点的动能定理，即合外力对质点所做的功等于质点动能的增量。表达式为

$$A = \frac{1}{2}mv_2^2 - \frac{1}{2}mv_1^2 = E_{k2} - E_{k1} = \Delta E_k \tag{1-31}$$

式(1-31)表明，如果外力对质点做正功，则质点动能增加；如果外力对质点做负功，则质点的动能减少。

对于质点系，系统内各质点所受到的力来自两个方面：一是系统外物体对系统内任一质点的作用力，称为系统的外力（用符号 F^e 表示）；二是系统内各质点间的相互作用力，称为系统的内力，内力又可分为保守内力（用符号 F^{ic} 表示）和非保守内力（用符号 F^{in} 表示）。系统中各物体动能的总和，称为系统的动能。

将质点的动能定理应用于系统内的每个质点，可推得**质点系的动能定理**：所有外力、保守内力和非保守内力所做功的代数和，等于系统动能的增量，即

$$A^e + A^{ic} + A^{in} = E_{k2} - E_{k1} \tag{1-32}$$

二、质点系的功能原理

根据上节式(1-30)，系统中每一个保守力所做的功，等于它对应的势能的增量的负值，若以 E_p 表示系统中各种势能的总和，则有

$$A^{ic} = -(E_{p2} - E_{p1}) \tag{1-33}$$

把式(1-33)代入式(1-32)可得

$$A^e + A^{in} = (E_{k2} + E_{p2}) - (E_{k1} + E_{p1}) = (E_2 - E_1) \tag{1-34}$$

把系统中所有动能和势能的总和，称为质点系的机械能，用 E 表示。式(1-34)表明，所有外力和非保守内力所做功的代数和，等于物体系统机械能的增量，这一结论称为**质点系的功能原理**。

值得注意的是，利用系统的功能原理求解力学问题时，在有关功的计算中，只需计算外力对质点所做的功和系统内质点之间非保守力所做的功；而保守力（重力、弹性力等）所做的功则无需计算，因为它已由相应的势能增量的负值替代了。

关于质点系内一对内力功的计算：假设质点系内有两个质点，质量分别为 m_1 和 m_2，f_{12} 和 dr_{12} 分别为 m_1 受到 m_2 的作用力和 m_1 相对于 m_2 的位移，f_{21} 和 dr_{21} 分别为 m_2 受到 m_1 的作用力和 m_2 相对于 m_1 的位移，则可以证明 f_{12} 对 m_1 做的功与 f_{21} 对 m_2 做的功之和为

$$dA = f_{12} \cdot dr_{12} = f_{21} \cdot dr_{21} \tag{1-35}$$

式(1-35)表明，系统内两个质点之间的相互作用力所做的功之和，等于其中一个质点受到的力和此质点相对于另一质点的位移的点积。

三、机械能守恒定律

如果外力对系统做功为零，非保守内力做功也为零，则式(1-34)中，$A^e = 0$ 和 $A^{in} = 0$，那么

$$E_{k2} + E_{p2} = E_{k1} + E_{p1} \tag{1-36}$$

式(1-36)表明，如果物体系统只在保守内力作用下运动，则系统的动能和势能可以相互转换，但系统的机械能保持不变，这一结论称为**机械能守恒定律**。一个质点系，如果满足机械能守恒的条件，可以根据已知条件写出该质点系机械能守恒的等式，利用此类等式，能使一些力学问题的计算大为简化。

例1-8 如图1-12所示，一质量为 m 的物体在与水平面成30°的光滑斜面上，系一劲度系数为 k 的弹簧的一端，弹簧的另一端固定在斜面顶端，物体在斜面上运动，它在平衡位置处动能为 E_{k0}，若弹簧质量不计，求弹簧伸长为 x 时物体的动能 E_k。

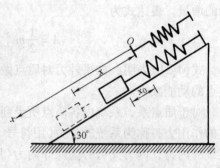

图1-12 例1-8图

解 以物体、弹簧、地球为一系统，斜面对物体的作用力不做功，系统内没有非保守内力作用，系统的机械能守恒。取平衡位置处重力势能为零，此处系统的机械能

$$E_1 = E_{k0} + \frac{1}{2}kx_0^2$$

$$F = kx_0 = mg\sin 30°$$

当弹簧伸长 x 时机械能

$$E_2 = E_k + \frac{1}{2}kx^2 - mg(x - x_0)\sin 30°$$

由 $E_1 = E_2$ 得

$$E_{k0} + \frac{1}{2}kx_0^2 = E_k + \frac{1}{2}kx^2 - mg(x - x_0)\sin 30°$$

$$E_k = E_{k0} - \frac{1}{2}kx^2 + \frac{1}{2}mgx - \frac{(mg)^2}{8k}$$

四、普遍的能量守恒定律

对应于物质的各种运动形式，能量也有各种不同形式，如机械能、内能、电磁能、光能、化学能、核能等。当运动形式相互转化时，相应的能量也随之相互转换。能量通过做功从一种形式转变为另一种形式，或者从一个物体转移到另一个物体，这种转变和转移是等量的，即一个物体增加了能量，必以另一个物体减少等量的能量为代价。

能量的实用价值在于做功，做功要有能量的转化。电流通过电阻时做功，靠电能转变成热能来实现；燃气机推动活塞做功，靠热能转变成机械能来实现。在工程技术中，应用最广泛的是机械能、内能、电能三者之间的相互转换，以及它们在物体间的转移(传递、传输)。经过长期的生产实践、大量的科学实验和许多物理学家的共同探索，人们终于认识到**能量既不能创生，也不能消灭，只能从一种形式转换为另一种形式，或者从一个物体传递到另一个物体**，或从物体的一部分传递给另一部分，这一规律称为**普遍的能量守恒定律**。它是人类对自然界认识

的一大飞跃，其意义远远超出了机械能守恒定律的范围，后者只不过是前者的一个特例。能量守恒定律在 1860 年左右得到普遍的承认，并很快成为全部自然科学和工程技术的基石。

第七节　动量　动量定理

一、动量

平常人们在树林里，看到树叶向下落时，照样漫不经心地散步；可是当看到头前树枝上架着一块砖头时，便会愕然而止。尽管树叶和砖头落到人头上的速度可能相同，但人们对二者的反应却截然不同。两只质量相同、速度不同的花盆落到地面上时，速度大的一只把地砸得较深；同一个锻锤，以不同速度锻打工件，工件受力变形的程度也就不同。

早在牛顿定律建立之前，人们在研究打击和碰撞一类问题时就发现：一个物体对另一个物体的作用效果，不仅与它的速度有关，还与它的质量有关，是由物体的质量和速度两个因素决定的。在物理学中，一物体的质量 m，和它的运动速度 v 的乘积 mv，称为该物体的**动量**，记为 p，即

$$p = mv \tag{1-37}$$

动量是矢量，其方向和速度的方向相同，在国际单位制中，动量的单位为千克·米/秒（kg·m/s）。

二、冲量

物体动量的变化既与物体所受的力有关，也与力的作用时间有关。因此，定义一个新的物理量，即冲量的概念。下面分别给予讨论。

1. 恒力的冲量

设恒力 F 对质点持续作用了一段时间 Δt，则力 F 与作用时间 Δt 的乘积，称为**力的冲量**，用 I 表示，即

$$I = F\Delta t \tag{1-38}$$

冲量表达了力在时间上的累积效果。冲量是矢量，它的方向就是力的方向。冲量的单位是牛·秒(N·s)。

2. 变力的冲量

如果 F 是一个随时间而变化的力，则可以把力的作用时间分成无限多个时间微元 dt，使得在这极短的时间 dt 内 F 可视为恒力，于是力 F 在时间 dt 内的元冲量为 $dI = Fdt$，而在时间 Δt 中的总冲量，应是对元冲量的积分，即

$$I = \int_{t_1}^{t_2} F dt \tag{1-39}$$

这是冲量的一般定义式。可见，冲量是过程量。

三、质点的动量定理

下面讨论一个质点受外力的冲量后所产生的效果。若将牛顿第二定律的表达式

$$F = ma = \frac{d(mv)}{dt} = \frac{dp}{dt}$$

代入冲量的一般定义式式(1-39)，则得

$$I = \int_{t_1}^{t_2} F dt = \int_{t_1}^{t_2} \frac{d(m\boldsymbol{v})}{dt} dt$$

$$= \int_{v_1}^{v_2} d(m\boldsymbol{v}) = m\boldsymbol{v}_2 - m\boldsymbol{v}_1$$

如果用 $\boldsymbol{p}_1$ 和 $\boldsymbol{p}_2$ 分别表示质点速度为 $\boldsymbol{v}_1$ 和 $\boldsymbol{v}_2$ 时的动量，则上式可写成动量定理的一般表达式

$$I = \boldsymbol{p}_2 - \boldsymbol{p}_1 \tag{1-40}$$

即**质点所受合外力的冲量，等于它的动量的增量**。这个结论称为**动量定理**。它说明力对质点持续作用一段时间的累积效应，表现为这段时间内质点运动状态的变化。它常用于分析和解决含有时间段，特别是短促时间段的力学过程问题。

值得注意的是，在无限小的时间间隔内，冲量的方向与外力的方向一致；但是在一段时间内，若外力方向随时间改变，则冲量的方向就是这段时间内质点动量增量的方向。从动量定理可以看出：当物体的动量变化一定时，力的作用时间越短，其作用力越大；反之，力的作用时间越长，则作用力越小。根据这一道理，在生产和生活中，经常采用延长力的作用时间的办法来减少力的冲击作用。如人从高处往下跳，着地时两腿总是先弯曲，然后逐渐伸直；车辆及许多机械中广泛使用缓冲弹簧；搬运易碎物品时，总是在木箱里放许多泡沫塑料、纸屑、刨花之类的东西，这些都是为了延长冲击力的作用时间。当然有时也要用减少力的作用时间的办法增大冲击力。如机械加工中广泛使用的锻压、冲压等。

四、质点系的动量定理

将质点的牛顿定律(或质点的动量定理)应用于质点系内的每一个质点，就可以得到整个质点系的动量定理。下面以由两个质点组成的质点系为例加以说明。设质点系内两质点的质量分别为 m_1 和 m_2，m_1 和 m_2 受到的外力分别为 F_1 和 F_2，两质点间受到的相互作用(内)力分别为 $\boldsymbol{f}_{12}$ 和 $\boldsymbol{f}_{21}$。由牛顿第二定律可知

对 m_1 有：$F_1 + \boldsymbol{f}_{12} = \dfrac{d\boldsymbol{p}_1}{dt}$ 对 m_2 有：$F_2 + \boldsymbol{f}_{21} = \dfrac{d\boldsymbol{p}_2}{dt}$

对质点系有：$(F_1 + F_2) + (\boldsymbol{f}_{12} + \boldsymbol{f}_{21}) = \dfrac{d\boldsymbol{p}_1}{dt} + \dfrac{d\boldsymbol{p}_2}{dt}$

因为 $\boldsymbol{f}_{12} + \boldsymbol{f}_{21} = 0$，所以

$$F_1 + F_2 = \frac{d\boldsymbol{p}_1}{dt} + \frac{d\boldsymbol{p}_2}{dt}$$

即

$$\sum_i F_i = \frac{d}{dt}\left(\sum_i \boldsymbol{p}_i\right) \tag{1-41}$$

令 $F = \sum\limits_i F_i$ 为质点系受的合外力，$\boldsymbol{p} = \sum\limits_i \boldsymbol{p}_i$ 为质点系的动量，则 $F = \dfrac{d\boldsymbol{p}}{dt}$ 为质点系的**动量定理**，$F dt = d\boldsymbol{p}$ 为质点系动量定理的微分形式。

将 $F dt = d\boldsymbol{p}$ 两边取积分可得到质点系动量定理的积分形式。

$$I = \int_{t_1}^{t_2} \boldsymbol{F} \mathrm{d}t = \boldsymbol{p}_2 - \boldsymbol{p}_1 \qquad (1\text{-}42)$$

式(1-41)和式(1-42)表明，系统所受的合外力的冲量等于系统总动量的增量。

例1-9（汽锤锻打锻件的平均冲击力） 如图1-13所示，在压缩空气作用下，质量为$m = 10 \times 10^2$kg的汽锤，在打击锻件前的一瞬间速率$v = 6.5$m/s，打击锻件后在$\Delta t = 1.2 \times 10^{-2}$s内速率变为零，若忽略打击时压缩空气的压力及汽锤的重量，求汽锤对锻件的平均冲力$\boldsymbol{F}$。

解 以汽锤为研究对象，取竖直向上为正向，则在打击过程中，汽锤的动量增量为$\Delta p = 0 - (mv)$，所受冲量为$F'\Delta t$，F'为锻件对汽锤的反作用力，方向竖直向上（略去锤的质量）。根据动量定理

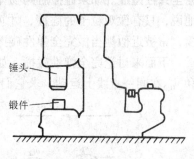

锤头

锻件

$$F' = \frac{\Delta p}{\Delta t} = \frac{mv}{\Delta t} = \frac{10 \times 10^2 \times 6.5}{1.2 \times 10^{-2}}\text{N} = 5.4 \times 10^5 \text{N}$$

根据牛顿第三定律可知，$F = F'$，所以力F的大小也是5.4×10^5N，但方向竖直向下。

图1-13 汽锤

不难验算，汽锤所受的重力约为F的1/50，略去不计是合理的。

第八节 动量守恒定律

一、动量守恒定律

对于质点系，由上节的式(1-41)可看出：若$\boldsymbol{F} = \sum_i \boldsymbol{F}_i = 0$，则$\boldsymbol{p} = \sum_i \boldsymbol{p}_i$为常矢量，即当系统受到的合外力为零时，质点系的总动量保持不变。这一结论称为**动量守恒定律**。

这说明，在某一过程中，只要系统不受外力，系统内所有质点动量的矢量和保持原来的大小和方向不变，系统内质点间虽有相互作用力，只能使动量从一个质点传递给另外的质点，不改变系统的总动量。

应用动量守恒定律解决实际问题时，应注意以下几点：

（1）虽然质点系受到外力作用，但当合外力远远小于合内力时，动量守恒定律也可认为是成立的。如两个物体的碰撞过程，分裂、爆炸过程，黏结过程，散射过程等都属于内力远大于外力的过程，可以认为在此过程中系统的总动量守恒。

（2）虽然质点系受到外力作用，但在某一方向上合外力为零，则该方向上系统动量守恒。

（3）动量守恒定律只适用于惯性参照系。

二、碰撞

两物体靠近到一定程度，其骤然增大的相互作用力只持续极短的时间，使得至少有一物体的运动状态因之发生显著的变化，这种过程称为碰撞。

碰撞过程中相互作用很短暂且随时间而变化，弄清这种作用很困难，但是由于相碰过程中相互作用力往往比系统所受外力如重力、摩擦力大得多，因而可以近似地认为动量守恒，动量守恒定律是解决碰撞问题的有效手段。

在工程技术中，常利用宏观物体的碰撞，来研究冲击力的性质、测量物体的弹性或飞行物的速度等。在科学实验中，碰撞则是分析微观粒子相互作用形式以及粒子内部构造的有效方法，世界上许多加速器和对撞机都是为此而建立的。

两个物体在相互作用前后，沿同一直线运动的碰撞称为正碰。本节主要讨论这类碰撞。碰撞过程一般动能不守恒，如果动能在碰撞前后也相等，则称为**完全弹性碰撞**，否则称为**非完全弹性碰撞**。如果碰撞后两物体粘在一起具有共同的速度，则称为**完全非弹性碰撞**。严格地说，只有微观粒子的碰撞，才可能是完全弹性碰撞；比较坚硬的物体，如钢球之间的碰撞，常被近似地当做完全弹性碰撞。

下面来讨论完全弹性碰撞。如图 1-14 所示，设两质量分别为 m_1 和 m_2 的质点以速度 $v_{0,1}$ 和 $v_{0,2}$ 在同一直线上运动，求它们完全弹性碰撞后的速度 v_1 和 v_2。

图 1-14 对心正碰

根据完全弹性碰撞的意义可知，碰撞前后系统的动能、动量均守恒，即

$$m_1 v_{0,1} + m_2 v_{0,2} = m_1 v_1 + m_2 v_2$$

$$\frac{1}{2} m_1 v_{0,1}^2 + \frac{1}{2} m_2 v_{0,2}^2 = \frac{1}{2} m_1 v_1^2 + \frac{1}{2} m_2 v_2^2$$

解方程得

$$v_1 = v_{0,1} - \frac{2m_2}{m_1 + m_2}(v_{0,1} - v_{0,2})$$

$$v_2 = v_{0,2} - \frac{2m_1}{m_1 + m_2}(v_{0,2} - v_{0,1})$$

可见结果是完全对称的。

讨论：当 $m_1 = m_2$ 时，$v_1 = v_{0,2}$，$v_2 = v_{0,1}$，它们交换了速度。

若 m_2 开始时是静止的，即 $v_{0,2} = 0$，则

$$v_1 = v_{0,1} - \frac{2m_2}{m_1 + m_2} v_{0,1} \qquad v_2 = \frac{2m_1}{m_1 + m_2} v_{0,1} \tag{1-43}$$

若 $m_2 \gg m_1$，则

$$v_1 \approx -v_{0,1} \qquad v_2 = 0$$

即 m_2 不动，m_1 被弹回，如用乒乓球去碰铅球就是这种情况。

例 1-10（发现中子的碰撞方法） 1932 年，查德威克用一种未知的中性粒子射线分别打击原子量为 1 的氢核和原子量为 14 的氮核，从实验中测定两者被打击后的速度之比 $v_{\mathrm{H}}/v_{\mathrm{N}} \approx 7.5$，求此中性粒子的质量。

解 按题意，设质量为 m 的中性粒子以入射速度 v 分别打击质量为 m_{H} 和 m_{N} 的静止氢核和氮核，由式(1-43)得

$$v_{\mathrm{H}} = \frac{2m}{m + m_{\mathrm{H}}} v \qquad v_{\mathrm{N}} = \frac{2m}{m + m_{\mathrm{N}}} v$$

因为 $m_N = 14m_H$，且已知 $v_H/v_N \approx 7.5$，于是由上面两式可得

$$\frac{v_H}{v_N} = \frac{m + 14m_H}{m + m_H} \approx 7.5$$

由此可解出 $m \approx m_H$。

中子的发现 1928年，德国物理学家博特和贝克尔等人用 α 粒子轰击一系列元素，在对铍元素轰击时获得一种穿透能力极强的中性射线，他们认为这是一种很硬的 γ 射线。后来约·居里夫妇用这种射线去轰击含氢的石蜡，打出了速度很高的质子(氢核)。1932年，查德威克重复同样的实验，并用动量守恒关系分析，认为由于 γ 射线由光子组成，其静止质量为零，用它去碰撞质子，犹如乒乓球去撞击铅球，无法使后者获得很高的速度，因此这种射线不可能是 γ 射线，而是一种未知粒子束，其质量与质子的质量相近。1919年，卢瑟福在讨论原子核结构时提出原子核中包含带电质子和不带电的中性粒子——中子，并预言中子的质量约等于质子质量，查德威克对实验进行分析后认为实验中的中性粒子就是中子。由于这项成就，查德威克获得1935年诺贝尔物理学奖。

三、反冲运动

发射炮弹之前，炮弹和炮身的总动量为零；发射后，炮弹获得很大的动量。根据动量守恒定律，炮弹和炮身的总动量守恒，还应为零。因此，炮身则同时获得等值反向的动量，那么炮身会后退。这种运动称为反冲运动。由于反冲运动对大炮的瞄准操作很不利，所以现代的大炮都设有自动迅速复位系统。

喷气式飞机和火箭也是运用了反冲运动的原理，靠向后喷出高速气流的反冲作用而前进的。其工作原理是：由燃料生成的高温高压气体不断由火箭尾部喷出，这些排出的高速气流具有很大的向后的动量，必然使火箭箭体获得等值的向前动量，因此火箭的速度不断增加，只要燃料在燃烧，火箭的速度就会不断增加。为了提高喷气速度，需要用优质燃料，目前常用液态氢作为燃料，用液态氧作为氧化剂。为了获得更高的飞行速度，可采用多级火箭。多级火箭是由单级火箭组成的(一般采用三级)，发射时先点燃第一级火箭，它的燃料燃尽后，再点燃第二级火箭，最后再点燃第三级火箭。每当下一级火箭开始工作时，前一级火箭的空壳就自动脱离，以减少火箭的总质量，因此可获得很高的速度用来发射人造卫星、宇宙飞船和洲际导弹等。

火箭技术和通信现代化、国防现代化有密切的关系，是现代的一项尖端技术。我国已经用自己研制的火箭多次发射人造地球卫星和远程导弹，并多次为其他国家和地区发射商用卫星。我国的火箭技术已经达到世界的先进水平，还将进一步提高这方面的技术，使其更加成熟和先进。

思 考 题

1. 试给出同一质点的动量 $\boldsymbol{p}$ 和动能 E_k 的关系式。

2. 利用动量定理说明为什么汽车在结冰的路面上难以前进。

3. 三颗同样的子弹以相同的速度，分别水平地射到放于光滑水平面的相同木块上，结果发生三种情况：①钻进木块；②穿过木块；③反向回弹。设碰撞过程均为正碰，问木块获得的动量，在哪种情况下最大，哪种情况下最小？

4. 有没有下列的运动？如果有，请举例说明：

（1）速度很大，加速度很小；

（2）速度很小，加速度很大；

（3）速度不等于零，加速度等于零；

（4）速度等于零，加速度大于零。

习　题

一、选择题

1. 设质点做曲线运动，r 是质点的位置矢量，r 是位置矢量的大小，Δr 是某时间内质点的位移，Δr 是位置矢量大小的增量，Δs 是同一时间内的路程，则下列各式正确的是（　　）。

A. $|\Delta r| = \Delta r$；　　B. $\Delta|r| = \Delta r$；　　C. $\Delta s = \Delta r$；　　D. $\Delta s = |\Delta r|$。

2. 下列说法正确的是（　　）。

A. 运动物体的速率不变时，速度可以变化；

B. 加速度恒定不变时，物体的运动方向必定不变；

C. 平均速率等于平均速度的大小；

D. 不论加速度如何，平均速率的表达式总可以写成 $\bar{v} = \dfrac{1}{2}(v_1 + v_2)$，式中，$v_1$ 是初速率，v_2 是末速率。

3. 设质点做匀加速圆周运动，则下列说法中正确的是（　　）。

A. 切向加速度的方向不变，大小变化；

B. 切向加速度的大小和方向都在变化；

C. 切向加速度的大小和方向都不变化；

D. 切向加速度的方向变化，大小不变。

4. 下列说法中正确的是（　　）。

A. 物体的动量不变，动能也不变；

B. 物体的动能不变，动量也不变；

C. 物体的动量变化，动能也变化；

D. 物体的动能变化，动量却不一定变化。

5. 质量为 m 的铁锤，从某一高度自由下落，与桩发生完全非弹性碰撞，设碰撞前锤速为 v，打击时间为 Δt，锤的质量不能忽略，则铁锤所受的平均冲力为（　　）。

A. $\dfrac{mv}{\Delta t} + mg$；　　B. $\dfrac{mv}{\Delta t} - mg$；　　C. $\dfrac{mv}{\Delta t}$；　　D. $\dfrac{2mv}{\Delta t}$。

6. 一个不稳定的原子核，其质量为 M，开始时是静止的，当它分裂出一个质量为 m、速度为 v_0 的粒子后，原子核的其余部分沿相反方向反冲，其反冲速度大小为（　　）。

A. $\dfrac{mv_0}{M-m}$；　　B. $\dfrac{mv_0}{M}$；　　C. $\dfrac{M+m}{m}v_0$；　　D. $\dfrac{m}{M+m}v_0$。

7. 一木块静止在水平面上，一子弹水平地射穿木块，若木块与地面的摩擦力可忽略，则在子弹射穿木块的过程中（　　）。

A. 子弹的动量守恒；

B. 子弹与木块的系统动量守恒；

C. 子弹动能的减少量等于木块动能的增加量；

D. 子弹与木块系统的动量和机械能都守恒。

二、填空题

1. 沿直线运动的质点，其运动学方程是 $x = x_0 + bt + ct^2 + et^3$（$x_0, b, c, e$ 是常量），初始时刻质点的位置坐标是_____；质点的速度表达式 $v_x = $_____；初始速度等于_____；加速度表达式 $a_x = $_____；初始时刻的加速度等于_____；加速度 a_x 是时间的_____函数，由此可知，作用于质点的合力是随时间的函数。

2. 已知某质点的运动学方程是

$$r = 3ti + (4t - 4.9t^2)j$$

这个质点的速度表达式是 $v = $_____；加速度表达式是 $a = $_____。

3. 一个质点动能的变化量等于_____；一个质点系动能的变化量等于_____；力学系统机械能的变化量等于_____。

4. 一劲度系数为 k 的弹簧形变时弹力满足胡克定律，当它从伸长量 $x = 0.01\text{m}$ 伸长至 $x = 0.02\text{m}$ 过程中，弹力的功 $A = $_____。

5. 两物块 1 和 2 的质量分别为 m 和 $m/2$，物块 1 以一定的动能 E_{k0} 与静止的物块 2 做完全非弹性碰撞，碰撞后两物块的速率 $v = $_____；它们的总动能 $E_k = $_____。

三、计算题

1. 一人从 O 点出发，走到离 O 点东 3m、南 5m 的 A 点，又从 A 点走到 A 点西 1m、北 6m 的 B 点，写出 A 点和 B 点的位置矢量。

2. 一小艇在水面上运动，在水面上所取的直角坐标系 Oxy 中它的运动方程为 $r = [3ti + (12 - 3t^2)j]\text{m}$。求：（1）小艇的轨迹方程；（2）$t = 0$，$t = 2\text{s}$ 时刻的速度和加速度；（3）小艇做什么样的运动？

3. 已知质点运动方程为 $x = 8 + t - 2t^2$，（x 以 m 为单位，t 以 s 为单位），求：（1）质点在第 2 秒末时的速度和加速度；（2）质点在第 2 秒内的位移；（3）质点做何运动？

4. 某质点的运动学方程（单位：m）是

$$\begin{cases} x = 10\cos(\pi t) \\ y = 10\sin(\pi t) \end{cases}$$

（1）写出此质点的速度矢量式；（2）求它的速率表达式；（3）求此质点在前 9.5s 内走过的路程；（4）求它的加速度矢量式；（5）求该质点的法向加速度和切向加速度。

5. 一沿 x 轴运动的物体，所受变力 $F(x)$ 如图 1-15 所示，求在该过程中，力 F 对物体所做的功 A。

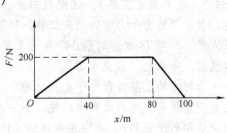

图 1-15

6. 马拉爬犁在水平雪地上沿一弯曲道路行走。爬犁总质量为 3t，它和地面的动摩擦因数 $\mu = 0.12$。求马拉爬犁行走 2km 的过程中，路面摩擦力对爬犁做的功。

7. 质量为 $2 \times 10^{-3}\text{kg}$ 的子弹，在枪筒中前进时受到的合力的大小是

$$F = 400 - \left(\frac{8000}{9}\right)x$$

子弹在枪口的速度大小是300m/s，计算枪筒的长度。

8. 一质量为2.5g的乒乓球以速度$v_1 = 10\text{m/s}$飞来，用板推挡后，又以$v_2 = 20\text{m/s}$的速度飞出，设推挡前后运动方向相反。（1）求乒乓球得到的冲量；（2）如撞击时间为0.01s，求板施于球上的平均冲力。

9. 如图1-16所示，质量为1.99kg的木块，系在一弹簧的末端，静止在光滑的水平面上，弹簧的劲度系数为200N/m，一质量为10g的子弹射进木块后，把弹簧压缩了0.05m，求子弹射入的速率。

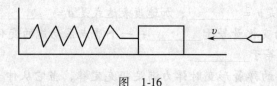

图　1-16

【科学家介绍】

伽　利　略

伽利略（Galileo Galilei, 1564—1642年）出生于意大利比萨城的一个没落贵族家庭。他从小表现聪颖，17岁时被父亲送入比萨大学学医，但他对医学不感兴趣。由于受到一次数学演讲的启发，开始热衷于数学和物理学的研究。1585年辍学回家。此后曾在比萨大学和帕多瓦大学任教，在此期间他在科学研究上取得了不少成绩。由于他反对当时统治知识界的亚里士多德的世界观和物理学，同时又由于他积极宣扬违背天主教教义的哥白尼太阳中心说，所以不断受到教授们的排挤以及教士们和罗马教皇的激烈反对，最后终于在1633年被罗马宗教裁判所强迫，在写有"我悔恨我的过失，宣传了地球运动的邪说"的"悔罪书"上签字，并被判刑入狱（后不久改为在家监禁）。这使他的身体和精神都受到很大的摧

伽利略

残，但他仍致力于力学的研究工作。1637年双目失明。1642年他由于寒热病在孤寂中离开了人世，时年78岁。时隔347年后，罗马教皇多余地于1980年宣布承认对伽利略的压制是错误的，并为他"恢复名誉"。

伽利略的主要传世之作是两本书。一本是1632年出版的《关于两个世界体系的对话》，主旨是宣扬哥白尼的太阳中心说。另一本是1638年出版的《关于力学和局部运动两门新科学的谈话和数学证明》，书中主要陈述了他在力学方面研究的成果。伽利略在科学上的贡献主要有以下几方面：

（1）论证和宣扬了哥白尼学说，令人信服地说明了地球的公转、自转以及行星的绕日运动。他还用自制的望远镜仔细地观测了木星的4个卫星的运动，在人们面前展示了一个太阳系的模型，有力地支持了哥白尼学说。

（2）论证了惯性运动，指出维持运动并不需要外力。这就否定了亚里士多德的"运动必须推动"的教条。不过伽利略对惯性运动理解还没有完全摆脱亚里士多德的影响，他也

认为"维持宇宙完善秩序"的惯性运动"不可能是直线运动，而只能是圆周运动"。这个错误理解被他的同代人笛卡儿和后人牛顿纠正了。

（3）论证了所有物体都以同一加速度下落。这个结论直接否定了亚里士多德的重物比轻物下落得快的说法。两百多年后，从这个结论萌发了爱因斯坦的广义相对论。

（4）用实验研究了匀加速运动。他通过使小球沿斜面滚下的实验测量验证了他推出的公式：从静止开始的匀加速运动的路程和时间的平方成正比。他还把这一结果推广到自由落体运动，即倾角为90°的斜面上的运动。

（5）提出运动合成的概念，明确指出平抛运动是相互独立的水平方向的匀速运动和竖直方向的匀加速运动的合成，并用数学证明合成运动的轨迹是抛物线。他还根据这个概念计算出了斜抛运动在仰角45°时射程最大，而且比45°大或小同样角度时射程相等。

（6）提出了相对性原理的思想。他生动地叙述了大船内的一些力学现象，并且指出船以任何速度匀速前进时这些现象都一样地进行，从而无法根据它们来判断船是否在动。这个思想后来被爱因斯坦发展为相对性原理而成了狭义相对论的基本假设之一。

（7）发现了单摆的等时性并证明了单摆振动的周期和摆长的平方根成正比。他还解释了共振和共鸣现象。

此外，伽利略还研究过固体材料的强度、空气的重量、潮汐现象、太阳黑子、月亮表面的隆起与凹陷等问题。

除了具体的研究成果外，伽利略还在研究方法上为近代物理学的发展开辟了道路，是他首先把实验引进物理学并赋予重要的地位，革除了以往只靠思辨下结论的恶习。他同时也很注意严格的推理和数学的运用，例如他用消除摩擦的极限情况来说明惯性运动，推论大石头和小石块绑在一起下落应具有的速度来使亚里士多德陷于自相矛盾的困境，从而否定重物比轻物下落快的结论。这样的推理就能消除直觉的错误，从而更深入地理解现象的本质。爱因斯坦和英费尔德在《物理学的进化》一书中曾评论说："伽利略的发现以及他所应用的科学的推理方法，是人类思想史上最伟大的成就之一，而且标志着物理学的真正开端。"

伽利略一生和传统的错误观念进行了不屈不挠的斗争，他对待权威的态度也很值得我们学习。他说过："老实说，我赞成亚里士多德的著作，并精心地加以研究。我只是责备那些使自己完全沦为他的奴隶的人，变得不管他讲什么都盲目地赞成，并把他的话一律当做丝毫不能违抗的圣旨一样，而不深究其他任何依据。"

第二章　刚体的定轴转动

第一章讨论了质点运动学，事实上并不是任何情况下都可以把物体简化为质点。一般平动时可以把物体视为质点，但在考虑转动问题时，如各种机轮、电机转子的运动，物体的形状和大小就不能忽略不计了，物体转动时多少都会产生形变。为了便于研究物体运动的本质特性，在此忽略物体的形变，建立刚体这一个新的物理理想模型：把大小和形状保持不变的物体称为**刚体**。刚体可以看成由许多质点构成的特殊质点系，由于刚体的大小和形状不变，刚体中任何两质点间的相对位置或距离均保持不变。

本章主要讨论刚体绕固定轴的转动，这种运动称为**刚体的定轴转动**。

第一节　角速度和角加速度

一、角速度和角加速度的定义

如图 2-1 所示，设刚体绕一固定轴转动，A 为刚体上任选的一个质点，质点 A 和转轴 O_1O_2 的连线 OA 与坐标轴 Ox 轴的夹角为 θ，这样，刚体的位置便由 OA 与 Ox 之间的夹角 θ 唯一地确定。θ 称为**角坐标**或**角位置**。

刚体转动时，θ 随时间而变化，有

$$\theta = \theta(t) \tag{2-1}$$

θ 的单位为 rad（弧度）。通常把式（2-1）称为刚体定轴转动的运动学方程。

与描述质点运动速度的方法相似，用角坐标 θ 对时间 t 的导数，来描述刚体转动的快慢，称为**角速度**，用符号 ω 表示，即

$$\omega = \frac{d\theta}{dt} \tag{2-2}$$

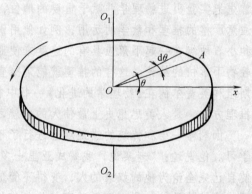

图 2-1　刚体的定轴转动

角速度是矢量，方向沿转轴方向。ω 的单位为弧度/秒（rad/s）。

除了用角速度 ω 描述物体转动快慢的程度外，还可用另一个物理量——旋转速度，简称**转速**。转速即转动物体每分钟里转过的圈数，用符号 n 表示，单位是转/分钟（r/min）。角速度和转速的变换关系为

$$\omega = \frac{\pi n}{30}, \quad n = \frac{30\omega}{\pi} \tag{2-3}$$

角速度对时间 t 的导数，描述了角速度本身变化的快慢，称为**角加速度**，用符号 α 表示，即

$$\alpha = \frac{\mathrm{d}\omega}{\mathrm{d}t} = \frac{\mathrm{d}^2\theta}{\mathrm{d}t^2} \tag{2-4}$$

角加速度是矢量，方向沿转轴方向。α 的单位是弧度/秒²（$\mathrm{rad/s^2}$）。α 保持不变的转动，称为匀变速转动。

二、线量和角量的关系

设距转轴为 r 处一质点的线速度为 v，切向加速度为 a_τ，法向加速度为 a_n，这些量均称为线量，其角速度为 ω，角加速度为 α，这些量均称为角量。下面我们讨论这些物理量间的关系。

1. 线速度和角速度

我们已经学过线速度 $v = \dfrac{\mathrm{d}s}{\mathrm{d}t}$，角速度 $\omega = \dfrac{\mathrm{d}\theta}{\mathrm{d}t}$，若用 s 表示与角坐标对应的质点圆轨道上的弧长，用 r 表示圆轨道的半径，即质点距转轴的距离，则 $s = r\theta$，由此可得

$$v = r\omega \tag{2-5}$$

式(2-5)指出，刚体上某质点的线速度 v 与角速度 ω 之间成正比关系。

2. 切向加速度和角加速度

将式(2-5)两边对时间求导数，得

$$\frac{\mathrm{d}v}{\mathrm{d}t} = r\frac{\mathrm{d}w}{\mathrm{d}t}$$

并由于切向加速度 $a_\tau = \dfrac{\mathrm{d}v}{\mathrm{d}t}$，角加速度 $\alpha = \dfrac{\mathrm{d}\omega}{\mathrm{d}t}$，于是又得到

$$a_\tau = r\alpha \tag{2-6}$$

式(2-6)指出，质点的切向加速度与角加速度成正比。

3. 法向加速度与角速度

由于 $a_n = \dfrac{v^2}{r}$，所以又可得

$$a_n = r\omega^2 \tag{2-7}$$

例 2-1　已知刚体转动的运动学方程 $\theta = A + Bt^3$，其中 A 为量纲为一的常数，B 为有量纲的常量。求：(1)角速度；(2)角加速度；(3)刚体上距轴为 r 的一质点的加速度。

解　(1) 由角速度定义式，得

$$\omega = \frac{\mathrm{d}\theta}{\mathrm{d}t} = 3Bt^2$$

(2) 将 ω 对时间 t 求导数，得角加速度

$$\alpha = \frac{\mathrm{d}\omega}{\mathrm{d}t} = 6Bt$$

(3) 利用式(2-6)，得距轴为 r 的质点的切向加速度

$$a_\tau = r\alpha = 6Brt$$

根据式(2-7)，得该质点的法向加速度

$$a_n = r\omega^2 = 9B^2rt^4$$

所以，加速度的大小是

$$a = \sqrt{a_n^2 + a_\tau^2} = \sqrt{(9B^2rt^4)^2 + (6Brt)^2}$$

方向满足下式

$$\tan\varphi = \frac{a_n}{a_\tau} = \frac{3}{2}Bt^3$$

第二节　刚体定轴转动定律

刚体可看做由许多质点组成，它也是质点系。前一章关于质点系的动能定理和功能原理都适用于刚体，由于刚体的大小、形状不变，任何两质点间没有相对位移，因而刚体的内力不做功，即 $A^i = 0$，于是刚体动能的增量只决定于外力的功

$$A_e = E_{k2} - E_{k1} \tag{2-8}$$

下面首先讨论刚体转动的动能定理，进而讨论刚体的定轴转动定律。

一、力矩和力矩的功

设刚体所受外力 F 在垂直于转轴的平面内，如图 2-2a 所示，力的作用线与转轴之间的垂直距离 d 称为力 F 对转轴的力臂，力的大小和力臂的乘积称为**力对转轴的力矩**，用 M_e 表示，力矩 M_e 的大小为

$$M_e = Fd$$

设力作用于刚体上的点 P，该点到转轴的位矢为 r，则力臂 $d = r\sin\varphi$，则力矩的一般表示式可写作

$$M_e = Fr\sin\varphi \tag{2-9}$$

力矩 M_e 是矢量，不仅有大小，而且有方向。我们不妨规定，使刚体绕轴沿逆时针方向加速的力矩为正；反之为负，因而，可把力矩作为标量来处理。力矩的单位为牛·米（N·m）。

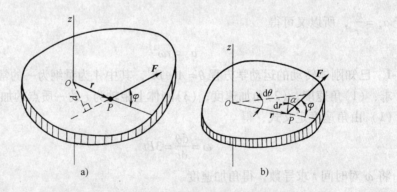

图 2-2　力矩的功

如图 2-2b 所示，刚体在外力 F 作用下绕定轴转动，在 dt 时间内，设刚体绕轴 z 转过微小的角位移 $d\theta$，使位矢为 r 的点 P 发生位移，由于时间 dt 很小，可以认为点 P 沿圆周轨迹移过的路程 $ds = |dr| = rd\theta$，且 dr 垂直于 OP，按功的定义，力 F 沿 ds 路程所做的元功为

$$dA = F\cos\alpha ds = F\cos(90° - \varphi)rd\theta = Fr\sin\varphi d\theta$$

式中，φ 为力 F 与位矢 r 之间小于180°的夹角，而 $Fr\sin\varphi$ 是作用于点 P 的力 F 对转轴的力矩，故上式可写成

$$dA = M_e d\theta \qquad (2\text{-}10)$$

当刚体在力矩 M_e 作用下从角 θ_1 转到角 θ_2 时，力矩对刚体所做的功为

$$A = \int_{\theta_1}^{\theta_2} dA = \int_{\theta_1}^{\theta_2} M_e d\theta \qquad (2\text{-}11)$$

二、转动惯量

图 2-2 中是一个具有确定转轴的刚体，若把刚体分割成 n 个（n 的数目很大）质量元，它们的质量分别是 $\Delta m_1, \Delta m_2, \Delta m_3, \cdots, \Delta m_n$；每个质元到转轴的距离分别是 $r_1, r_2, r_3, \cdots, r_n$，每个质元的线速度分别是 $v_1, v_2, v_3, \cdots, v_n$，且有关系式 $v_i = r_i \omega$，因而第 i 个质元的动能

$$\Delta E_{ki} = \frac{1}{2}\Delta m_i v_i^2 = \frac{1}{2}(\Delta m_i r_i^2)\omega^2$$

把转动刚体中全部质元的动能之和称为该**刚体的转动动能**，用符号 E_k 表示，则

$$E_k = \sum \Delta E_{ki} = \frac{1}{2}\left(\sum_{i=1}^{n}\Delta m_i r_i^2\right)\omega^2 \qquad (2\text{-}12)$$

对于一个具有确定转轴的刚体，它的每个质元的 $(\Delta m_i r_i^2)$ 数值是确定的，因而，所有质元的和为 $\sum_{i=1}^{n}\Delta m_i r_i^2$ 就是一个常量，用符号 J 表示，即

$$J = \sum_{i=1}^{n}\Delta m_i r_i^2 \qquad (2\text{-}13a)$$

于是，刚体转动动能的表达式(2-12)可简化为

$$E_k = \frac{1}{2}J\omega^2$$

将上式与质点的动能 $\frac{1}{2}mv^2$ 比较，可以看出 J 与质量 m 有相似的地位和作用。从经验知道，转动物体将保持静止或匀速转动，直到外力矩迫使它改变运动状态为止，这个性质叫做转动惯性。实际上，J 是转动惯性的量度，因而被称为刚体绕定轴转动的**转动惯量**。转动惯量是量度刚体转动时惯性大小的物理量。

当刚体的质量小块取得很小时，用 dm 表示，称为质元，设 dm 和转轴 O_1O_2 的距离为 r，则求和式(2-13a)可过渡为积分式，于是，转动惯量可表示为

$$J = \int_V r^2 dm \qquad (2\text{-}13b)$$

式中，积分符号的下标表示积分区域是刚体占据的空间范畴。转动惯量的单位为千克·米²（$kg \cdot m^2$）。

从式(2-13a)和式(2-13b)可以看出，刚体的转动惯量决定于刚体的质量相对给定转轴的分布情况，与转轴的位置、刚体的质量及其分布有关。

按照式(2-13a)和式(2-13b)可以计算某些简单的转动物体（如几何形状简单、对称、质量分布均匀的物体）的转动惯量，但是，在更多情况下，计算物体的转动惯量是比较困难的，甚至于无法计算。在工程技术和科学研究中，常常用实验的方法测量物体的

转动惯量。

表 2-1 列出几种几何形状规则、质量分布均匀的刚体的转动惯量的计算结果。

表 2-1　几种几何形状规则、质量分布均匀的刚体的转动惯量

图	说　明	J
	半径为 R 质量为 m 的细圆环和圆环壳，转轴垂直于圆环平面且通过中心	mR^2
	半径为 R 质量为 m 的圆盘或圆柱，转轴垂直于盘面且通过中心	$\dfrac{1}{2}mR^2$
	长 L 质量为 m 的细长直杆，转轴垂直于细杆且通过杆中心	$\dfrac{1}{12}mL^2$
	长 L 质量为 m 的细长直杆，转轴垂直于细杆且通过杆的一端	$\dfrac{1}{3}mL^2$
	半径为 R 质量为 m 的球壳，转轴通过球心	$\dfrac{2}{3}mR^2$
	半径为 R 质量为 m 的实心球，转轴通过球心	$\dfrac{2}{5}mR^2$

把力矩的功 $A = \displaystyle\int_{\theta_1}^{\theta_2} M_e \mathrm{d}\theta$ 和刚体转动动能表达式 $E_k = \dfrac{1}{2}J\omega^2$ 代入式(2-8)则得到

$$\int_{\theta_1}^{\theta_2} M_e \mathrm{d}\theta = \frac{1}{2}J\omega_2^2 - \frac{1}{2}J\omega_1^2 \tag{2-14}$$

式(2-14)称为**刚体绕定轴转动的动能定理**。它表明作用于刚体的合外力矩的功，在数量上等于刚体转动动能的增量。

三、转动定律

式(2-14)表明，如果外力矩 $M_e = 0$，则刚体的转动动能不变，角速度不发生变化，始终等于初始角速度，除非其他物体对它作用力矩迫使它改变该状态，因此表明刚体具有转动惯

性。刚体转动惯性的大小用转动惯量 J 量度。

如果外力矩 $M_e \neq 0$，那么刚体的转动角速度将发生变化。转动惯量 J、外力矩 M_e 和因此而获得的角加速度 α 三者之间存在以下关系

$$M_e = J\alpha \qquad (2\text{-}15)$$

式(2-15)指出，转动刚体的角加速度 α 与作用于其上的合外力矩 M_e 成正比。与刚体的转动惯量 J 成反比。这一关系称为**刚体定轴转动定律**。

刚体转动定律不仅在形式上与牛顿第二定律相似，而且它在刚体力学中的地位与牛顿第二定律在质点力学中的地位也相似。

例 2-2　如图 2-3a 所示，两物体 A、B 的质量分别为 m_1、m_2，用一轻绳相连，绳子跨过均质的定滑轮 C，滑轮的转动惯量为 J，半径为 r，若物体 B 与水平桌面间的动摩擦因数为 μ，绳与滑轮之间无相对滑动，且物体 A 在下降，求系统的加速度 a 及绳中的张力 F_{T1} 与 F_{T2}。

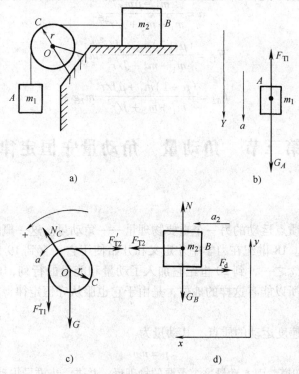

图 2-3　例 2-2 题图

解　采用隔离法对两物体和滑轮分别研究。物体 A 和 B 平动，取坐标轴如图 2-3b、d 所示；为了研究滑轮的转动，可选取逆时针方向作为正方向。

滑轮所受的重力和轴对它的支承力均施于滑轮中心处，对转轴的力矩都等于零，滑轮还受两侧的绳子张力 F'_{T1} 和 F'_{T2} 的作用，F'_{T1}、F'_{T2} 的大小分别等于 F_{T1}、F_{T2}，其方向如图 2-3c 所示。

物体 A 在重力 G_A 和绳子拉力 F_{T1} 作用下，做铅直向下的加速运动，其加速度 a_1 未知，设 a_1 的方向铅直向下，如图 2-3b 所示。

物体 B 受重力 G_B、绳子拉力 F_{T2}、桌面支承力 N 以及滑动摩擦力 F_d 的作用，沿水平桌面做加速运动，加速度 a_2 也是未知的，设 a_2 的方向水平向左，如图 2-3d 所示。

按牛顿第二定律和转动定律列出运动方程

$$m_1 g - F_{T1} = m_1 a_1$$
$$F_{T1} r - F_{T2} r = J\alpha$$
$$F_{T2} - F_d = m_2 a_2$$
$$N - m_2 g = 0$$
$$F_d = \mu N$$

再考虑运动学的关系：由于绳子长度可以认为无伸缩，故

$$a_1 = a_2 = a$$

又因为滑轮的转动与物体 A、B 的平动并不是独立的，且因绳与滑轮之间无相对滑动，故滑轮边缘上的切向加速度 $a_\tau = r\alpha$ 和物体的加速度 a 在大小上相等，即

$$a_1 = a_2 = r\alpha$$

将以上各式联立解得

$$a = \frac{m_1 - \mu m_2}{m_1 + m_2 + J/r^2} g$$

$$F_{T1} = \frac{(\mu + 1) m_2 + J/r^2}{m_1 + m_2 + J/r^2} m_1 g$$

$$F_{T2} = \frac{(\mu + 1) m_1 + \mu J/r^2}{m_1 + m_2 + J/r^2} m_2 g$$

第三节　角动量　角动量守恒定律

一、角动量

本节将介绍描述质点运动的另一个重要物理量——角动量。这一概念在物理学上经历了一段有趣的演变过程。18 世纪在力学中才定义和开始使用它，直到 19 世纪人们才把它看成力学中的最基本的概念之一，到 20 世纪它加入了动量和能量的行列，成为力学中最重要的概念之一。角动量之所以能有这样的地位，是由于它也服从守恒定律，在近代物理中其运用是极为广泛的。

质量为 m、以 v 速度运动的质点，其动量为

$$p = mv$$

从中学物理已经知道，引入动量这个重要的物理量，并进一步推导出动量定理，总结出动量守恒定律，不但对动量及其守恒的规律有了深刻的认识，而且为解决很多力学问题带来方便。与此相似，在研究质点绕给定点运动或刚体绕轴转动时，角动量也是一个很重要的物理量。

按照相似的方法，把转动惯量 J 和角速度 ω 的乘积称为**绕定轴转动刚体的角动量**，用符号 L 表示，即

$$L = J\omega \tag{2-16}$$

角动量是描述物体转动状态的物理量，它是矢量，对定轴转动，L 的方向沿转轴。要注意 L、J 和 ω 都是对同一给定轴来说的。角动量的单位是千克·米²/秒（$kg \cdot m^2/s$）。

二、角动量定理

引进角动量后，刚体绕定轴转动的转动定律可写成更基本的形式，由 $L = J\omega$，$\alpha =$

$\dfrac{\mathrm{d}\omega}{\mathrm{d}t}$，得

$$M = J\alpha = J\frac{\mathrm{d}\omega}{\mathrm{d}t} = \frac{\mathrm{d}(J\omega)}{\mathrm{d}t}$$

即

$$M = \frac{\mathrm{d}L}{\mathrm{d}t} \tag{2-17}$$

式(2-17)指出，**作用于刚体上的合力矩等于刚体角动量对时间的变化率**。这是刚体定轴转动定律的角动量表示式，其物理意义更加普遍。

把式(2-17)变换成

$$M\mathrm{d}t = \mathrm{d}L$$

如果在 t_1 到 t_2 时间内，力矩 M_e 持续地作用在转动刚体上，使刚体的角动量从 L_1 变为 L_2，则得

$$\int_{t_1}^{t_2} M\mathrm{d}t = L_2 - L_1 \tag{2-18a}$$

或

$$\int_{t_1}^{t_2} M\mathrm{d}t = J\omega_2 - J\omega_1 \tag{2-18b}$$

在上式中，合外力矩 M 与其作用时间 Δt 的乘积，称为**冲量矩**或**角冲量**。上式的意义是：**一段时间内作用于刚体的合外力矩的冲量等于刚体角动量的增量**。冲量矩是角动量变化的量度，这个结论称为**角动量定理**。

三、角动量守恒定律

由式(2-17)和式(2-18)可以看出，当合外力矩为零时，可得

$$J\omega_1 = J\omega_2 \text{ 或 } L_1 = L_2 \tag{2-19}$$

式(2-19)表明，**作用于物体的合外力矩等于零时，物体的角动量保持不变**。称这一规律为**角动量守恒定律**。

由式(2-19)可知，转动物体的转速与转动惯量成反比，即如果 $J < J_0$，则一定有 $\omega > \omega_0$。因此可以用减小(或增加)物体转动惯量的手段来加快(或减慢)物体的运动速度。例如，舞蹈演员跳舞时，先把两臂张开，并绕通过足尖的垂直转轴以角速度 ω_0 旋转，然后迅速把两臂和腿朝身边靠拢，这时由于转动惯量变小，根据角动量守恒定律，角速度必然增大，因而旋转更快；又如，跳水运动员表演时，常在空中先把手臂和腿蜷缩起来，以减小转动惯量而增大转动角速度，在快到水面时，则把手、腿伸直，从而减小转速以利于平稳入水。

在有些情况下，角动量守恒也可能导致危害，应设法防止。例如，直升机座舱上方的螺旋桨，在加速或减速旋转的过程中，由于角动量守恒，机身将会按相反的方向转动，为防止这种情况的发生，在直升机尾部装有一个绕水平轴旋转的螺旋桨，以产生一个水平力来提供反方向力矩。为消除类似的影响，鱼雷尾部的螺旋桨、飞机的螺旋桨或涡轮喷气发动机通常要取双数，并让每一对的转动方向相反。

角动量守恒定律、动量守恒定律和能量守恒定律比牛顿力学理论更基本、应用更广泛，

是自然界普遍适用的三条守恒定律。

例 2-3 如图 2-4 所示，两个角速度分别为 $\omega_A = 50\text{rad/s}$，$\omega_B = 200\text{rad/s}$ 的圆盘绕共同的中心轴转动，其半径和质量分别为 $R_A = 0.2\text{m}$，$R_B = 0.1\text{m}$，$m_A = 2\text{kg}$，$m_B = 4\text{kg}$，忽略摩擦，求两圆盘对心衔接后的角速度 ω。

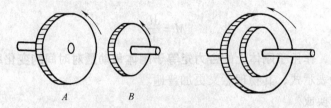

图 2-4 例 2-3 图

解 在两圆盘衔接过程中，对转轴无外力矩作用，因此由两圆盘构成的系统的角动量守恒，于是有

$$J_A\omega_A + J_B\omega_B = (J_A + J_B)\omega$$

查表 2-1 得两圆盘转动惯量为：$J_A = \frac{1}{2}m_A R_A^2$；$J_B = \frac{1}{2}m_B R_B^2$，则由上式可解出两圆盘对心衔接后的角速度为

$$\omega = \frac{J_A\omega_A + J_B\omega_B}{J_A + J_B} = \frac{m_A R_A^2 \omega_A/2 + m_B R_B^2 \omega_B/2}{m_A R_A^2/2 + m_B R_B^2/2}$$

$$= \frac{0.04 \times 50 + 0.02 \times 200}{0.04 + 0.02}\text{rad/s} = 100\text{rad/s}$$

为便于理解和参考，最后把刚体定轴转动的概念和规律与直线平动有关的概念和规律做一对比，参见表 2-2。

表 2-2 直线平动与定轴转动的对比

直 线 平 动	定 轴 转 动
合外力 $\boldsymbol{F}$，质量 m	合外力矩 $\boldsymbol{M}$，转动惯量 J
速度 $\boldsymbol{v}$，加速度 $\boldsymbol{a}$	角速度 ω，角加速度 α
恒力的功 Fs	恒力矩的功 $M\theta$
平动动能 $\frac{1}{2}mv^2$	转动动能 $\frac{1}{2}J\omega^2$
动能定理 $A = \frac{1}{2}mv^2 - \frac{1}{2}mv_0^2$	动能定理 $A = \frac{1}{2}J\omega^2 - \frac{1}{2}J\omega_0^2$
牛顿第二定律 $F = ma$	转动定律 $M = J\alpha$
动量 $p = mv$，冲量 $F\Delta t$	角动量 $L = J\omega$，角冲量 $M\Delta t$
动量定理 $F\Delta t = mv_2 - mv_1$	角动量定理 $M\Delta t = J\omega_2 - J\omega_1$
动量守恒定律 $\sum m_i v_i = $ 常量	角动量守恒定律 $\sum J_i \omega_i = $ 常量

思 考 题

1. 以恒定角速度转动的飞轮上有两个点，一个点在飞轮的边缘，另一个点在转轴与边缘之间的一半处，问：在 Δt 时间内，哪一点运动的路程较长？哪一点转过的角度较大？哪一点具有较大的线速度、角速度、线加速度和角加速度？

2. 当刚体转动的角速度很大时，作用在它上面的力是否也一定很大？作用在它上面的力矩是否也一定很大？

3. 刚体在某一力矩的作用下绕定轴转动，当力矩增加时，角速度和角加速度怎样变化？力矩减少时又怎样变化？

4. 一位自旋滑冰者，迅速伸展其双臂（忽略伸展双臂时的摩擦力），他的动能守恒吗？他的角动量守恒吗？

习   题

一、选择题

1. 一轻绳绕在具有水平转轴的定滑轮上，绳下挂一质量为 m 的物体，此时滑轮的角加速度为 α。若将物体卸掉，而用大小等于 mg，方向向下的力拉绳子，则滑轮的角加速度将（   ）。

A. 不变；　　　　　B. 变大；　　　　　C. 变小；　　　　　D. 无法判断。

2. 花样滑冰运动员绕通过自身的竖直轴旋转，开始时两臂伸开，转动惯量为 J_0，角速度为 ω_0，然后将两手臂合拢，使转动惯量变为 $2J_0/3$，则转动角速度 ω 变为（   ）。

A. $\dfrac{2}{3}\omega_0$；　　　B. $\dfrac{2}{\sqrt{3}}\omega_0$；　　　C. $\dfrac{3}{2}\omega_0$；　　　D. $\dfrac{\sqrt{3}}{2}\omega_0$。

3. 旋转着的溜冰运动员要加快旋转速度时，总是把两手臂伸直，然后合拢，其旋转速度将会增大，这是因为（   ）。

A. 演员必定受到一个外力的推动；

B. 演员的转动惯量 J 变小了，由于 $J\omega$ 不变，因而角速度 ω 变大；

C. 演员的转动惯量 J 变小了，由于 $\dfrac{1}{2}J\omega^2$ 不变，因而角速度 ω 变大；

D. 不会出现这种情况。

4. 细棒可绕光滑水平轴转动，该轴垂直地通过棒的一个端点，今使棒从水平位置开始下摆，在棒转到竖直位置的过程中，棒的角速度 ω 和角加速度 α 的变化情况是（   ）。

A. ω 从小到大，α 从大到小；　　　　B. ω 从小到大，α 从小到大；

C. ω 从大到小，α 从大到小；　　　　D. ω 从大到小，α 从小到大。

二、计算题

1. 一转速为 150r/min、半径为 0.2m 的飞轮，因受到制动而均匀减速，经 30s 停止转动。试求：（1）角加速度和在此时间内飞轮所转的圈数；（2）制动开始后 $t=6$s 时飞轮的角速度；（3）$t=6$s 时飞轮边缘上一点的线速度、切向加速度和法向加速度。

2. 如图 2-5 所示，一个质量为 M，半径为 R 的定滑轮（当做均匀圆盘）上面绕有细绳。绳的一端固定在滑轮边上，另一端因挂一质量为 m 的物体而下垂。忽略轴处摩擦，求物体

m 由静止下落 h 高度时的速度和此时滑轮的角速度。

3. 一质点的质量 $m = 0.02\text{kg}$，做半径为 1.0m，速率为 0.3m/s 的匀速圆周运动，其角动量为多少？

4. 如图 2-6 所示，两个物体质量分别为 m_1 和 m_2，定滑轮的质量为 m，半径为 R（可看做圆盘）。已知 m_2 与桌面间的摩擦因数是 μ。设绳与滑轮间无相对滑动，且不计滑轮轴的摩擦力矩，求下落的加速度和两段绳中的张力。

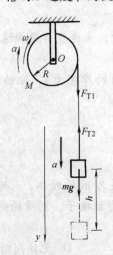

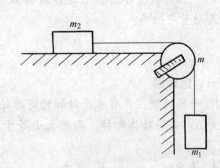

图 2-5 题 2-2 图   图 2-6 题 2-4 图

5. 确定地球因每日自转引起的角动量的大小。假设地球的质量分布均匀，大小为 $6.0 \times 10^{24}\text{kg}$，地球半径为 6400km。球的转动惯量可用公式 $J = \dfrac{2}{5}mr^2$（m 为球的质量，r 为半径）计算。

【科学家介绍】

牛　顿

牛顿（Jsaac Newton，1642—1727 年）在伽利略逝世那年（1642 年）出生于英格兰林肯郡伍尔索普的一个农民家里。小时上学成绩一般，但爱制作机械模型，而且对问题爱追根究底。1661 年 18 岁时考入剑桥大学"三一"学院。学习踏实认真，3 年后被选为优等生，1665 年毕业后留校研究。这年 6 月剑桥因瘟疫的威胁而停课，他回家乡一连住了 20 个月。这 20 个月的清静生活使他对在校所研究的问题有了充分思考时间，因而成了他一生中创造力最旺盛的时期。他一生中最重要的科学发现，如微积分、万有引力定律、光的色散等在这一时期都已基本上孕育成熟。在以后的岁月里他的工作都是对这一时期研究工作的发展和完善。

牛顿

1667 年牛顿回到剑桥，翌年获硕士学位。1669 年开始当数学讲座教授，时年 26 岁。此后他在力学方面作了深入研究并在 1687 年出版了伟大的科学著作《自然哲学的数学原理》，简称《原理》。在这部著作中，他把伽利略提出、笛卡儿完善的惯性定律写下来作为第一运动定律；他定义了质量、力和动量，提出了动量改变与外力的关系，并把它作为第二运动定律；他写下了作用和反作用的关系作为第三运动定律。第三运动定律是在研究碰撞规律的基础上建立的，而在他之前华里士、雷恩和惠更斯等人都仔细地研究过碰撞现象，实际上已发现了这一定律。

他不仅写下了力的独立作用原理、伽利略的相对性原理、动量守恒定律，还写下了他对空间和时间的理解，即所谓绝对空间和绝对时间的概念等。牛顿三大运动定律总结提炼了当时已发现的地面上所有力学现象的规律，它们形成了经典力学的基础，在以后的二百多年里几乎统治了物理学的各个领域。对于热、光、电现象人们都企图用牛顿定律加以解释，而且在有些方面，如热的动力论，居然取得了惊人的成功。尽管这种理论上的成功甚至错误地导致机械自然观的建立，最后曾从思想上束缚过自然科学的发展，但在实践上，牛顿定律至今仍是许多工程技术，如机械、土建、动力等的理论基础，并发挥着永不衰退的作用。

在《原理》一书中，牛顿还继续了哥白尼、开普勒、伽利略等对行星运动的研究，在惠更斯的向心加速度概念和他自己的运动定律基础上得出了万有引力定律。实际上牛顿的同代人胡克、雷恩、哈雷等人也提出了万有引力定律（"万有引力"一词出自胡克），但他们只限于说明行星的圆运动，而牛顿用自己发明的微积分还解释了开普勒的椭圆轨道，从而圆满地解决了行星的运动问题。牛顿（还有胡克）正确地提出了地球表面物体受的重力与地球月球之间的引力、太阳行星之间的引力具有相同的本质。这样，再加上他把原来用于地球上的三条定律用于行星的运动而得出了正确结果，从而宣告了天上地下的物体都遵循同一规律，彻底否定了亚里士多德以来人们所持有的天上和地下不同的思想。这是人类对自然界认识的第一次大综合，是人类认识史上的一次重大的飞跃。

除了在力学上的巨大成就外，牛顿在光学方面也有很大的贡献。例如，他发现并研究了色散现象。为了避免透镜引起的色散现象，他设计制造了反射式望远镜（这种设计今天还用于大型天文望远镜的制造），并为此在 1672 年被接受为伦敦皇家学会会员。1703 年出版了《光学》一书，记载了他对光学的研究成果以及提出的问题。书中讨论了颜色、色光的反射和折射、虹的形成、现在称之为"牛顿环"的光学现象的定量的研究、光和物体的相互"转化"问题、冰洲石的双折射现象等。关于光的本性，他虽曾谈论过"光微粒"，但也并非是光的微粒说的坚持者，因为他也曾提到过"以太的振动"。

1689 年和 1701 年他两次以剑桥大学代表的身份被选入议会。1696 年被任命为皇家造币厂监督。1699 年又被任命为造币厂厂长，同年被选为巴黎科学院院士。1703 年起他被连选连任皇家学会会长直到逝世。由于他在科学研究和币制改革上的功绩，1705 年被女王授予爵士爵位。他终生未婚，晚年由侄女照顾。1727 年 3 月 20 日病逝，享年 85 岁。在他一生的后二三十年里，他转而研究神学，在科学上几乎没有什么贡献。

牛顿对他自己所以能在科学上取得突出的成就以及这些成就的历史地位有清醒的认识。他曾说过："如果说我比多数人看得远一些的话，那是因为我站在巨人们的肩上。"在临终时，他还留下了这样的遗言："我不知道世人将如何看我，但是，就我自己看来，我好像不过是一个在海滨玩耍的小孩，不时地为找到一个比通常更光滑的卵石或更好看的贝壳而感到高兴，但是有待探索的真理的海洋正展现在我的面前。"

【现代技术】

同步卫星和微小卫星

1957 年，前苏联成功地发射了第一颗人造地球卫星，使卫星通信（即在某地将信号发向卫星，然后再由卫星转发世界其他地区）及其他应用由设想进入了实验阶段。以后美国等其他国家也都成功地发射了地球卫星。我国的第一颗人造地球卫星是在 1970 年成功发射的。由于这些早期卫星都是在离地面不高的地方以相对于地面较大的速度运行，所以不能利用单个的这种卫星进行远距离、连续长时间的通信。早在 1945 年一位英国科学家克拉克就曾在一篇科学幻想小说中设想把卫星发射到 36000km 高空，使它相对地面静止。这种卫星就叫做地球同步卫星。如果在赤道上空每隔 120°各放置这样一颗卫星，即有三颗这样的卫星，就能实现全球 24 小时通信。20 多年之后，这个设想实现了。1964 年美国成功地发射了一颗定点在赤道上空的同步卫星。我国也在 1984 年 4 月 8 日 19 时 20 分首次成功发射试验通信卫星，并在 4 月 16 日 18 时 27 分 57 秒成功地使它定点于东经 125°的赤道上空。目前已有几十颗同步卫星在赤道上空运行，全球的电视转播就是靠这些卫星实现的。

同步卫星的发射成功是近代尖端科学技术的伟大成就之一。同步卫星是利用运载火箭发射的。为了节省发射能量，在卫星进入同步轨道前，总是使它先经过若干中间轨道。目前发射的同步卫星一般用一个中间轨道，也有用两个或三个中间轨道的。

用一个中间轨道的同步卫星发射过程大致如下：运载火箭点火后，就带着卫星离开地面。先是进入停泊轨道依惯性飞行。在这一轨道上运行不久，火箭就把卫星推上一个大的椭圆轨道。在轨道上运行几周后，当卫星经过远地点时，其上的远地点发动机点火，改变卫星的航向，使之进入地球赤道平面，同时增大卫星速度，使之达到同步运行速度（3.07km/s）。但是由于远地点发动机各种工程参数的偏差，卫星不能一下子就进入对地球静止的同步轨道，而是在这种轨道附近漂移。此后还需要通过遥控调整，使卫星定点于赤道上空某处。

图 2-7 画出了相对于太阳系的同步卫星发射轨道。这是多么奇妙而美丽的曲线啊！从这里也可以看出当人们掌握了自然界的规律时，能创造出多么神奇的事迹！据说，当阿波罗飞船从月球向地球回飞时，地面站问宇航员："现在谁在驾驶？"宇航员回答说："我想主要是牛顿在驾驶！"这句话的确象征性地道出了实情。

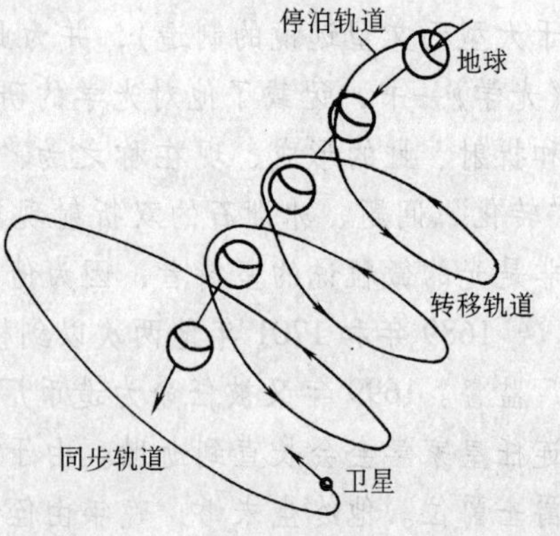

图 2-7　太阳系中看的同步卫星发射轨道

图 2-8 是 1978 年从地球上发射的国际行星探测器的轨道示意图。该探测器飞离地球后围绕 L_1 点运行了 4 年以监测太阳风。此后又绕到地球的另一侧以探测地球的磁尾。它于 1986 年穿过哈雷彗星。经过在太空的长期巡游之后，它将于 2012 年回到地球附近。到目前为止，它已经几十次利用火箭改变航向，并 5 次从月球旁飞过。

自 20 世纪 80 年代以来，人造卫星的研究与发射进入微型化阶段。质量为 100～1000kg 的卫星称为小卫星，质量在 10～100kg 的卫星称为微小卫星。更小的卫星称为纳米卫星，其质量在 10kg 以下。它们的运行轨道高度在 500～1000km 之间。这种卫星成本低，研制周期

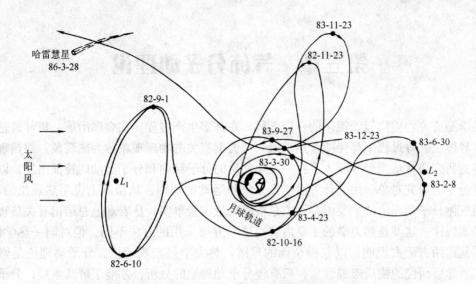

图 2-8　国际行星探测器的轨道示意图

短，功能齐全。可以单颗专用，也可以多颗组成星座，用于全球通信、全球环境监视、遥感、科学实验以及各种军事用途。目前英、美、日、俄已发射成百颗小卫星。

　　北京时间 2003 年 10 月 15 日 9 时 9 分 50 秒，我国自行研制的"神舟"五号载人飞船，在酒泉卫星发射中心发射升空后，准确进入预定轨道，中国首位航天员杨利伟被顺利送上太空，并于 16 日凌晨在内蒙古大草原上平安着陆，为长达 21 小时 23 分钟的中国人首次"太空之旅"画上了圆满句号。中国成为继前苏联和美国之后，世界上第三个可以独立把人送入太空的国家。

第三章　气体分子动理论

热学是研究物质热运动规律的一门学科。在许多生产过程，如金属冶炼、机件铸造、化工、半导体工艺等过程中都伴随着热现象。与温度有关的物理现象称为**热现象**。对热现象及其规律的研究通常从两个方面入手：一是从物质的分子结构和分子运动的特征出发，以物质的大量分子为研究对象，用统计方法给出分子热运动的规律，从微观上说明热现象的本质，这就是气体分子动理论的主要内容；二是根据大量实验事实，从宏观上总结出有关热现象的一些基本规律，这就是热力学的主要内容。这两方面采用的方法不同，但对同一热学问题，有时需从这两方面去说明，以获得全面的理解。热力学是宏观理论，分子动理论是微观理论。热力学所研究的物质宏观性质，只有经分子动理论的分析，才能了解其本质；分子动理论的观点，经热力学的研究而得到验证，这两者彼此联系，相互补充。

用分子或原子的运动和相互作用来说明物质或材料的各种现象、性能和规律，并进而制造各种新型材料是现代物理学及材料科学的主要任务之一，而且已经取得了很大的成功。关于这方面的理论形成了**统计物理**这门学科。本章所要讨论的气体动理论是统计物理最简单、最基本的内容。通过介绍，可以了解一些气体性质的微观解释，同时也将领会一些用统计物理处理问题的基本方法。

由大量分子组成的物体都是质点系。它们所发生的热现象和遵循的热学规律就是这些质点系的现象和规律。对于包含多到 10^{23} 个质点——分子的质点系，要从微观上按经典力学的方法研究其运动，一来根本无法给出这样多质点的确切初位置和初速度；再者要求解这样大数目的动力学方程，已远超出了任何可以想象的快速电子计算机的能力，也是根本不可能的。对于由大量分子组成的热力学系统从微观上加以研究时，必须用统计的方法，即对微观量求统计平均值的方法。

本章将从分子动理论出发，以气体作为研究对象，运用统计方法描述气体分子的热运动，并讨论描述气体的宏观物理量(如压强、温度等)与描述气体分子运动的微观物理量(如分子速率、分子动能等)之间的关系，以阐明宏观物理量的微观本质。

第一节　平衡状态　理想气体状态方程

通过观察和实验，人们以下述三个基本观点为基础建立了分子动理论。

(1) 宏观物体是由大量分子或原子所组成。实验表明，任何一种物质每摩尔所含有的分子或原子数目均相同，即阿伏伽德罗常数 $N_A = 6.02 \times 10^{23}$ 个，可见物质中所含的粒子数是巨大的。但大量分子之间仍存在空隙而保持着一定距离即物质结构是不连续的。例如，用两万个大气压来压缩贮存在钢管中的油，发现油会从钢管中渗透出来；将 $50\mathrm{cm}^3$ 的水和 $50\mathrm{cm}^3$ 的酒精混合后，总的体积只有 $97\mathrm{cm}^3$，小于两者原有体积的总和，因为两者的分子相互渗到对方的空隙中去了。

(2) 分子和原子都在做永不停息的无规则运动——热运动。布朗运动证明了这种无规则的运动。

（3）分子间有相互作用力。液体和固体都很难压缩，说明分子或原子之间有斥力；固体有一定的抗拉强度，表明分子间有引力；液体表面张力的存在，也说明液体分子间有引力。

下面从上述认识出发来研究气体性质的基本理论。

一、平衡状态

在不受外界影响（不做功、不传热）的条件下，系统所有可观测的宏观性质都不随时间变化的状态称为**平衡态**，简称为**状态**。它是热力学系统宏观状态中简单而又重要的特殊情况。一般状态则是非平衡态。处于平衡态时，系统的状态可用一组状态参量来描述。例如，对一定质量的气体系统，其状态可以用压强 p、体积 V 和温度 T 来描述。系统达到平衡态时，其宏观性质不随时间变化，但并不意味着系统的所有宏观状态值处处相同。例如，由于重力的影响，大容器中处于平衡态的气体在不同高度处的压强和密度并不相同。只有这种差别可忽略时，方可认为系统的宏观状态参量处处相同。

自然界中的事物总是互相关联的，一个完全不受外界影响的系统实际上是不存在的。平衡态只是一种理想状况，是一定条件下实际情况的简化。例如，保温瓶中的水时间长了，外界影响就会明显地表现出来；只是在短时间内，这种影响可以忽略，因而可以看做平衡态。

处于平衡态的热力学系统与外界发生能量交换后，平衡态被破坏，成为非平衡态。处于非平衡态的系统停止与外界交换能量后，将逐渐过渡到一个新的平衡态。系统在无外界影响的情况下，由非平衡态过渡到平衡态所需要的时间称为**弛豫时间**。

系统状态发生变化的过程常与系统的平衡态被破坏相联系，系统经历的过程通常是从某一平衡态开始，相继经历一系列的非平衡态，最后达到一个新的平衡态，这种过程叫做非平衡过程，实际过程都是非平衡过程。非平衡过程中的中间状态由于没有确定的状态参量值，所以研究起来比较困难，显得很复杂。但如果过程进行得相当缓慢，以至将过程分解成许多步，每一步经历的时间都比系统的弛豫时间大得多，那么系统内的不均匀性很快消除，可认为过程的每一步都会随时达到平衡态。每个中间状态都无限接近平衡状态的过程称为平衡过程，也称为**准静态过程**（在下一章将详细讲解此概念），显然这是一种理想过程。

二、理想气体状态方程

所谓理想气体，是对实际气体简化的物理模型，是一种假想的气体。从宏观角度看，理想气体是完全遵守玻意耳定律、盖·吕萨克定律和查理定律这三条定律的气体。从微观角度看，理想气体是这样一种气体，除弹性碰撞瞬间外，分子间及分子与容器壁间不存在相互作用；分子间的碰撞、分子与容器壁之间的碰撞都是完全弹性碰撞，碰撞过程中能量守恒；气体分子的大小与气体分子间平均距离相比可以不计。在通常情况下，只要压强不太高（与大气压相比），温度不太低（与室温相比），实际气体都可视为理想气体。

一定质量的气体可以用压强、体积和温度这三个状态参量来描述，当然只有处于平衡态时，整个气体才有同一组 p、V、T 值，才可以用一组确定数值的参量来描述，在 p-V 图上，气体的平衡态可用一点来表示。

根据气体的三个定律，对一定质量的某种理想气体，在平衡态时，p、V、T 三者满足

$$\frac{pV}{T} = C \tag{3-1}$$

式中，C 为一常量。

气体在压强 $p_0 = 1.013 \times 10^5 \text{Pa}$，温度 $T_0 = 273\text{K}$ 时的状态称为标准状态。在标准状态下，根据阿伏伽德罗定律，1mol 理想气体体积 $V_0 = 22.4 \times 10^{-3} \text{m}^3$，因此，对理想气体，常量为一特定值，记作

$$R = \frac{p_0 V_0}{T_0} = \frac{1.013 \times 10^5 \times 22.4 \times 10^{-3}}{273} \text{J/(mol·K)} = 8.31 \text{J/(mol·K)}$$

式中，R 称为普适气体常量。

当气体的物质的摩尔数为 ν 时，常量 C 为

$$C = \frac{p_0 V_0}{T_0} \nu = \nu R$$

于是式(3-1)成为

$$pV = \nu RT \tag{3-2}$$

式(3-2)称为理想气体的状态方程。

若气体质量为 M，摩尔质量为 μ，则 $\nu = \frac{M}{\mu}$，式(3-2)可写成

$$pV = \frac{M}{\mu} RT \tag{3-3}$$

若气体分子数为 N，则 $\nu = \frac{N}{N_A}$，N_A 为阿伏伽德罗常量，$N_A = 6.022 \times 10^{23} \text{mol}^{-1}$，所以有

$$pV = \frac{N}{N_A} RT$$

$$p = \frac{N}{V} \frac{R}{N_A} T = nkT \tag{3-4}$$

式中，$n = \frac{N}{V}$ 为单位体积内的分子数，称为分子数密度；$k = \frac{R}{N_A} = 1.38 \times 10^{-23} \text{J/K}$，称为**玻耳兹曼常量**。

式(3-4)表明，压强 p 不仅与气体分子数密度 n 成正比，而且与气体的热力学温度 T 成正比。

例3-1 容器内贮有氧气，测得其压强为 $2\text{atm}^{\ominus}$，温度为 20℃。求：1)氧气的分子数密度；2)氧气的密度；3)氧分子的质量。

解 1）按题意 $p = 2\text{atm} = 2 \times 1.013 \times 10^5 \text{Pa} = 2.026 \times 10^5 \text{Pa}$，$T = (20 + 273)\text{K} = 293\text{K}$，而 $k = 1.38 \times 10^{-23} \text{J/K}$，则按理想气体状态方程 $p = nkT$，可求出氧气的分子数密度为

$$n = \frac{p}{kT} = \left(\frac{2.026 \times 10^5}{1.38 \times 10^{-23} \times 293} \right) \Big/ \text{m}^3 = 5.01 \times 10^{25} / \text{m}^3$$

可见，单位体积的分子数目是非常巨大的。

2）氧气的密度为 $\rho = \frac{M}{V}$，由式(3-3)，得

$$\rho = \frac{p\mu}{RT}$$

$\ominus$ atm(大气压)为非法定计量单位，$1\text{atm} = 1.013 \times 10^5 \text{Pa}$。

氧气的分子量为 32，即其摩尔质量为 $\mu = 32 \times 10^{-3}\text{kg/mol}$，取 $R = 8.31\text{J/(mol·K)}$，则由上式可算出

$$\rho = \frac{32 \times 10^{-3} \times 2.026 \times 10^{5}}{8.31 \times 293}\text{kg/m}^3 = 2.66\text{kg/m}^3$$

3）根据上述算出的氧气密度和分子密度，可求出氧气分子的质量为

$$m_0 = \frac{\rho}{n} = \frac{2.66}{5.01 \times 10^{25}}\text{kg} = 5.3 \times 10^{-26}\text{kg}$$

可见，每个分子的质量是如此之小。

第二节　理想气体的压强与温度

一、理想气体模型及统计假设

理想气体是一种理想化的气体模型，从微观看，它满足以下几个条件：

（1）气体分子本身的大小比分子间的平均距离小得多，可看做质点，它们的运动遵守牛顿运动定律。

（2）除碰撞的瞬间外，分子间及分子与器壁间的相互作用力可忽略不计。

（3）分子间及分子与器壁间的碰撞是完全弹性碰撞。

在建立分子动理论时，认为宏观量与微观量之间必然存在着应有的内在联系，虽然个别分子的运动是无规则的，但是，就大量分子的集体表现来看，却存在着一定的统计规律。本节就运用统计方法，求出大量分子的一些微观量的统计平均值，从而导出理想气体的压强公式和温度公式。

从宏观上看，气体达到了平衡态，然而从微观上看，分子却仍在不停息地运动着。所谓平衡状态，实际是一种热动平衡。气体系统达到平衡状态后，应有如下特征：

（1）容器各部分分子数密度等于分子在容器中的平均密度

$$n = \frac{N}{V} \tag{3-5}$$

式中，n 是气体分子数密度；N 是气体的总分子数；V 是气体容器的容积。

（2）沿空间各个方向运动的分子数目是相等的。

（3）气体分子的运动在各个方向机会均等，不应在某个方向更占优势，即全体分子速度分量 v_x、v_y 和 v_z 的平均值

$$\overline{v_x} = \overline{v_y} = \overline{v_z} = 0 \tag{3-6}$$

而且，这些速度分量的平方的平均值

$$\overline{v_x^2} = \overline{v_y^2} = \overline{v_z^2} = \frac{1}{3}\overline{v^2} \tag{3-7}$$

二、理想气体的压强

如图 3-1 所示，在一个边长为 L 的正立方形容器内，设有 N 个分子，并且处于平衡状态；分子的质量都是 m，它们以大小不同、方向各异的速度在容器中运动，气体对器壁的压强是大量分子对器壁作用力的统计平均效果，这种对大量分子平均而言才成立的规律称为统计规律。

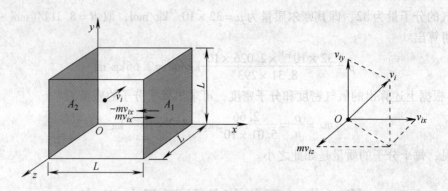

图 3-1 理想气体压强公式推导

设容器中第 i 个分子的质量为 m，沿 x 轴垂直于器壁方向碰撞时，设分子碰前的速度为 v_i，v_i 在直角坐标系上的速度分量为 v_{ix}、v_{iy}、v_{iz}，经弹性碰撞后被器壁 A_1 面弹回的速度分量为 $-v_{ix}$、v_{iy}、v_{iz}，该分子在 Ox 轴上的动量增量为 $(-mv_{ix})-mv_{ix}=-2mv_{ix}$，利用动量定理，分子在碰撞中对 A_1 面的冲量为 $2mv_{ix}$，与 A_1 面发生两次连续碰撞所需要的时间为 $2L/v_{ix}$。单位时间内碰撞的次数为 $v_{ix}/2L$。单位时间内第 i 个分子作用于 A_1 面的总冲量为 $\dfrac{v_{ix}}{2L} \cdot 2mv_{ix}=\dfrac{mv_{ix}^2}{L}$，它等于在此时间内第 i 个分子作用于 A_1 面的平均冲力，即 $F_i=\dfrac{mv_{ix}^2}{L}$。一个（或少量）分子施于 A_1 面的冲力是间歇的，但对于大量的 N 个分子，A_1 面所受到的各分子的冲力为连续的，其和为

$$F = \sum_{i=1}^{N} F_i = \frac{mv_{1x}^2}{L} + \frac{mv_{2x}^2}{L} + \cdots + \frac{mv_{Nx}^2}{L} = \sum_{i=1}^{N} \frac{mv_{ix}^2}{L} = \frac{Nm}{L}\overline{v_x^2}$$

式中，$v_{1x},v_{2x},\cdots,v_{Nx}$ 是各个分子速度在 Ox 轴上的分量；$\overline{v_x^2}=\dfrac{1}{N}(v_{1x}^2+v_{2x}^2+\cdots+v_{Nx}^2)$，它表示容器中 N 个分子在 x 轴方向的速度分量平方的平均值（简称方均值）——统计平均量。

A_1 面所受到的压强为

$$p = \frac{F}{L^2} = \frac{N}{L^3}m\overline{v_x^2} = nm\overline{v_x^2} \tag{3-8}$$

由式（3-7）可知，理想气体内的压强为

$$p = \frac{1}{3}nm\overline{v^2} \tag{3-9}$$

$$p = \frac{2}{3}n\left(\frac{1}{2}m\overline{v^2}\right) = \frac{2}{3}n\overline{\varepsilon_k} \tag{3-10}$$

式（3-10）表明，**压强与气体分子数密度 n 成正比，也与分子的平均平动动能 $\overline{\varepsilon_k}=\dfrac{1}{2}m\overline{v^2}$ 成正比**。从上面的推导可看出，压强是系统中大量分子对器壁作用的平均效果，它具有统计意义。离开了大量分子，气体压强的概念就失去了意义。

在上一节讨论关于理想气体的状态方程时，我们已得到压强的另一个表达式，即式（3-4）

$$p = nkT$$

该式不仅指出了压强 p 与气体分子数密度 n 的正比关系，还指出压强与气体的热力学温度 T

成正比。

三、理想气体的温度

将式(3-4)和式(3-9)、式(3-10)比较，可得

$$T = \frac{m \overline{v^2}}{3k} = \frac{2}{3k}\left(\frac{1}{2} m \overline{v^2}\right) \tag{3-11}$$

将 $\overline{\varepsilon_k} = \frac{1}{2} m \overline{v^2}$ 代入上式，于是

$$T = \frac{2 \overline{\varepsilon_k}}{3k} \tag{3-12}$$

$\overline{\varepsilon_k}$ 为气体分子的平均平动动能

$$\overline{\varepsilon_k} = \frac{3}{2} kT \tag{3-13}$$

式(3-11)和式(3-12)为气体的温度公式，它表明气体系统的热力学温度正比于分子的平均平动动能。气体的温度越高，分子的平均平动动能越大，分子热运动的程度就越激烈，因此**温度是大量分子热运动激烈程度的宏观量度，是分子的平均平动动能的量度**。

例 3-2 求 0℃时氢分子和氧分子的平均平动动能。

解 已知 $T = 273.15\text{K}$，$\mu_{H_2} = 2.02 \times 10^{-3}\text{kg/mol}$，$\mu_{O_2} = 32 \times 10^{-3}\text{kg/mol}$

H_2 与 O_2 分子的平均平动动能相等，均为

$$\overline{\varepsilon_k} = \frac{3}{2} kT = \frac{3}{2} \times 1.38 \times 10^{-23} \times 273.15\text{J}$$

$$= 5.65 \times 10^{-21}\text{J} = 3.53 \times 10^{-2}\text{eV}$$

应该注意到，宏观量 p、T 都是大量分子热运动的统计平均效果。如果只有一个或少数几个分子，它们对器壁的碰撞就是起伏不定的，不能形成压强。只有分子数目足够多，它们对器壁的碰撞才能形成稳定的压强。同样，如果只有一个或少数几个分子，温度也就没有了意义。所以，热现象是大量分子的整体效果，绝不是个别分子的行为能造成的。理想气体的压强与温度公式都是对大量气体分子做热运动进行统计的规律性表现。

*第三节 气体分子的速率分布

对于一个处于平衡状态的气体系统来说，若考察其中一个分子，它在运动中不断地和其他分子碰撞，因而它的运动方向时东时西，其速率时大时小，在某一时刻的速度大小和方向是由偶然因素决定的。但是对于全体分子，就会发现，大量分子速率的分布呈现出一定规律性。这种从大量事物呈现出的规律，称为统计规律。在生产和生活中，表现出统计规律的情况很多，如机床加工出来的大量零件中，大多数是在指定公差范围内，而与规定尺寸相差很大的零件占极少数，而且加工出来的零件数量越多，这种规律性表现得越显著。

设想有一个容器中包含有 N 个理想气体分子，当气体处于温度为 T 的平衡态时，由式(3-13)可知分子的平均平动动能为

$$\frac{1}{2} m \overline{v^2} = \frac{3}{2} kT$$

如果把 $\sqrt{\overline{v^2}}$ 叫做分子的方均根速率，那么由上式可得分子的方均根速率为

$$\sqrt{\overline{v^2}} = \sqrt{\frac{3kT}{m}} \tag{3-14}$$

式(3-14)表明，对给定气体来说，当其温度恒定时，气体分子的方均根速率也是恒定的。但上述结果是从对大量分子平动动能的统计平均值得出的，处于平衡状态下的一种气体，并非气体中所有分子都以方均根速率运动，方均根速率只是分子速度的一种统计平均值；实际上，各个分子以不同的速率沿各个方向运动着，有的分子速率较大，有的较小；而且由于相互碰撞，对每一个分子来说，速度的大小和方向也不断地改变，有时大于方均根速率，有时小于方均根速率。因此，个别分子的运动情况完全是偶然的，是不容易而且也不必要掌握的。然而从大量分子的整体来看，在平衡状态下，分子的速率却遵循着一个完全确定的统计性分布规律，这又是必然的。

所以研究气体分子速率的分布情况，就是要知道气体在平衡状态下，分布在各个速率区间之内的分子数各占气体分子总数的百分率，以及大部分分子分布在哪个区间之内等。气体分子按速率分布的统计定律最早是由麦克斯韦于1859年在几率理论的基础上导出的，1877年由玻耳兹曼从经典统计力学中导出，1920年斯特恩从实验中证实了麦克斯韦分子速率分布统计规律。本节介绍该规律的一些基本内容。

一、气体分子速率的实验测定

现在，分子速率的分布可以在实验中直接测定。图3-2所示是葛正权(中国物理学家)和蔡特曼对斯特恩在1920年所用方法作了改进，于1930~1934年测定分子速率所用装置。

在小炉 O 中，金属银(铋或汞)熔化蒸发，银原子束通过炉上小孔逸出，又通过狭缝 S_1 和 S_2 进入抽空区域。整个装置放置于真空环境中，圆筒 C 可绕 A 轴旋转，转速约为 100r/s，通过狭缝 S_3 进入圆筒的分子束将投射并粘附在弯曲状玻璃板上。取下玻璃板，用自动记录的测微光度计测定玻璃板上变黑的程度，就可以确定到达玻璃板任一部位的分子数。

测定分子速率的实验是在圆筒旋转的情况下进行的，此时分子仅仅能在狭缝 S_3 穿过分子束的短暂时间间隔内进入圆筒，设圆筒以顺时针方向旋转，则当分子穿过直径路线到达玻璃板时，玻璃板已随圆筒向右转过一定角度，因此这些分子撞击玻璃板的部位是在圆筒静止时的撞击点 B 的左方，而且分子速率越小，其撞击点越偏左；分子速率越大，其撞击点越靠近 B 点。所以，玻璃板变黑的程度就是分子束的"速度谱"的一般量度。该实验结果与麦克斯韦的理论预测极为接近。

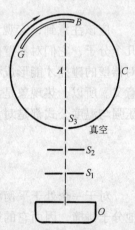

图3-2　测定分子速率分布的一种实验装置

二、麦克斯韦分子速率分布定律

设 N 为气体的总分子数，ΔN 为速率区间 $v \sim v + \Delta v$ 内的分子数。显然，$\dfrac{\Delta N}{N}$ 就是在这一

区间内的分子数占总分子数的百分率。而 $\dfrac{\Delta N}{N\Delta v}$ 就是在某单位速率区间(指速率在 v 值附近的单位区间)内的分子数占总分子数的百分率。这一百分率可用来说明气体分子按速率分布的规律。

麦克斯韦研究了这一分布规律,并指出:在热力学温度为 T 时,处于平衡状态的给定气体中,分子速率分布在区间 $v \sim v + \Delta v$ 内的分子数百分率 $\dfrac{\Delta N}{N}$ 由下式表示

$$\frac{\Delta N}{N} = 4\pi \left(\frac{m}{2\pi kT}\right)^{\frac{3}{2}} \mathrm{e}^{-\frac{mv^2}{2kT}} v^2 \Delta v = f(v)\Delta v \tag{3-15}$$

式中,m 是该气体的分子质量;k 是玻耳兹曼常量;函数 $f(v)$ 就是

$$f(v) = 4\pi \left(\frac{m}{2\pi kT}\right)^{\frac{3}{2}} \mathrm{e}^{-\frac{mv^2}{2kT}} v^2 \tag{3-16}$$

式(3-15)中,当 Δv 很小时,

$$\frac{\Delta N}{N\Delta v} = f(v) \tag{3-17}$$

这就是函数 $f(v)$ 的含义,它表示**速率在 v 附近单位速率区间内的分子数占总分子数的百分比**,所以 $f(v)$ 数值的大小,就表示在这一单位速率区间内分布的分子数的多少。因此,这个函数定量地反映出给定气体的分子在温度 T 时按速率分布的具体情况,所以 $f(v)$ 称为**分子速率分布函数**。

式(3-15)给出了一定量的理想气体,当它处于平衡时,分布在速度区间 $v \sim v + \Delta v$ 的相对分子数。这个气体分子速率分布规律称为**麦克斯韦分子速率分布定律**。

函数 $f(v)$ 的曲线表示如图 3-3a 所示。图中的矩形面积表示在速度区间 $v \sim v + \Delta v$ 的相对分子数,如果速率区间取得越小,则矩形面积数目就越多,这无数个矩形面积的总和就越接近于分布曲线下面的总面积。曲线下的总面积表示速率分布在由零到无穷大整个区间内的全部相对分子数的总和,即等于 1。用公式表示,可写为

$$\int_0^\infty f(v)\mathrm{d}v = 1$$

这一关系式称为分布函数 $f(v)$ 的**归一化条件**。

三、三种速率

从分子速率分布曲线可以看出,气体分子的速率可以取自零到无限大之间的任一数值,速率很大和很小的分子,相对分子数都很小,而具有中等速率的分子数百分率却很高。这里引入能够表征气体温度特征的几个速率。

1. 最可几速率

与分子速率分布曲线的最大值对应的速率,称为最可几速率,用符号 v_p 表示,其物理意义是,在一定温度下,速率与 v_p 相近的气体分子所占的百分率为最大。经计算

$$v_p = \sqrt{\frac{2kT}{m}} = \sqrt{\frac{2RT}{\mu}} \tag{3-18}$$

其中,k 是玻耳兹曼常量;m 是分子的质量;R 为气体常量;μ 是气体的摩尔质量。

2. 平均速率

大量气体分子速率的平均值，称为平均速率，用符号 $\bar{v}$ 表示。可证明

$$\bar{v} = \sqrt{\frac{8kT}{\pi m}} = \sqrt{\frac{8RT}{\pi \mu}} \qquad (3-19)$$

3. 方均根速率

大量气体分子的速率平方的平均值再开平方，所得结果称为方均根速率，用符号 $\sqrt{\overline{v^2}}$ 表示。前面已提到该概念，其表达式为

$$\sqrt{\overline{v^2}} = \sqrt{\frac{3kT}{m}} = \sqrt{\frac{3RT}{\mu}} \qquad (3-20)$$

以上三式比较，以方均根速率为最大，平均速率次之，最可几速率为最小，如图 3-3b 所示。

以上三种速率都含有统计平均意义，都是反映大量分子做热运动的统计规律。当温度升高时，气体分子热运动加剧，气体分子的速率普遍增大，速率分布曲线上最大值向量值增大的方向移动，即最可几速率增大了；但因分子数的百分率的总和保持不变，因此分布曲线在宽度增大的同时，高度降低，曲线显得较为平坦，如图 3-3c 所示。

例 3-3 计算在 $T = 273\text{K}$ 时，氧气、氢气、氮气的方均根速率。

解 根据方均根速率公式 $\sqrt{\overline{v^2}} = \sqrt{\frac{3RT}{\mu}}$，对氧气来说，其摩尔质量 $\mu = 0.032\text{kg/mol}$，$R = 8.31\text{J/(mol·K)}$，$T = 273\text{K}$，则

$$\sqrt{\overline{v^2}} = \sqrt{\frac{3RT}{\mu}} = \sqrt{\frac{3 \times 8.31 \times 273}{0.032}}\text{m/s} = 461\text{m/s}$$

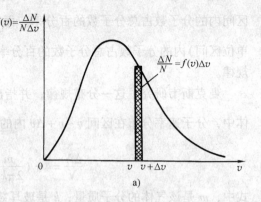
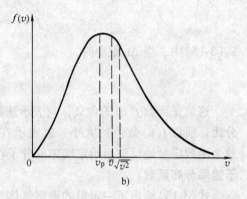
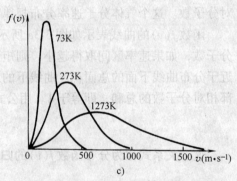

图 3-3 麦克斯韦分子速度分布曲线

用同样方法，可求得氢气的 $\sqrt{\overline{v^2}} = 1800\text{m/s}$，氮气的 $\sqrt{\overline{v^2}} = 500\text{m/s}$。

从以上数值可以看出，气体分子的速率是很大的，一般都在每秒几百米的数量级。但应注意，不论对哪一种气体来说，并不是全部分子都是以它的方均根速率在运动。实际上，气体分子各以不同的速率在运动着，有的比方均根速率大，有的比它小，而方均根速率不过是速率的某一种平均值而已。对平均速率和最可几速率也应做相似的理解。

第四节 能量均分定理 理想气体的内能

本节将讨论气体在平衡态下分子能量所遵循的统计规律，即能量按自由度均分定理，并

以此来讨论理想气体的内能。

考察分子热运动能量时，应考虑到分子的各种运动形式的能量。由于气体分子本身具有一定的大小和较复杂的内部结构，因此，分子不仅具有平动动能，还存在转动动能和振动动能。在通常情况下，振动能量对气体分子热运动的影响可不予考虑。为了计算分子各种运动形式的能量，先介绍物体自由度的概念。

一、自由度

决定一物体在空间位置所需的独立坐标数目，称为物体的自由度。决定一个在空间任意运动的质点的位置需要三个独立坐标，因此质点有三个自由度，这三个自由度是平动自由度。单摆的小球，只需要一个独立坐标确定它的位置，因而它只有一个自由度。同样，绕固定轴转动的刚体也只有一个自由度。

从分子的结构上来说，有单原子分子、双原子分子、三原子分子和多原子分子。单原子分子如氦、氖、氩等，它们的分子由一个质点构成，三个独立坐标便可确定运动分子的位置，所以，单原子分子的自由度是3。通常，把这三个自由度叫做平动自由度，如图3-4a所示。

双原子分子如氢、氧、氮、一氧化碳等，它们的分子是由一根键把两个原子连接起来的，若把键看做刚性的，则双原子分子就可看做两端分别连接一个质点的直线。这种分子除平动外，还有转动，因此，首先需用三个独立坐标 x、y、z 来决定其质心的

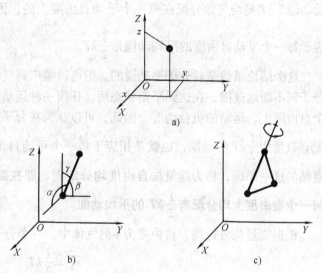

图3-4　气体分子的自由度

位置，即有3个平动自由度；其次，为描述它的转动，要增加相应的自由度，从图3-4b可知，确定两个质点连线的方位，需要用两个独立的坐标 α、β，如图中的 α 和 β 两个方向角，即有2个转动自由度；最后，确定两质点绕轴的转动，但两个质点绕连线为轴的转动是不存在的，所以，双原子分子共有5个自由度：3个平动自由度和2个转动自由度。

三个或三个以上的原子组成的分子，除具有双原子分子的5个自由度外，还应增加一个独立坐标，以描述分子绕其中任意两个原子间连线的转动（相当于绕该连线自转）。所以，三原子以上分子有6个自由度：3个平动自由度和3个转动自由度。

应注意，双原子分子和多原子分子还有原子间的相对振动，因此还应有振动的自由度，只不过在此把分子当做刚性分子对待，不考虑振动的自由度。

二、能量按自由度均分定理

现在，利用自由度的概念来解决理想气体的内能问题。已经说明理想气体分子的平均平动动能是

$$\overline{\varepsilon_{\mathrm{k}}} = \frac{1}{2}m\,\overline{v^2} = \frac{3}{2}kT$$

式中，$\overline{v^2} = \overline{v_x^2} + \overline{v_y^2} + \overline{v_z^2}$。$\overline{v_x^2}$、$\overline{v_y^2}$、$\overline{v_z^2}$ 分别表示沿 x、y、z 三个方向的速度分量的平方的平均值。按统计假设，大量气体分子做杂乱无章的运动时，各个方向运动的机会是均等的，由式 (3-7) 得

$$\overline{v_x^2} = \overline{v_y^2} = \overline{v_z^2} = \frac{1}{3}\overline{v^2}$$

由以上两式可得

$$\frac{1}{2}m\,\overline{v_x^2} = \frac{1}{2}m\,\overline{v_y^2} = \frac{1}{2}m\,\overline{v_z^2} = \frac{1}{3}\left(\frac{1}{2}m\,\overline{v^2}\right) = \frac{1}{2}kT$$

上式表明，气体分子沿三个方向运动的平均平动动能完全相等，可以认为分子的平均平动动能 $\frac{3}{2}kT$ 是均匀地分配在每一个平动自由度上的，因为分子平动有三个自由度，所以相应于每一个平动自由度的平均动能是 $\frac{1}{2}kT$。

这个结论虽然是对分子平动说的，但可以推广到气体分子的转动和振动。这是因为气体分子间不断地碰撞，在达到平衡状态后，任何一种运动都不会比另一种运动更占优势，在各个自由度上，运动的机会均等。因此，可以认为在分子的每个转动自由度上，和平动一样分配有数量为 $\frac{1}{2}kT$ 的动能，也就是相应于每一个可能自由度的平均动能都相等。能量分配所遵循的这一原理，称为能量按自由度均分定理。即**在温度为 T 的平衡态下，物质分子的任何一个自由度上均分配有 $\frac{1}{2}kT$ 的平均动能**。

根据能量均分定理，自由度为 i 的气体中，一个分子的平均动能是

$$\overline{\varepsilon_{\mathrm{k}}} = \frac{i}{2}kT \tag{3-21}$$

三、理想气体的内能

任何宏观物体，即使不考虑物体做整体宏观运动所具有的能量，物体内部由于分子、原子的运动，仍具有一定的能量，称为**物体的内能**（或**热力学能**）。注意内能与机械能应明确区别，某一物体的机械能可以等于零，但物体内部粒子仍在运动着和相互作用着，因此内能永远不等于零。

对于气体来说，除了分子热运动的动能，如平动动能、转动动能和振动动能等以外，由于气体分子之间还存在相互作用力，故在一定状态下，分子间也具有势能。气体的内能就等于其中所有分子热运动的动能和分子间相互作用的势能的总和。

但对于理想气体，分子之间的相互作用忽略不计，因而不存在分子间的相互作用势能，加之通常不考虑分子内原子的振动动能，所以，理想气体的内能是系统内全部分子的平动动能和转动动能之总和。

对温度为 T 的理想气体，若每个分子的自由度总数为 i，则一个分子的平均总能量为 $\frac{i}{2}kT$，1mol 理想气体内含有 N_A 个分子（N_A 是阿伏伽德罗常数），那么，1mol 理想气体的内能是

$$U_A = N_A \left(\frac{i}{2} kT \right) = \frac{i}{2} RT \tag{3-22}$$

若理想气体的质量为 M，摩尔质量为 μ，则其内能为

$$U = \frac{M}{\mu} \frac{i}{2} RT \tag{3-23}$$

由此可知，一定量的某种理想气体的内能完全决定于气体的热力学温度 T。这一结论与前面提到的"不计气体分子之间的相互作用力"的假设是一致的。因此，**理想气体的内能是温度的单值函数**。对于一定质量的理想气体在不同的状态变化过程中，只要温度的变化量相等，那么它的内能的变化量必定相同。

例 3-4 分别计算 1mol 的氦、氢、氧、氨、氯和二氧化碳等气体在温度为 273K 时的内能各是多少？

解 依题意，氦是单原子气体，按 3 个平动自由度计算分子的平均动能；氢、氧、氯是双原子气体，按 5 个自由度计算分子的平均动能；二氧化碳、氨为三原子或多原子气体，按 6 个自由度计算分子的平均动能。由式(3-22)可得 1mol 理想气体的内能为

$$U_A = \frac{i}{2} RT$$

当温度为 273K 时，各气体的内能分别为

单原子气体：$U_A = \left(\frac{3}{2} \times 8.31 \times 273 \right) \text{J} = 3.41 \times 10^3 \text{J}$

双原子气体：$U_A = \left(\frac{5}{2} \times 8.31 \times 273 \right) \text{J} = 5.68 \times 10^3 \text{J}$

三原子以上气体：$U_A = \left(\frac{6}{2} \times 8.31 \times 273 \right) \text{J} = 6.81 \times 10^3 \text{J}$

习 题

一、选择题

1. 真空系统的容积为 $5.0 \times 10^{-3} \text{m}^3$，内部压强为 $1.33 \times 10^{-3} \text{Pa}$，为提高真空度，可将容器加热，使附着在器壁的气体分子放出，然后抽出。设从室温 20℃加热到 22℃，容器内压强增为 1.33Pa，则从器壁放出的气体分子的数量级为(   )。

A. 10^{16} 个；   B. 10^{17} 个；   C. 10^{18} 个；   D. 10^{19} 个。

2. 在一个封闭容器内，将理想气体分子的平均速率提高到原来的 2 倍，则正确的为(   )。

A. 温度和压强都提高为原来的 2 倍；

B. 温度为原来的 2 倍，压强为原来的 4 倍；

C. 温度为原来的 4 倍，压强为原来的 2 倍；

D. 温度和压强都是原来的 4 倍。

3. 两瓶不同种类的理想气体，设其分子平均平动动能相等，但分数密度不相等，则正确的为(   )。

A. 压强相等，温度相等；   B. 压强相等，温度不相等；

C. 压强不相等，温度相等；   D. 方均根速率相等。

4. $f(v_p)$ 表示速率在最可几速率 v_p 附近单位速率间隔区间内的分子数占总分子数的百分比，那么当气体的温度降低时，下述说法正确的是(　　)。

　　A. v_p 变小，而 $f(v_p)$ 不变；　　　　　B. v_p 和 $f(v_p)$ 都变小；

　　C. v_p 变小，而 $f(v_p)$ 变大；　　　　　D. v_p 不变，而 $f(v_p)$ 变大。

*5. 三个容器 A、B、C 中盛有同种理想气体，其分子数密度之比为 $n_A:n_B:n_C=4:2:1$，方均根速率之比为 $\sqrt{\overline{v_A^2}}:\sqrt{\overline{v_B^2}}:\sqrt{\overline{v_C^2}}=1:2:4$，则其压强之比 $p_A:p_B:p_C$ 为(　　)。

　　A. $1:2:4$；　　　B. $4:2:1$；　　　C. $1:1:1$；　　　D. $4:1:\dfrac{1}{4}$。

二、填空题

1. 气体压强是描述大量气体分子对器壁碰撞的平均效果的宏观物理量。在边长为 L 的立方形容器中，推导气体压强公式时，先求得一个分子对器壁的平均作用力 $\overline{F_i}=$ _____；然后求得 N 个分子对器壁的平均作用力 $\overline{F}=$ _____；再进一步得压强公式 $p=$ _____。

2. 室内生起炉子后，温度 $15℃$ 从升高到 $27℃$，由于窗子敞开，室内压强不变，那么此室内由于温度升高，分子数减少的百分数是_____。

3. 有体积相同的一瓶氢气和一瓶氧气(均视为理想气体)，它们的温度相同，则(用"是"或"不"填入)：(1)两瓶气体的内能_____一定相同；(2)平均平动动能_____一定相同；(3)氢分子的平均速率_____一定比氧分子的平均速率大。

4. 说明下列各式的物理意义：

(1) $\dfrac{1}{2}kT$ _____；(2) $\dfrac{3}{2}kT$ _____；

(3) $\dfrac{i}{2}kT$ _____；(4) $\nu\dfrac{i}{2}RT$ _____。

*5. 自由度为 i 的一定量的刚性分子理想气体，其体积为 V，压强为 p，用 V 和 p 表示其内能 $U=$ _____

三、计算题

1. 当温度为 $0℃$ 和 $100℃$ 时，气体分子的平均平动动能各是多少？

2. 1mol 的氮气，其分子平均平动动能的总和为 3.75×10^3 J，求氮气的温度。

3. 有一个具有活塞的容器中盛有一定量的气体，如果压缩气体并对它加热，使它的温度从 $27℃$ 升到 $127℃$，体积减小了一半，求气体的压强变化了多少倍？这时气体分子的平均平动动能变化了多少倍？分子的方均根速率变化了多少倍？

4. 分别计算 300K 时氢气、氧气和氮气的方均根速率。

5. 分别计算 273K 时 1mol 氦气和氢气的内能。

【科学家介绍】

玻 耳 兹 曼

1844 年 2 月 20 日，玻耳兹曼(Ludwig Boltzmann，1844—1906 年)生于奥地利首都维也纳。他从小勤奋好学，在维也纳大学毕业后，曾获得牛津大学理学博士学位。1867 年他到维也纳物理研究所当斯忒藩的助手和学生。1869 年起先后在格拉茨大学、维也纳大学、慕尼黑大学和莱比锡大学任教并被伦敦、巴黎、柏林、彼得堡等科学院吸收为会员。1906 年 9

月 5 日在意大利的一所海滨旅馆自杀身亡。

玻耳兹曼与克劳修斯(R. Clausius)和麦克斯韦(J. C. Maxwell)同是分子运动论的主要奠基者。1868~1871 年,玻耳兹曼由麦克斯韦分布律引进了玻耳兹曼因子 $e^{-E/kT}$,据此他又得到了能量均分定理。

为了说明非平衡的输运过程的规律,需要确定非平衡态的分布函数。这个问题首先由玻耳兹曼在 1872 年解决了。他从某一状态区间的分子数的变化是由于分子的运动和碰撞两个原因出发,建立了一个关于 f 的既含有积分又含有微分的方程式。这个方程式现在就叫玻氏积分微分方程,利用它就可以建立输运过程的精确理论。

玻耳兹曼还利用分布函数 f 引进了一个函数 H,他证明了当 f 变化时,H 随时间单调地减小,而平衡态相当于 H 取极小值的状态。这一结论在当时是非常令人吃惊的。它的意义是,H 随时间的改变率给人们一个系统趋向平衡的标志。这就是著名的 H 定理。它第一次用统计物理的微观理论证明了宏观过程的不可逆性或方向性。

玻耳兹曼

在这之前的 1865 年,克劳修斯用宏观的热力学方法建立了关于不可逆过程的定律,即熵增加原理。它指出孤立系统的熵总是要增加的,H 定理和熵增加原理是相当的。但从微观上这样解释不可逆过程,在当时是很难令人接受的,因而受到一些知名学者的攻击。连支持分子运动理论的洛喜密特(Loschmidt)也提出了驳难。当时的知名学者,实证论者马赫(E. Mach)和唯能论者奥斯特瓦德(W. Ostwald)根本否定分子原子的存在,当然对建立在分子运动理论基础上的 H 定理更是大肆攻击。

对于洛喜密特的驳难,玻耳兹曼的回答是:H 定理本身是统计性质的,它的结论是 H 减小的概率最大。宏观不可逆性是统计规律性的结果,这与微观可逆性并不矛盾,因为微观可逆性是建立在确定的微观运动状态上的,而统计结论则仅适用于微观状态不完全确定的情形。因此,H 定理并不是说 H 绝对不能增加,只是增加的机会极小而已。这些话深刻地阐明了统计规律性,今天仍保持着它的正确性,但在当时并不能为反对者所理解。

正是在解释这种"不可逆性佯谬"的过程中,1877 年玻耳兹曼提出了把熵 S 和热力学概率 W 联系起来。1900 年普朗克引进了比例常量 k,写出了著名的玻耳兹曼关系,常量 k 就叫做玻耳兹曼常量。在众多的非难和攻击面前,玻耳兹曼清醒地认识到自己是正确的,因此坚持他的统计理论。在 1895 年出版的《气体理论讲义》第一册中,他写道:"尽管气体理论中使用概率论这一点不能直接从运动方程推导出来,但是由于采取概率论后得出的结果和实验事实一致,我们就应当承认它的价值。"在 1898 年出版的这本讲义的第二册的序言中,他又写道:"我坚持认为(对于动力论的)攻击是由于对它的错误理解以及它的意义目前还没有完全显示出来,如果对这一理论的攻击使它遭到像光的波动说在牛顿的权威影响下所遭受的命运一样而被人遗忘的话,那将是对科学的一次很大的打击。我清楚地认识到在反对目前这种盛行的舆论时我个人力量的薄弱。为了保证以后当人们回过头来研究动力论时不至于做过多的重复性努力,我将对该理论最困难而且被人们错误地理解了的部分尽可能清楚地加以解说。"这些话一方面表明了玻耳兹曼的自信,另一方面也流露出了他凄凉的心情。有人就认为这种长期受到攻击的境遇是他在 1906 年自杀的重要原因之一。

真理是不会被遗忘的。1902 年美国的吉布斯（J. W. Gibbs）出版了《统计力学的基本原理》，其中大大地发展了麦克斯韦、玻耳兹曼的理论。1905 年爱因斯坦在理论上以及 1909 年皮兰在实验上对布朗运动的研究最终确立了分子的真实性。就这样统计力学成了一门得到普遍承认的、应用非常广泛的而且不断发展的科学理论，在近代物理研究的各方面发挥着极其重要的基础作用。

第四章 热力学基础

热力学是研究物质热现象、热运动的宏观理论,它不考虑分子的微观运动,而是以观测的大量实验事实为依据,从能量观点出发,总结出自然界有关热现象的一些基本规律,从宏观上来研究物质热运动的过程以及过程进行的方向。本章主要讨论热力学的两条基本定律,热力学第一定律反映热功转换的数量关系;热力学第二定律则确定热功转换的方向和条件。

第一节 热力学第一定律

一、热力学系统 准静态过程

在热力学中,一般把要研究的宏观物体(气体、液体、固体或其他物体)叫做热力学系统,简称**系统**;而把与热力学系统相作用的环境称为**外界**。热力学系统的能量依赖于系统的状态,这种取决于系统状态的能量称为热力学系统的内能,简称**内能**(又称**热力学能**)。

物体的内能是指组成物体的全部分子的动能、分子间相互作用的势能,以及分子内部粒子(包括原子、原子内部的原子核与电子、原子核内的核子等)所具有的能量。在讨论热现象时,如果不涉及化学变化和原子内部的变化,分子结构不发生改变,那么分子内部各种粒子的能量也不变,它作为一个常量,可以不予考虑。所以,在此内能主要指分子的动能和分子间相互作用的势能之和。

一个系统的状态发生变化时,就说系统在经历一个**过程**。在过程进行中的任一时刻,系统的状态当然不是平衡态。例如,推进活塞压缩气缸内的气体时,气体的体积、密度、温度或压强都将发生变化,在这一过程中任一时刻,气体各部分的密度、压强、温度并不完全相同。靠近活塞表面的气体密度要大些,压强也要大些,温度也高些。在热力学中,为了能利用系统处于平衡态时的性质来研究过程的规律,引入了**准静态过程**的概念。所谓准静态过程是这样的过程,在过程中任意时刻,系统都**无限地接近**平衡态,因而任何时刻系统的状态都可以当做平衡态处理。这也就是说,准静态过程是由一系列依次接替的平衡态所组成的过程。

准静态过程是一种理想过程。实际过程进行得越缓慢,各时刻系统的状态就越接近平衡态。当实际过程进行得无限缓慢时,各时刻系统的状态也就无限地接近平衡态,而过程也就成了准静态过程。因此,准静态过程就是实际过程无限缓慢进行时的极限情况。这里"**无限**"一词,应从相对意义上理解。一个系统如果最初处于非平衡态,经过一段时间过渡到了一个平衡态,这一过渡时间叫做**弛豫时间**。在一个实际过程中,如果系统的状态发生一个可以被实验查知的微小变化所需的时间比弛豫时间长得多,那么在任何时刻进行观察时,系统都已有充分时间达到了平衡态,这样的过程就可以当成准静态过程处理。例如,原来气缸内处于平衡态的气体受到压缩后再达到平衡态所需的时间(即弛豫时间)大约是 10^{-3}s 或更小,如果在实验中压缩一次所用的时间是 1s,该时间是上述弛豫时间的 10^3 倍,气体的这一压缩过程就可以认为是准静态过程。实际内燃机气缸内气体经历一次压缩的时间大约是

10^{-2}s，这个时间也已是上述弛豫时间的 10 倍以上。从理论上对这种过程作初步研究时，也把它当成准静态过程处理。

准静态过程可以用系统的状态图，如 p-V 图（或 p-T 图、V-T 图）中的一条曲线表示。在状态图中，任何一点都表示系统的一个平衡态，所以一条曲线就表示由一系列平衡态组成的准静态过程，这样的曲线叫做过程曲线。

二、热力学第一定律的内容

做功和传递热量都能使系统的内能发生变化，从使系统内能变化的角度看，两者是等效的。如果系统在开始时内能为 U_1，变化后内能为 U_2，则内能的增量为 $\Delta U = U_2 - U_1$。在此过程中，系统从外界吸收的热量为 Q，它对外界做的功为 A，则根据能量守恒与转换定律，系统从外界吸收的热量，一部分使系统的内能增加，另一部分使系统对外界做功，即

$$Q = (U_2 - U_1) + A = \Delta U + A \qquad (4\text{-}1)$$

如果是无穷微小过程，系统吸收的热量用 dQ 表示，对外做功用 dA 表示，内能的增量用 dU 表示，则它们的关系是

$$dQ = dU + dA \qquad (4\text{-}2)$$

式（4-2）表明，**在任一过程中，系统从外界吸收的热量等于系统内能的增加与系统对外做功的总和**，这一规律称为**热力学第一定律**。它实际上是包括热现象在内的能量转换与守恒定律。

在上式中规定：当系统从外界吸取热量时，Q 为正，系统向外界放出热量时，Q 为负；如果系统对外界做功，A 为正，外界对系统做功，A 为负；当系统内能增加时，dU 为正，系统内能减少时，dU 为负，并且要注意 Q、dU、A 三者的单位必须一致，即它们都以焦耳为单位。

由热力学第一定律可以知道，要使系统对外做功，必然要消耗系统的内能或由外界吸收热量，或两者皆有。历史上曾有人企图制造一种机器，它不消耗任何能量或消耗较少能量便可不断地对外做功，这种机器称为第一类永动机。热力学第一定律指出，**第一类永动机是不可能实现的**。

三、气体系统做功的运算

气体系统所做的功不仅与系统的始末状态有关，还与中间状态有关。如图 4-1a 所示，

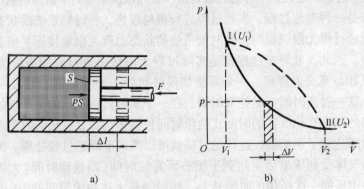

a)   b)

图 4-1 气体膨胀时所做的功

下面计算当气缸中的气体膨胀而推动活塞时，这一过程中气体所做的功。

设气体的压强为 p，活塞的面积为 S，则气体作用在活塞上的力为 $F = pS$。若活塞移动一小段距离 Δl，由于在一个小的范围内气体的压强还没有明显的变化，则气体所做的功可表示为

$$\Delta A = pS\Delta l = p\Delta V$$

式中，$\Delta V = S\Delta l$ 为气体体积的变化量。

功 ΔA 可用图 4-1b 中画有阴影的小面积来表示，气体由状态 I 变化到状态 II 所做的总功为

$$A = \sum \Delta A = \sum p\Delta V$$

上式也可用积分式表示，在气体膨胀过程中，当体积变化为 dV 时，气体所做的功为

$$dA = pdV \tag{4-3a}$$

这一公式是通过图 4-1a 的特例导出的，但可以证明它是准静态过程中的"体积功"的一般计算公式。它是用系统的状态参量表示的。很明显，如果 $dV > 0$，则 $dA > 0$，即系统体积膨胀时，系统对外界做功；如果 $dV < 0$，则 $dA < 0$，表示系统体积缩小时，系统对外界做负功，实际上是外界对系统做功。当系统经历了一个有限的准静态过程，体积由 V_1 变化到 V_2 时，系统对外界做的总功就是

$$A = \int_{V_1}^{V_2} pdV \tag{4-3b}$$

所以系统所做的功等于 p-V 图上过程曲线下面的面积。可见，系统所做的功与状态变化的过程有关。把式(4-3b)代入式(4-1)得

$$Q = \Delta U + \int_{V_1}^{V_2} pdV \tag{4-4}$$

应当强调指出，系统的内能改变与过程无关，而做功与过程有关，系统吸收或放出的热量也与系统所经历的过程有关。

第二节 理想气体的等体、等压、等温和绝热过程

热力学第一定律讨论了系统在状态变化过程中，被传递的热量、功和内能之间的相互关系，它对气体、液体或固体系统都适用。本节将只讨论对理想气体几个过程的应用。讨论这些问题的基本依据是热力学第一定律和上章讲过的理想气体状态方程 $pV = \dfrac{M}{\mu}RT = \nu RT$。

一、等体过程

一定量气体体积保持不变的过程叫做**等体过程**。理想气体等体过程的方程为

$$V = 常量 \quad 或 \quad p/T = 常量$$

在图 4-2 所示的 p-V 图中，等体过程是一条平行于 p 轴的线段，称为等体线。

在等体过程中，由于气体的体积 V 是常量，气体对外不做功，即 $dA = pdV = 0$，所以热力学第一定律可写成

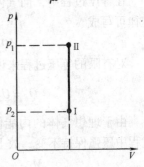

图 4-2 p-V 图中的等体过程

$$dQ_V = dU \tag{4-5a}$$

对有限的等体过程来说，则有

$$Q_V = U_2 - U_1 \tag{4-5b}$$

式中，Q_V 表示该过程中系统吸收的热量；U_1 和 U_2 为系统初、末两状态的内能。

从式(4-5b)可见，在等体过程中，气体吸收的热量全部用来增加气体的内能。如果气体放出热量，则所放出的热量等于气体内能的减少。

气体的摩尔定容热容　在体积不变的条件下，1mol 理想气体温度升高(或降低)1K 时，吸收(或放出)的热量，称为该**气体的摩尔定容热容**，其单位为焦/(摩·开)J/(mol·K)，用符号 $C_{V,\mathrm{m}}$ 表示。

$$C_{V,\mathrm{m}} = \frac{dQ_V}{dT} \tag{4-6}$$

把式(4-5a)代入式(4-6)则有

$$C_{V,\mathrm{m}} = \frac{dU}{dT}$$

即得

$$dU = C_{V,\mathrm{m}} dT \tag{4-7}$$

可见，对摩尔定容热容一定的 1mol 理想气体来说，其内能的增量仅与温度的增量有关。1mol 给定的理想气体，无论它经历什么样的状态变化过程，只要温度的增量相同，其内能的增量就是一定的，亦即理想气体的内能改变只与起始和终了状态温度的改变有关，与状态变化的过程无关。因此，物质的量为 ν 的理想气体，在有限的等体过程中，其内能的增量应为

$$U_2 - U_1 = \nu C_{V,\mathrm{m}} \int_{T_1}^{T_2} dT$$

$$= \nu C_{V,\mathrm{m}} (T_2 - T_1) = \frac{M}{\mu} C_{V,\mathrm{m}} (T_2 - T_1) \tag{4-8}$$

二、等压过程

一定量气体压强保持不变的过程称为**等压过程**。理想气体等压过程的方程是

$$p = 常量 \quad 或 \quad V/T = 常量$$

在图 4-3 的 p-V 图中，等压过程是一条平行于 V 轴的线段，称为等压线。

在等压过程中，向气体传递的热量为 dQ_p，气体对外所做的功为 pdV，所以热力学第一定律可写成

$$dQ_p = dU + pdV \tag{4-9a}$$

对有限的等压过程来说，向气体传递的热量为 Q_p，则有

$$Q_p = U_2 - U_1 + \int_{V_1}^{V_2} pdV \tag{4-9b}$$

由于理想气体的内能仅是温度的单值函数，而且在等压过程中压强保持不变，故上式为

$$Q_p = \frac{M}{\mu} C_{V,\mathrm{m}} (T_2 - T_1) + p(V_2 - V_1)$$

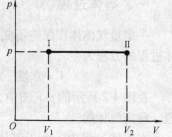

图 4-3　p-V 图中的等压过程

由理想气体状态方程又可得

$$Q_p = \frac{M}{\mu} C_{V,m}(T_2 - T_1) + \frac{M}{\mu} R(T_2 - T_1)$$
$$= \nu(C_{V,m} + R)(T_2 - T_1) \tag{4-10a}$$

若将式(4-7)代入(4-9a)得

$$dQ_p = \nu(C_{V,m} + R)dT \tag{4-10b}$$

式(4-10b)表明，在等压过程中，理想气体吸收的热量一部分用来增加气体的内能，另一部分使气体对外做功。一般情况下，等体过程吸收的热量只用于增加气体系统的内能，而等压过程还要多吸收一些热量用于气体对外做功。

气体的摩尔定压热容　在压强不变的条件下，1mol 理想气体温度升高(或降低)1K 时，吸收(或放出)的热量，称为该理想气体的摩尔定压热容，其单位也为焦/(摩·开)J/(mol·K)(焦每摩开)，用符号 $C_{p,m}$ 表示

$$C_{p,m} = \frac{dQ_p}{dT} \tag{4-11}$$

把式(4-9a)代入上式可得

$$C_{p,m} = \frac{dU + pdV}{dT} = \frac{dU}{dT} + p\frac{dV}{dT}$$

由式(4-7)得$\frac{dU}{dT} = C_{V,m}$；1mol 理想气体状态方程 $pV = RT$；且等压过程中 $p =$ 常量，$pdV = RdT$，所以上式可表述为

$$C_{p,m} - C_{V,m} = R \tag{4-12}$$

这一公式就是著名的迈耶公式。迈耶(Mayer)是热力学第一定律的奠基人之一。由此进一步可见，同是 1mol 理想气体，温度同样升高 1K，等压过程吸收的热量比等容过程多。因为等容过程吸收的热量只用于增加气体系统的内能，而等压过程还要多吸收一些热量用于气体对外做功。

三、等温过程

一定量气体温度保持不变的过程称为**等温过程**。理想气体等温过程的方程是

$$pV = 常量$$

对于理想气体，在 $p\text{-}V$ 图中，等温过程是一条双曲线，如图 4-4 所示。

因为理想气体的内能是由温度决定的，因此在等温过程中，理想气体的内能不变，按照热力学第一定律，向气体传递的热量 dQ_T 与气体所做的功 dA_T 相等，有

$$dQ_T = dA_T \tag{4-13a}$$

对于有限过程来说，因为 $U_2 - U_1 = 0$，由上式有

$$Q_T = A_T \tag{4-13b}$$

式(4-13b)表明，在等温过程中，气体所吸收的热量全部用来对外做功。气体对外所做的功等于 $p\text{-}V$ 图上等温曲线下面的面积。

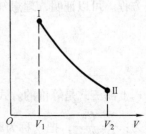

图 4-4　$p\text{-}V$ 图中的等温过程

等温过程的热量　由一定质量的理想气体状态方程 $\dfrac{pV}{T} = \dfrac{M}{\mu}R = \nu R$，式(4-13b)可表述为

$$Q_T = A_T = \int_{V_1}^{V_2} p\mathrm{d}V = \int_{V_1}^{V_2} \nu \frac{RT}{V}\mathrm{d}V$$

$$= \nu RT\ln \frac{V_2}{V_1} = \frac{M}{\mu}RT\ln \frac{V_2}{V_1} \tag{4-14}$$

可见在等温过程中，系统的温度没有改变，但只要 V_1 不等于 V_2，就会与外界交换热量，这时热量用于做功。当气体膨胀时，热量与功均为正值，气体从外界吸收的热量全部用于对外做功；当气体被压缩时，热量与功均为负值，此时外界对气体做功，系统向外界释放热量，以保持内能不变。

四、绝热过程

系统与外界没有热交换的过程称为**绝热过程**。例如，在工程上，蒸汽机气缸中蒸汽的膨胀、柴油机中受热气体的膨胀，压缩机中空气的压缩等常常可近似地看做绝热过程；又如，在保温瓶或石棉等绝热材料包起来的容器内气体的变化过程，也可以近似地看做绝热过程。这些过程进行得很迅速，在过程进行时只有很少的热量通过器壁进入或离开系统。

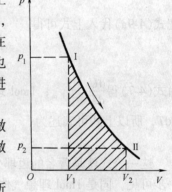

如图4-5所示，在 p-V 图中，与绝热过程对应的曲线叫做绝热线。绝热线下的面积在数值上等于气体在绝热过程中所做的功。

在绝热过程中，由于系统与外界不交换热量，$\mathrm{d}Q = 0$，所以热力学第一定律为

$$\mathrm{d}A_Q = -\mathrm{d}U \tag{4-15a}$$

或

图 4-5　绝热过程

$$A_Q = -(U_2 - U_1) \tag{4-15b}$$

式(4-15b)表明，在绝热过程中系统与外界之间无热量传递。在绝热膨胀过程中，气体对外做功是由内能的减少来完成的，绝热膨胀导致气体温度的降低；在绝热压缩过程中，气体系统的内能将增加，导致气体的温度随之升高。

绝热过程中理想气体的绝热方程　理想气体在绝热过程中遵循的方程称为理想气体的绝热方程。可以证明，理想气体的绝热方程是

$$pV^{\gamma} = 常量$$
$$V^{\gamma-1}T = 恒量$$
$$p^{\gamma-1}T^{-\gamma} = 恒量$$

上面三式是等价的。式中，γ 是用摩尔定压热容 $C_{p,\mathrm{m}}$ 和摩尔定容热容 $C_{V,\mathrm{m}}$ 定义的常量，其为：$\gamma = \dfrac{C_{p,\mathrm{m}}}{C_{V,\mathrm{m}}}$，把 γ 称为摩尔热容比。表4-1列出了标准状态下几种气体摩尔热容及摩尔热容比的实验值。

表 4-1 标准状态下气体摩尔热容的实验值($C_{p,m}$、$C_{V,m}$ 单位均为 J/(mol·K))

原子数	气体的种类	$C_{p,m}$	$C_{V,m}$	$C_{p,m}-C_{V,m}$	γ
单原子	氦(He)	20.9	12.5	8.40	1.67
	氩(Ar)	21.2	12.5	8.70	1.67
双原子	氢(H_2)	28.8	20.4	8.40	1.41
	氮(N_2)	28.6	20.4	8.20	1.41
	氧(O_2)	28.9	21.0	7.9	1.38
	氯(Cl_2)	34.7	25.7	9.02	1.35
	一氧化碳(CO)	29.3	21.2	8.10	1.40
多原子	二氧化碳(CO_2)	36.9	28.4	8.50	1.30
	水蒸气(H_2O)	36.2	27.8	8.40	1.31
	甲烷(CH_4)	35.6	27.2	8.40	1.30

第三节 循环过程

一、循环过程

在生产技术上需要将热与功之间的转换持续地进行下去，这就需要利用循环过程。若系统经过一系列状态变化过程以后，又回到原来的状态，则这整个变化过程称为**循环过程**，简称**循环**。循环所包括的每个过程叫做分过程，该物质系统称为工作物质，简称工质。在 p-V 图上，工作物质的循环过程可用一个闭合的曲线来表示，如图 4-6 所示。

因为内能是系统状态的单值函数，所以**系统经历一个循环过程之后，它的内能没有改变**。这是循环过程的重要特征。

按过程进行的方向可以把循环分为两类。在 p-V 图上按顺时针方向进行的循环过程叫做正循环。工作物质作正循环的机器叫热机，如蒸汽机、内燃机等，它们是把热持续地转变为功的机器。在 p-V 图上按逆时针方向进行的循环过程叫做逆循环。工作物质作逆循环的机器叫做制冷机，它是利用外界做功以使热量由低温流入高温处，从而获得低温的机器。

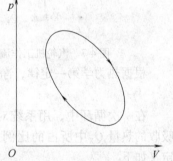

图 4-6 循环过程

二、热机循环

在工程中常使用各种热机，它的作用是不断从外界吸取热量，同时不断对外做功，确切地说是热机的工质如蒸汽吸收热量后增加内能，再以消耗内能为代价来对外做功，即通常所说的热功转换过程。

下面介绍一个简单的热机循环过程。图 4-7 所示为汽轮机的工作流程图。水泵将工质水提高压强后，进入锅炉中，经加热而变成高温、高压的蒸汽，这是一个吸热而使工质增大内能的过程。高温、高压蒸汽进入汽轮机后便膨胀，推动汽轮机叶片旋转而做功。由于在这个膨胀过程中，蒸汽内能减少，一部分内能已用于推动叶片做功，所以其压强和温度下降；然后将低压蒸汽排入冷凝器中，使其向冷却水放出热量，重新凝结为水，再返给水泵，使工质回复到初始状态。这样，工质就完成了一个热力学循环过程。

在上述热机循环中，工质从高温热源（锅炉）中吸收热量（用符号 Q_X 表示）使自身内能增加，所增加的内能一部分用于对外做功，另一部分则向低温热源（冷凝器）放出（用 Q_F 表示），并最终使工质回到初始状态。其他如汽油机、柴油机、喷气发动机、火箭发动机等，它们的基本工作原理是一致的。第一部实用的热机是蒸汽机，创制于 17 世纪，用于从煤矿中抽水。目前，蒸汽机主要用于发电厂。下面用能流图（图4-8）来表示它们的工作原理。

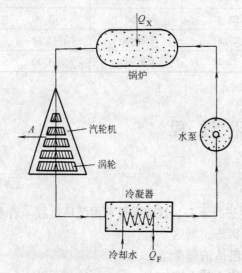

图 4-7　汽轮机工作流程图

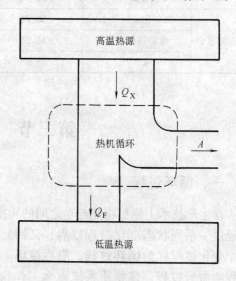

图 4-8　热机循环的能流图

根据热力学第一定律，净功 A 等于工质与外界交换热量的代数和，即有

$$A = Q_X - |Q_F|$$

在一次循环中，用系统对外所做的净功 A 在它所吸收的热量 Q_X 中所占的比例来衡量热机的工作效益。定义如下

$$\eta = \frac{A}{Q_X} = \frac{Q_X - |Q_F|}{Q_X} = 1 - \frac{|Q_F|}{Q_X} \qquad (4\text{-}16)$$

η 称为热机循环的效率。应指出 η 总小于1。

三、制冷循环

制冷机循环过程与热机的循环过程相反，它依靠外界对工质做功，使工质从低温热源吸收热量，向高温热源放出热量，外界不断做功，工质就能不断地从低温热源吸取热量，传递到高温热源。如此循环地工作下去，就可达到对低温热源制冷的目的。图4-9所示为制冷机的能流图。

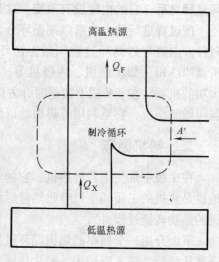

图 4-9　制冷机工作的能流图

从图中可看出，在制冷机内，工质从低温热源吸取热量并把热量放出给高温热源。为实现这一点，外界必须对制冷机做功。由于在完成一个循环过程时，工质的内能并未改变，即 $\Delta E = 0$，若外界对系统所做的功用符号 A' 表示，则 $A' = -A$，按热力学第一定律，有

$$|Q_F| - Q_X = A'$$

或

$$|Q_F| = Q_X + A'$$

为了评价制冷机的工作效益，可把外界每做一个单位的功能使制冷机从低温热源吸取多少热量作为制冷机的一个技术指标，称为**制冷系数**，用符号 ω 表示

$$\omega = \frac{Q_X}{A'} = \frac{Q_X}{|Q_F| - Q_X} \tag{4-17}$$

由式(4-17)可见，从低温热源吸取同样热量，制冷系数越大所需的功就越小，也就是说制冷系数越大，制冷效果越好。

制冷机的工作物质称为制冷剂，在室温和常压下一般是气体，而在室温和高压（10 个大气压）下就变为液体。现在常用的制冷剂是碳氟化合物，如氟利昂，它在高压常温下以液态形式贮存在贮液罐中。

日常生活用的家庭制冷机，如冰箱、空调机等，都是以易于液化的气体作为工质，其工作示意图如图 4-10 所示。

当工质被压缩时，压强增大，温度升高，继而进入冷凝器，将热量传递给高温热源而冷却，凝结为高压常温的液体，然后经节流阀减压降温，使工质变成部分汽化的低压低温液体，它在进入低温室内的蒸发器时继续汽化，同时将从低温室中吸收大量汽化热，使低温室降温变冷，最后气态工质再进入压缩机进行下一个循环。

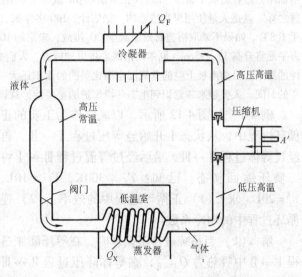

图 4-10 家用制冷机示意图

在夏天，若以室外的空气作为高温热源，而以室内作为低温热源，则上述制冷机工作时，可使室内降温变冷。在冬天，可将室外作为低温热源，以室内作为高温热源，则制冷机工作时，将从室外吸取热量，并向室内传入热量，使室内升温变暖。

四、卡诺循环

循环的类型很多，为了提高热机的效率，1824 年法国工程师卡诺研究了一种理想循环，并从理论上证明了它的效率最高，这种循环称为卡诺循环，按卡诺循环工作的热机称为卡诺机。

理想气体的卡诺循环由四个准静态过程组成，其中有两个等温过程和两个绝热过程，如图 4-11 所示。

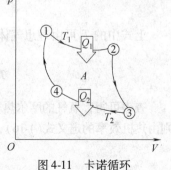

图 4-11 卡诺循环

可以证明，卡诺热机的效率为

$$\eta_卡 = 1 - \frac{|Q_F|}{Q_X} = 1 - \frac{T_2}{T_1} \tag{4-18}$$

其中，T_1 和 T_2 分别为高温热源和低温热源的温度。

生态环境的保护 目前家用冰箱、空调机等，常用氟利昂12作为工质，其沸点为 $-29.8℃$，汽化热为 $165 \times 10^3 J \cdot kg^{-1}$。但过量生产和使用氟利昂导致了大气臭氧层的破坏，必须推行无氟化制冷剂或采用新型的制冷技术，同时发展包装保鲜等新技术，按国际上达成的有关协议，规定2000年为使用氟利昂制冷剂的最终年限。可望普及的溴化锂制冷和半导体制冷产品，均已进入市场。据报道，我国年轻热力学专家顾雏军研制的新制冷剂 G2018（代号）对臭氧层破坏甚微，制冷系数很高，已获包括美国专利局在内的10多个国家专利。

热机和制冷机既是人类物质文明的重要体现，又是污染人类生态环境的主要根源，最突出的是对大气的污染。矿物燃料的广泛消费排放出大量的二氧化碳，以及硫和氮的氧化物，前者造成了温室效应的不适当加剧，后者造成了腐蚀性酸雨（正常雨水 pH 值为 5.6，酸雨的 pH 值小于 5）。20 世纪五六十年代的"伦敦之雾"就是大量使用煤炭造成的。据估计，100 多年来，由于温室效应的加剧，地表的平均气温已升高了 1.8℃。如果不采取措施有效地减少 CO_2 排放，未来的 100 年内，地表的平均气温将再升高 1.5 ~ 1.6℃，海平面将升高 15 ~ 95cm，厄尔尼诺现象将更加肆虐，人们的生活将会因此受到严重影响，并造成地球灾难性的后果。目前南极上空的臭氧层空洞比美国的面积还大，按专家的估计，要修复臭氧层，至少需要几十年的时间。人类越来越意识到生态环境保护的重要性，意识到我们只有一个地球。

例 4-1 如图 4-12 所示，以氧气作为工质的正循环过程中，从状态 I 开始经等压过程 I → II，再经过等体过程 II → III，最后经过等温过程 III → I 将工质压缩回初态。已知：$T_1 = 300K$，$V_1 = 10L$，$V_2 = 20L$，求：（1）正循环过程中的效率；（2）逆循环过程中的制冷系数。

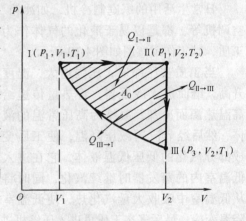

图 4-12 例 4-1 图

解 （1）当系统进行正循环时，在等压膨胀过程 I → II 中吸热为 $Q_{I \to II}$，在等体降压过程 II → III 和等温压缩过程 III → I 中分别放热为 $Q_{II \to III}$ 和 $Q_{III \to I}$。整个循环中吸热为

$$Q_X = Q_{I \to II} = \frac{M}{\mu} C_{p,m} (T_2 - T_1)$$

放热为

$$Q_F = Q_{II \to III} + Q_{III \to I} = \frac{M}{\mu} C_{V,m} (T_2 - T_1) + \frac{M}{\mu} R T_1 \ln \frac{V_1}{V_2}$$

上式中的 T_2 可由理想气体方程求出，由 $\frac{V_1}{T_1} = \frac{V_2}{T_2}$，代入数据得

$$T_2 = \frac{V_2 T_1}{V_1} = \frac{20 \times 10^{-3} \times 300}{10 \times 10^{-3}} K = 600K$$

查表可得，氧气的摩尔热容分别为 $C_{V,m} = 21.0 J \cdot mol^{-1} \cdot K^{-1}$，$C_{p,m} = 28.9 J \cdot mol^{-1} \cdot K^{-1}$，则由热机效率的定义式(4-16)，得

$$\eta = 1 - \frac{|Q_F|}{Q_X} = \frac{\dfrac{M}{\mu}R\left[C_{V,m}(T_2 - T_1) + T_1\ln\dfrac{V_2}{V_1}\right]}{\dfrac{M}{\mu}C_{p,m}(T_2 - T_1)}$$

$$= \frac{R\left[C_{V,m}(T_2 - T_1) + T_1\ln\dfrac{V_2}{V_1}\right]}{C_{p,m}(T_2 - T_1)}$$

代入数据可算出 $\eta = 8.69\%$。

（2）当系统进行逆循环时，从状态Ⅰ开始先经过等温膨胀过程Ⅰ→Ⅲ，从低温热源吸收热量 $Q_{Ⅰ→Ⅲ}$，然后经等体升压过程Ⅲ→Ⅱ，工质再一次从低温热源吸热 $Q_{Ⅲ→Ⅱ}$，最后，工质在等压压缩过程Ⅱ→Ⅰ中向高温热源放出热量 $Q_{Ⅱ→Ⅰ}$，整个逆循环中系统总共吸热

$$Q_X = Q_{Ⅰ→Ⅲ} + Q_{Ⅲ→Ⅱ}$$

由制冷系数的定义式(4-17)有

$$\omega = \frac{Q_X}{|Q_F| - Q_X} = \frac{1}{\dfrac{C_{p,m}(T_2 - T_1)}{C_{V,m}(T_2 - T_1) + RT_1\ln\left(\dfrac{V_2}{V_1}\right)} - 1}$$

代入有关数据后，可算出 $\omega = 9.94$。

第四节　热力学第二定律

一、热力学第二定律

19世纪初期，蒸汽机已在工业、航海等部门得到了广泛的使用，并随着技术水平的提高，蒸汽机的效率也有所增加。人们一直在设法提高热机的效率，历史上曾有人企图制造这样一种循环工作的热机，它只从高温热源吸收热量，并将吸收的热量全部用来做功而不放出热量给低温热源。从能量守恒的观点看，热机循环的效率不可能大于1，那么效率能不能等于1？

从热机循环效率 $\eta = \dfrac{Q_X - |Q_F|}{Q_X}$ 可以看出，减少 $|Q_F|$ 可以提高热机效率，如果 $|Q_F| = 0$，那么热机的效率达到100%，这时工质从高温热源吸收的热量全部转化为有用的机械功，而工质又回到了原来的热力学状态（因工质经历了一个循环）。这并不违背热力学第一定律，但是大量事实告诉我们，这是不可能的。在任何情况下，热机都不可能只有一个热源，热机要不断地把吸取的热量变为有用的功，就不可避免地将一部分热量传给低温热源。

1851年，开尔文总结得出了热功转换方向性的自然规律：**不可能造出一种循环工作的热机，它只从单一热源吸取热量，使之完全变为有用的功，而不产生其他影响。**这就是**热力学第二定律的开尔文表述**。应注意，这里指的是循环工作的热机，没有这一条件，从单一热源吸取热量并使其完全转化为功的过程是可以实现的。如等温膨胀这样的单一过程，可以把从一个热源吸收的热量全部用来做功。

不需要能量输入而能继续做功的机器叫做第一类永动机，第一类永动机不可能实现是由

于违反了热力学第一定律。从一个热源吸热并将热全部变为功的热机,叫做第二类永动机,这种热机不违反能量守恒定律。有人曾计算过,如果能制成第二类永动机,使它从海水吸热而做功,那么海水的温度只要降低0.01K,所做的功就可供全世界所有工厂一千多年之用,但是我们却无法制成这种热机,因为它违反热力学第二定律。

热力学第二定律的克劳修斯表述:热量不能自动地从低温物体传向高温物体。在这里,应注意"自动"两字,我们知道通过制冷机,热量可以从低温物体传到高温物体,但此时外界必须做功,因此这就不是热量自动地从低温物体传向高温物体。

热力学第二定律的开尔文表述和克劳修斯表述是等价的,是一个定律的两种不同表述方法。两者都揭示了热力学第二定律的本质内容:在孤立系统中伴随着热现象的自然过程都具有方向性。开尔文表述指出,功完全转变为热量,是自然界允许的过程;反过来,把热量完全转变为功而不产生其他影响是自然界不可能实现的过程。克劳修斯表述指出,热量从高温物体向低温物体传递是可能的自发过程;反过来,必须有外力做功才可能把热量从低温物体传递到高温物体,否则是不可实现的。

热力学第一定律说明,在任何过程中能量必须守恒。热力学第二定律则说明并非所有能量守恒的过程均能实现。热力学第二定律是反映自然界过程进行的方向、条件和限度的一个规律,它指出自然界中出现的过程是有方向性的,某些方向的过程可以实现,而另外一些方向的过程则不能实现。在热力学中,热力学第二定律和热力学第一定律相辅相成、缺一不可。

二、可逆过程和不可逆过程

由热力学第二定律的克劳修斯表述可知,高温物体能自动地将热量传递给低温物体,而低温物体不能在外界不产生影响的情况下,自动地将热量传递给高温物体。如果把热量由高温物体传递给低温物体作为正过程,把热量从低温物体传递给高温物体作为逆过程,则逆过程不能自动地进行。如果把热量从低温物体传递给高温物体,则外界必须对它做功,外界对它做功的结果即外界的环境发生变化(如能量损耗)。因此,热量传递过程是不可逆的。同理,热功之间的转换也是不可逆的。如摩擦力做功可以把功全部转化为热量,而热量却不能在不引起其他变化的情况下全部转化为功。

当系统由某个状态到另一个状态的变化过程中,如果逆过程能重复正过程的每一状态,而且不引起其他变化,这种过程叫做可逆过程;反之,在不引起其他变化的情况下,不能使逆过程重复正过程的每一状态,或虽然能重复但必然引起其他变化,这种过程叫做不可逆过程。可逆过程只是一种理想过程,只有无摩擦的准静态过程才是可逆过程。卡诺循环中的每一个过程都是无摩擦的准静态过程,卡诺循环是可逆循环。因为摩擦总是存在的,自然界的一切实际过程都是不可逆的。

自然界中不可逆的例子很多,除了上面已谈到的热传导、热功转换外,气体的扩散、水的汽化、生命里的生长与衰老也都是不可逆过程。

思 考 题

1. 说明热力学第一定律的意义及其数学表示式(包括微小的和有限的变化过程),并说明式中各量正负的意义.

2. 试述理想气体的等体、等压、等温和绝热各过程中的特征，并应用热力学第一定律说明各量的关系.

3. 设三种理想气体 O_2、N_2 和 CO_2，它们的摩尔数相同，在相同的初状态下进行等体加热过程，若吸热相同，问温度升高是否相同？压强增加是否相同？

4. 什么是循环过程？有何特征？

5. 有人想利用热带的海洋不同深度处温度的不同来制造一种机器，把海水的内能自动变为有用的机械功来驱动发电机，这是否违反热力学第二定律？

习 题

一、填空题

1. 系统在某过程中吸热 150J，对外做功 900J，那么在此过程中，系统内能的变化是_____。

2. 绝热过程中，系统内能的变化是 950J，在此过程中，系统做功_____。

3. 一定量的理想气体，从某状态出发，如果经等压、等温或绝热过程膨胀相同的体积，在这三个过程中，做功最多的过程是_____；气体内能减少的过程是_____；吸收热量最多的过程是_____。

4. 热机循环的效率是 0.21，那么经一循环过程吸收 1000J 热量，它所做的净功是_____，放出的热量是_____。

5. 热力学第二定律的开尔文表述是_____；克劳修斯表述是_____；热力学第二定律的实质是_____。

二、计算题

1. 在某一过程中，供应一系统 500J 热量，同时此系统向外做 100J 的功，问系统的内能增加多少？

*2. 设气缸中的气体在膨胀过程中压强 p 随体积 V 的变化关系为 $p = aV + b$，式中 a、b 为待定常量，已知压强和体积在初态时为 $p_1 = 10^6 \text{Pa}$，$V_1 = 0.2 \text{m}^3$，终态时为 $p_2 = 2 \times 10^5 \text{Pa}$，$V_2 = 1.2 \text{m}^3$，求此过程中气体对外所做的功。

3. 质量为 2.8g、温度为 300K、压强为 1atm 的氮气（N_2），等压膨胀到原来体积的两倍，求氮气所做的功、吸收的热量以及内能的变化。

4. 容器内贮有 3.2g 氧，温度为 300K，若使等温膨胀为原来体积的两倍，求气体对外所做的功及吸收的热量。

5. 将 400J 的热量供给在标准状态下 2mol 的氢气（H_2），求：（1）若体积不变，则这部分热量转化为什么？氢气的温度变为多少？（2）若温度不变，则这部分热量转化为什么？氢气的体积变为多少？（3）若压强不变，则这部分热量转化为什么？氢气的体积又变为多少？

6. 一定量的氮，其温度为 300K，压强为 1atm，将它绝热压缩，使其容积变为原来容积的 1/5，试求压缩后的压强和温度各为多少？

7. 一热机吸热 $1.68 \times 10^7 \text{J}$，向冷源放出及散失的热为 $12.6 \times 10^6 \text{J}$，求该热机效率。

8. 设外界每分钟对制冷机做功为 $9.0 \times 10^5 \text{J}$，制冷机每分钟从冷藏室中吸取的热量为 $7.8 \times 10^6 \text{J}$，求制冷机的制冷系数以及每分钟向大气（高温热源）放出的热量。

【物理与社会】

人类环境问题

环境污染已成为当代世界范围内危及人类生存的问题，它已受到各国政府和科学家的普遍重视。环境污染严重的首推大气污染，它主要是大量使用化石燃料以及大规模烧毁森林的结果，城市中汽车排放的尾气也是重要的大气污染源。1000MW 的煤电站年排烟尘(包括粉尘、CO 等)100 万 t，SO_2 6 万 t，强致癌物苯并芘 630kg。大气污染直接有害于人的健康。1952 年 12 月伦敦的"死雾"就是燃煤产生的粉尘造成的恶果。由大气中的 SO_2 形成的酸雨不仅直接破坏森林，使农作物和水果减产，而且严重污染水资源，使鱼类、动物和人受到危害。我国是大气污染较严重的国家之一。1997 年我国工业粉尘排放量约为 1000 万 t，烟气(CO、碳氢化合物、氮的氧化物等)排放量 3000 万 t，SO_2 排放量为 2346 万 t，其中烟尘的 73% 和 SO_2 的 90% 来自煤的燃烧。

化石燃料燃烧的后果还引起了一种重要的世界性污染——热污染或温室效应。这是由于化石燃料燃烧生成的大量 CO 与空气中氧结合生成的 CO_2 造成的。1995 年全球 CO_2 排放量为 220 亿 t，其中美国 50 亿 t，中国 30 亿 t。CO_2 允许短波辐射透过，但能吸收热辐射(红外线)。因此，如大气中有大量的 CO_2，太阳光直射地面，但地面增暖后放出的热辐射则难于散向太空。这样地球表面温度就会上升，这就是温室效应。过去 50 年里，大气中 CO_2 约增加了 10%。近几年，大气中 CO_2 含量正在逐年增长。我国竺可桢教授指出，过去 5000 年我国气温上升了约 2℃。世界气象组织等估计，由于 CO_2 的增多，再过 50 年全球气温就将上升 $1.5 \sim 4.5℃$，从而使海水升温膨胀，极地冰雪融化，海平面上升 $0.2 \sim 1.4m$。这将淹没大片大片经济繁荣的沿海地区。同时全球气候格局也会发生重大变化，风暴与旱涝灾害增多，灾情加重。中纬度地区将变得酷热难忍，森林草原失火增多，土壤盐碱化、沼泽化和沙漠化加剧。

和大气污染有直接关系的是水污染。地球上虽然有大量的水，但 96.5% 是不能直接饮用或工业用的海洋咸水，其余 3.5% 的陆地淡水中，可供人类采用的河湖经流水和浅层地下水仅占 0.35%，即约 90000 亿 t/年。但因每年降雨时间和地域分布不均，城市人口膨胀，工农业用水和生活用水迅速增加，特别是由于水的污染，使得世界各国，特别是大城市都感到水资源紧张。水污染主要是由于工业废水的排放。全世界目前每年工业和城市排放废水 5000 亿 t，有 18 亿人口饮用未进行处理的受过污染的水。

森林是人类的自然生态环境的重要组成部分。它不但蕴藏有大量宝贵的财富，是各种野生动物的栖息场所，涵养水源，而且还可吸收大量 CO_2，抵消温室效应。但是近年来，世界森林资源遭到严重破坏。占地球上森林面积 1/3，聚集了人类 1/5 的淡水资源，向人类提供 50% 的新鲜氧气的亚马孙热带雨林，近 20 年来已被毁 20%。全世界森林面积正以每年 1800 万公顷的速度被破坏。水土流失使每天就有 4 万公顷土地变为沙漠。

近几年又出现了拯救臭氧层这一全球性环境问题。臭氧层存在于离地面 $15 \sim 50km$ 高的同温层中。它阻挡了太阳 99% 的紫外辐射，保护着地球上的生命。1985 年英国南极考察队发现南极上空臭氧层出现"空洞"，该处臭氧含量只有正常情况的一半甚至 40%，目前空洞还在扩大。其后北极上空也发现了臭氧空洞，又发现世界大部分人口居住的北纬 $30° \sim 60°$ 地区冬季臭氧层减少 $5\% \sim 7\%$。科学家认为，臭氧层减少 1%，射到地面上的太阳紫外线辐射增加2%。这样，皮肤癌、白内障发病率将增加，海洋生态平衡将遭破坏，使农作物减产。紫外线的大量射入还会进一步增强温室效应。据研究，臭氧层的减少主要是由于氟氯烃。这种化工产品发明于1930年，目前大量应用在制冷空调设备、灭火器、泡沫塑料和电子工业中。工业和生活中排出的大量氟氯烃飘浮到同温层高空，受太阳紫外线作用产生出游离氯原子，一个氯原子就能破坏近107个臭氧分子(O_3)。这样严重的污染已引起各国的注意。1987年国际会议规定从1989年元旦到20世纪末使氟氯烃的生产减少50%。1989年3月西欧共同体和美国宣布到20世纪末停止生产氟氯烃。在减少氟氯烃方面，工业发达国家担负着主要责任，因为据统计，目前美国、日本和欧洲生产的氟氯烃占世界总产量的96%，消费占全世界的84%。这个任务是艰巨的，因为找到氟氯烃的代用品尚需时日，而且即使全部停止使用氟氯烃后，要完全恢复臭氧层也要经过100多年的时间。

由上述可知，人类社会正面临着环境恶化的严重威胁。这不但需要各国在自己的经济发展中加以注意，而且需要国际社会的努力合作。1992年在联合国环境与发展大会上，100多个国家的首脑共同签署了《地球宣言》，提出全世界要走可持续发展的道路，既要符合当代人的利益，也要不损害未来人的利益，人人都要关心并且参与自己周围环境条件的改善。

我国能源的利用

我国能源结构以煤为主，1997年煤占总能源的75%，70%的火电厂以煤作燃料。根据我国资源条件与技术水平，今后几十年内这种能源结构不会改变。但这种能源结构带来很大问题，除了造成严重污染外，煤的运输也是个大问题。我国煤资源丰富，但煤的分布很不均匀。我国经济发展较快地区又处东南沿海，所以形成了西煤东运、北煤南运的强大煤流。煤占了铁路货运的40%，这给交通造成了繁重压力，而且增加了火电成本。这个问题可以通过多建坑口、路口、港口电厂得到缓解，但这又需要建造高电压输电设备。

我国石油和天然气生产已有很大发展。1997年我国产油3亿t，天然气350亿m^3。我国石油储量还算丰富，可采储量达100~230亿t。专家估计，大概可以开采50年。油气分布很大一部分在近海大陆架和西部沙漠高原，这对开采、运输和利用都造成了较大的技术难度。尽管如此，近年来沙漠和海上油气田也得到了快速的发展。

1997年我国水力发电量为2200亿度，占总发电量的20%。我国水能资源占世界第一位，可开发容量3.7亿kW，可年发电1.9万亿度，但分布也不均匀。西藏、云南、四川、重庆占全部水力资源的65.3%，开发也有较大困难。专家们预测，到2040年，我国水电将开发完毕，其时水电占总发电量的24%，只占总能源的10%。

我国也已注意到风能和地热的利用，例如在内蒙古草原上已建立了小型风力发电站，在西藏建起了地热电站等。

根据上述我国能源利用情况，考虑到我国经济发展前景，专家们提出了应积极发展核能的建议。过去由于对我国能源盲目乐观，对核电的安全和经济性存在疑虑，缺乏长远打算，虽然在核武器方面取得了重大成就，可是"有核无能"，核电事业发展较慢，但目前发展较快。我国自行设计建造的300MW的浙江秦山核电站和引进的具有两座900MW发电机的广东大亚湾核电站都已建成发电。还可以提及的是，除发电外，利用核能供热也是取代煤资源的一个好办法。清华大学已建成一个5MW低温供热试验堆，并已为北方某城市设计实用低温供热系统。目前还正在建造一座10MW的高温气冷堆。

能源问题除了开源以外，还要注意节流，即要注意节约能源。据世界资源研究所的一份报告中说，每生产1美元的国民生产总值，中国耗能最多，是耗能最少的法国的5倍，日本的4.4倍，美国的2.9倍。1997年我国人均使用能量0.7kW，只及世界人均值的1/3，但估计效率只有30%。这些数字都说明我国能源利用的浪费严重，也说明能源利用的潜力很大，应该大力节约能源。节能最主要的是工业用能源的节约，例如改进生产设备，设计制造耗能少的器件、机器和车辆，淘汰效率低的"能老虎"等，更多地利用铁路和水路也能大量节约能源。

第五章 静电场

电磁现象是自然界存在的非常普遍的现象，电磁相互作用是自然界已知的四种基本相互作用之一。电磁学主要研究电荷、电流激发电场、磁场的规律，电场和磁场的相互作用，电磁场对电荷、电流、电磁介质的作用等。

相对于观察者运动的电荷不仅激发电场，同时也激发磁场，当电荷相对于观察者静止时，静止的电荷在它周围空间所产生的电场，称为**静电场**。静电场是客观存在的一种特殊形态的物质。它的基本特性是对置于场中的任何电荷具有力的作用，同时静电场会和场中导体或电介质相互作用。静电场的技术应用大多与这种相互作用有关。本章重点介绍静电场的基本性质、基本规律、静电场中的导体和电介质以及它们在工程技术中的应用，最后讨论静电场的能量。

第一节 电 场 强 度

一、电场强度

电场最基本的特性之一就是对位于场中的电荷有力的作用，这种力通常称为**电场力**。为定量描述电场的这一特性，人们引入电场强度的概念。

设空间有一静止电荷 $+q$，在它周围存在着静电场。把检验电荷（电量充分小）$+q_0$ 先后放在电场中的 A、B、C、…各点上，如图5-1所示，由库仑定律 $F = k\dfrac{qq_0}{r^2}r_0$（$r_0$ 为场源电荷指向场点的单位矢量）可知，电荷 q_0 在电场中不同的位置受到的电场力的大小和方向各不相同，电场力大，说明那里的电场强；电场力小，说明那里的电场弱。实验表明，比值 F/q_0 是一个无论大小和方向都与 q_0 无关的矢量，它能够反映出电场本身的性质，因此，把它定义为电场强度，简称场强，用 E 表示

$$E = \frac{F}{q_0} \tag{5-1}$$

电场强度的单位为牛/库（N/C）。

电场强度 E 为矢量。电场中某点电场强度的大小，等于单位电荷在该点所受电场力的大小，其方向与正电荷在该点所受电场力的方向一致。

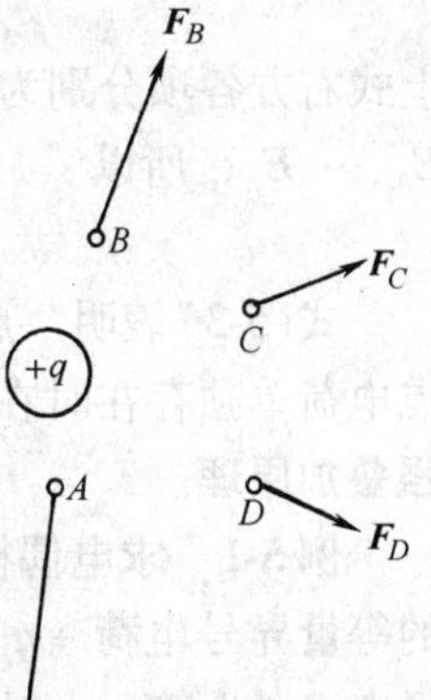

图 5-1

二、匀强电场

一般说来，在空间不同点处场强的大小和方向都不相同。若电场中各处场强的大小和方向都相同，则这种电场称为**匀强电场**（或均匀电场）。匀强电场只是电场一种特殊情况。

三、点电荷的场强

如图 5-2 所示，设点电荷 q 位于原点 O，将检验电荷 q_0 放在距点电荷 q 为 r 的任一点 P 处，根据库仑定律，q_0 所受电场力的大小为

$$F = k\frac{qq_0}{r^2}$$

上式中，力的单位为牛[顿]（N），电量的单位为库[仑]（C），长度的单位为米（m），这时静电力常量 $k = 1/4\pi\varepsilon_0$，其中 $\varepsilon_0 = 8.85 \times 10^{-12}$ F/m，称为真空电容率。于是，库仑定律的形式又可写成

$$\boldsymbol{F} = \frac{1}{4\pi\varepsilon_0}\frac{qq_0}{r^2}\boldsymbol{r}_0$$

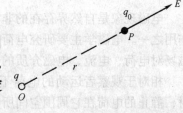

图 5-2 点电荷的场强

$\boldsymbol{r}_0$ 是沿 OP 方向的单位矢量，由场强的定义式(5-1)，可得到 P 点的场强为

$$\boldsymbol{E} = \frac{1}{4\pi\varepsilon_0}\frac{q}{r^2}\boldsymbol{r}_0 \tag{5-2}$$

这就是点电荷的场强分布公式。若 $q > 0$，则 $\boldsymbol{E}$ 与 $\boldsymbol{r}_0$ 同向；若 $q < 0$，则 $\boldsymbol{E}$ 与 $\boldsymbol{r}_0$ 反向。由式 (5-2) 可以看出，点电荷场强的大小和方向一般随场点 P 的不同而不同，故点电荷的电场不是匀强电场。

四、场强叠加原理

设有 n 个点电荷 q_1、q_2、$\cdots$、q_n 组成的点电荷系，在它们产生的电场中任一点 P 处，放入检验电荷 q_0，如图 5-3 所示，q_0 所受的电场力 $\boldsymbol{F}$ 等于 q_1、q_2、$\cdots$、q_n 单独存在时分别作用于 q_0 的电场力 $\boldsymbol{F}_1$、$\boldsymbol{F}_2$、$\cdots$、$\boldsymbol{F}_n$ 的矢量和，即

$$\boldsymbol{F} = \boldsymbol{F}_1 + \boldsymbol{F}_2 + \cdots + \boldsymbol{F}_n$$

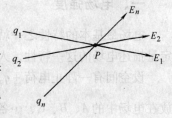

图 5-3 点电荷系的场强

由式(5-1)可得出 P 点的场强为

$$\boldsymbol{E} = \frac{\boldsymbol{F}}{q_0} = \frac{\boldsymbol{F}_1}{q_0} + \frac{\boldsymbol{F}_2}{q_0} + \cdots + \frac{\boldsymbol{F}_n}{q_0}$$

上式右方各项分别为点电荷 q_1、q_2、$\cdots$、q_n 在 P 点所产生的场强 $\boldsymbol{E}_1$、$\boldsymbol{E}_2$、$\cdots$、$\boldsymbol{E}_n$，所以

$$\boldsymbol{E} = \boldsymbol{E}_1 + \boldsymbol{E}_2 + \cdots + \boldsymbol{E}_n \tag{5-3}$$

式(5-3)表明，点电荷系在某一点所产生的场强，等于每一个点电荷单独存在时在该点产生的场强的矢量和。这一结论称为**场强叠加原理**。

例 5-1 求电偶极子连线中垂线上一点的场强。相隔一定距离的等量异号电荷 $+q$ 和 $-q$，当它们之间的距离 l 比它们到讨论的场点 P 的距离 r 小得多时（$l \ll r$），这样的电荷系统称为电偶极子。如图 5-4 所示，求点 P 处的场强。

解 因为 $l \ll r$，所以可近似认为

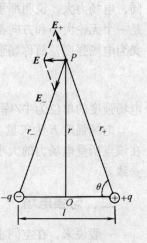

图 5-4 电偶极子轴线中垂线上 P 点的场强

$$r_+ = r_- \approx r$$

根据点电荷的场强公式，$+q$ 和 $-q$ 在 P 点产生的场强的大小相等，其值为

$$E_+ = E_- = \frac{1}{4\pi\varepsilon_0}\frac{q}{r^2}$$

它们的方向如图所示，根据场强叠加原理，P 点总场强的大小为

$$E = E_+\cos\theta + E_-\cos\theta$$

$$= 2\frac{1}{4\pi\varepsilon_0}\frac{q}{r^2}\frac{\frac{l}{2}}{r}$$

$$= \frac{1}{4\pi\varepsilon_0}\frac{ql}{r^3}$$

方向平行于 l 水平向左。

这一结果表明，电偶极子的场强和 q 与 l 的乘积有关，即 q 与 l 之积能够反映电偶极子的基本性质，若引入矢量 l，称为电偶极子的轴，其大小为 l，方向由 $-q$ 指向 $+q$，则 $\boldsymbol{p} = q\boldsymbol{l}$ 称为电偶极子的电偶极矩，简称电矩。$\boldsymbol{p}$ 的方向与 $\boldsymbol{l}$ 的方向相同。于是，电偶极子轴线中垂线上一点的场强可表示为

$$E = -\frac{1}{4\pi\varepsilon_0}\frac{\boldsymbol{p}}{r^3} \tag{5-4}$$

负号表示 $\boldsymbol{E}$ 的方向与 $\boldsymbol{p}$ 的方向相反。

电偶极子的例子很多，如在外电场作用下电介质的原子或分子中，由于正、负电荷中心微小位移而形成电偶极子；无线电或雷达的棒形金属天线中，电子周期性的运动而形成振荡偶极子。

利用场强叠加原理，还可计算电荷连续分布的任意带电体的场强。这时，可将带电体看成由许多电荷元 dq 所组成，每一电荷元均可视为点电荷，其中任一电荷元在某点产生的场强为

$$d\boldsymbol{E} = \frac{1}{4\pi\varepsilon_0}\frac{dq}{r^2}\boldsymbol{r}_0$$

式中，r 为电荷元 dq 到场点的距离；$\boldsymbol{r}_0$ 为由 dq 指向场点的单位矢量。应用场强叠加原理，对整个带电体求积分，即可得出整个带电体的场强

$$\boldsymbol{E} = \int d\boldsymbol{E} = \int \frac{1}{4\pi\varepsilon_0}\frac{dq}{r^2}\boldsymbol{r}_0 \tag{5-5}$$

在实际应用中，带电体所带电荷可能是线分布、面分布或体分布。具体计算时，可根据不同情况将带电体分割为线元、面元或体元，先计算每一个电荷元的场强，然后叠加。

例 5-2 图 5-5 为一均匀带电细棒，求细棒延长线上一点 P 处的场强。已知棒长为 l，带电量为 q，P 点到细棒一端的距离为 r。

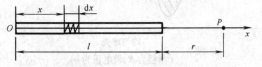

解 以棒的一端为原点建立坐标，在细棒上任取一线元 dx，它到原点的距离为 x，所带

图 5-5 均匀带电细棒延长线上一点的场强

电量为 $dq = \lambda dx$（$\lambda = dq/dx$，称为电荷线密度）。它在 P 点产生的场强的大小为

$$dE = \frac{1}{4\pi\varepsilon_0}\frac{dq}{(l+r-x)^2}$$

$$= \frac{1}{4\pi\varepsilon_0} \frac{\lambda \, \mathrm{d}x}{(l+r-x)^2}$$

由于棒上各电荷元在 P 点产生的场强方向均与轴正方向相同，根据场强叠加原理，整个细棒在 P 点产生的场强，就等于各电荷元单独在 P 点产生的场强的代数和。由于棒上电荷是连续分布的，故 P 点的总场强就是对整个细棒求积分

$$E = \int \mathrm{d}E = \int_0^l \mathrm{d}E = \int_0^l \frac{\lambda}{4\pi\varepsilon_0} \frac{\mathrm{d}x}{(l+r-x)^2}$$

$$= \frac{\lambda}{4\pi\varepsilon_0}\left(\frac{1}{r} - \frac{1}{l+r}\right) = \frac{\lambda}{4\pi\varepsilon_0} \frac{l}{r(l+r)}$$

将 $\lambda = q/l$ 代入得

$$E = \frac{1}{4\pi\varepsilon_0} \frac{q}{r(l+r)}$$

方向指向 x 轴正方向。

表 5-1 给出了几种典型带电体的场强分布公式，以供引用参考。

表 5-1 几种典型带电体的场强分布

带 电 体	场 强 分 布	
无限长均匀带电直线外任一点	$E = \dfrac{\lambda}{2\pi\varepsilon_0 r}$ （λ 为电荷线密度）	(1)
均匀带电圆环轴线上任一点 （半径为 R，带电量为 q）	$E = \dfrac{1}{4\pi\varepsilon_0} \dfrac{qx}{(R^2+x^2)^{\frac{3}{2}}}$	(2)
均匀带电圆盘轴线上任一点 （半径为 R，电荷面密度为 σ）	$E = \dfrac{\sigma}{2\varepsilon_0}\left[1 - \dfrac{x}{(R^2+x^2)^{\frac{3}{2}}}\right]$ $\left(\sigma = \dfrac{\mathrm{d}q}{\mathrm{d}S}\text{为电荷面密度}\right)$	(3)
均匀球壳 （半径为 R，带电量为 q）	$r > R$，$E = \dfrac{1}{4\pi\varepsilon_0} \dfrac{q}{r^2}$ 当 $q>0$ 时，E 的方向沿半径向外 当 $q<0$ 时，E 的方向沿半径指向球心 $r < R$，$E = 0$	(4)

（续）

带 电 体	场 强 分 布
均匀球体 （半径为 R，带电量为 q）	$r > R$，$E = \dfrac{1}{4\pi\varepsilon_0}\dfrac{q}{r^2}$ (5)
	$r < R$，$E = \dfrac{1}{4\pi\varepsilon_0}\dfrac{qr}{R^3}$ (6)
	当 $q > 0$ 时，E 的方向沿半径向外 当 $q < 0$ 时，E 的方向沿半径指向球心
无限长均匀带电圆柱体 （半径为 a，电荷体密度为 ρ）	$r > a$，$E = \dfrac{1}{4\pi\varepsilon_0}\dfrac{\eta}{r}$ (7)
	（$\eta = \rho\pi a^2$ 为圆柱体单位长度上的电量）
	$r < a$，$E = \dfrac{\rho r}{2\varepsilon_0}$ (8)

第二节　静电场的高斯定理

一、电场线

为了形象地描述电场强度的分布，通常引入电场线的概念。在电场中作出一些曲线，使曲线上每一点的切线方向和该点的场强 **E** 的方向一致，这样作出的曲线称为**电场线**。图 5-6 画出了几种带电体的电场线。

二、电通量

通过电场中某一曲面的电场线数，称为通过该曲面的**电通量**，常用 **Ψ** 表示，单位为 V·m。如果曲面 S 为平面且与匀强电场的场强垂直，则通过该面的电通量为

$$\Psi = E \cdot S$$

如果平面法线的单位矢量 **n** 的方向与 **E** 的正方向成 θ 角，如图 5-7a 所示，则通过 S 面的电通量为

$$\Psi = ES\cos\theta$$

如果 S 面为非匀强电场中一任意曲面，如图 5-7b 所示，则在计算通过它的电通量时，可将曲面 S 分割成无数面元 dS，每一面

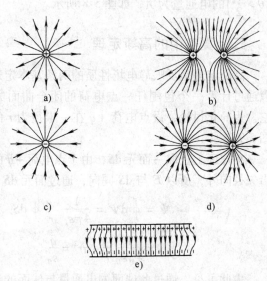

图 5-6　几种典型电场的电场线分布图形

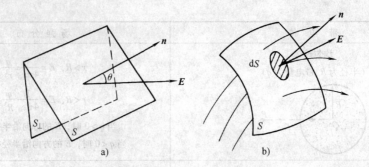

图 5-7　电通量

元均可视为平面，且可认为在面元 dS 上场强 E 都相同，这时通过面元 dS 的电通量为

$$d\Psi = EdS\cos\theta = \boldsymbol{E} \cdot d\boldsymbol{S}$$

图中 $\boldsymbol{n}$ 为 dS 的法线单位矢量，$d\boldsymbol{S} = dS\boldsymbol{n}$ 称为有向面元。通过整个曲面的电通量，就是通过这无数面元电通量的代数和，即对整个曲面 S 求积分，其表达式为

$$\Psi = \int_S \boldsymbol{E} \cdot d\boldsymbol{S} \tag{5-6}$$

如果曲面是闭合的，则

$$\Psi = \oint_S \boldsymbol{E} \cdot d\boldsymbol{S} \tag{5-7}$$

电通量为一标量，其正负由 θ 角决定。当 $\theta < \dfrac{\pi}{2}$ 时，$\Psi > 0$；当 $\theta = \dfrac{\pi}{2}$ 时，$\Psi = 0$；当 $\theta > \dfrac{\pi}{2}$ 时，$\Psi < 0$。当曲面闭合时，数学上规定 $\boldsymbol{n}$ 的正方向垂直于曲面向外。自曲面穿出的电通量 $\left(\theta < \dfrac{\pi}{2}\right)$ 为正；进入曲面 $\left(\theta > \dfrac{\pi}{2}\right)$ 的电通量为负，如图 5-8 所示。

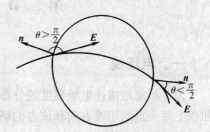

图 5-8　通过闭曲面不同面元的电通量

三、真空中的高斯定理

高斯定理是反映静电场性质的两条基本定理之一，我们可以通过计算一个包围任一点电荷的闭合曲面的电通量来引入它。为简化讨论，设点电荷 $+q$ 在一半径为 r 的球面中心，如图 5-9 所示。

在球面上任取一面元 dS，由于点电荷 $+q$ 的场强 E 的方向沿矢径向外，所以 E 与 dS 同向，通过面元 dS 的电通量为

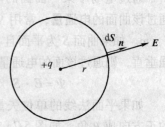

图 5-9　通过包围点电荷 q 的球面的电通量

$$\Psi = \oint_S d\Psi = \frac{1}{4\pi\varepsilon_0} \frac{q}{r^2} \oint_S dS$$

$$= \frac{1}{4\pi\varepsilon_0} \frac{q}{r^2} 4\pi r^2 = \frac{q}{\varepsilon_0}$$

由此可见，通过此球面的电通量与球面的半径无关，与点电荷在球面内的位置也无关，

只与点电荷的电量 q 和真空电容率 ε_0 有关。可以证明，如果闭合曲面不为球面，而是任意形状的闭合曲面，上述结果仍然正确。如果闭合曲面内包围的不只是一个点电荷，而是一个点电荷系 $q_1,q_2,\cdots,q_n$，则上述结果为

$$\Psi = \frac{q_1}{\varepsilon_0} + \frac{q_2}{\varepsilon_0} + \cdots + \frac{q_n}{\varepsilon_0} = \frac{1}{\varepsilon_0}(q_1 + q_2 + \cdots + q_n)$$

$$= \frac{1}{\varepsilon_0}\sum_{i=1}^{n} q_i$$

或

$$\Psi = \oint_S \boldsymbol{E} \cdot \mathrm{d}\boldsymbol{S} = \frac{1}{\varepsilon_0}\sum_{i=1}^{n} q_i \tag{5-8}$$

即在真空中的静电场内，通过任一闭合曲面的电通量，等于该闭合曲面所包围的电荷代数和的 $1/\varepsilon_0$ 倍。这一规律称为真空中的**高斯定理**。上式中所涉及的闭合曲面，称为**高斯面**。

为正确理解高斯定理，须注意以下几点：

1）通过闭合曲面的电通量，只与闭合曲面内的电荷量有关，与闭合曲面内的电荷分布以及与闭合曲面外的电荷无关。

2）闭合曲面上任一点的场强 $\boldsymbol{E}$ 是空间所有电荷（包括闭合曲面内、外的电荷）激发的，即闭合曲面上的场强是总场强，不能理解为闭合曲面上的场强仅仅是由闭合曲面内的电荷所激发。

3）闭合曲面内电荷的代数和为零只说明通过闭合曲面的电通量为零，并不意味着闭合曲面上各点的场强也一定为零。

高斯定理反映了静电场的一个基本性质，即静电场是有源场。源头和尾闾分别是正电荷和负电荷。它的电场线是不闭合的。此外，高斯定理不仅对静电场适用，对变化的电场也适用，它是电磁场理论的基本方程之一。

利用高斯定理可以计算电荷具有某种对称分布的一些带电体的电场分布。在工程中需要计算的场强分布往往比较复杂，用高斯定理是求不出来的，这时需使用其他计算方法或实际测量。

例 5-3　图 5-10 所示为无限大均匀带电平面，设平面的电荷面密度（即单位面积上的电荷量）为 σ，应用高斯定理求面外任一点 P 的场强。

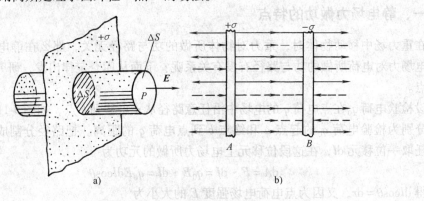

图 5-10　无限大均匀带电平面的场强

解 由于电荷均匀分布在无限大平面上,所以平面两侧的电场分布具有对称性,即在平面两侧距平面等远处的场强大小相等。场强的方向垂直于带电平面。

取一闭合圆柱面为高斯面,圆柱的轴线与平面正交,截面为 ΔS,它把圆柱面分为相同的两个部分,所讨论的 P 点位于圆柱面的一个底面上,如图 5-10a 所示。显然,通过圆柱面侧面的电通量为零,通过整个高斯面的电通量就等于通过两底面的电通量,即

$$\Psi = \oint_S \boldsymbol{E} \cdot \mathrm{d}\boldsymbol{S} = E \cdot \Delta S + E \cdot \Delta S = 2E \cdot \Delta S$$

由高斯定理得

$$2E \cdot \Delta S = \frac{1}{\varepsilon_0} \sigma \Delta S$$

$$E = \frac{\sigma}{2\varepsilon_0} \tag{5-9}$$

可见,均匀无限大带电平面的电场是匀强电场。在平面两侧各点的场强数值相同,与所研究的点到平面的距离无关。场强的大小仅由平面的电荷密度 σ 决定。当 $\sigma > 0$ 时,$\boldsymbol{E}$ 的方向垂直平面向外;当 $\sigma < 0$ 时,$\boldsymbol{E}$ 的方向垂直并指向平面。

利用上式和场强叠加原理,可以得到两个无限大均匀带电平面之间的场强。如图 5-10b 所示,两个无限大平行平面 A 和 B 均匀带电,电荷面密度分别为 $+\sigma$ 和 $-\sigma$。由图可知,A、B 两平行平面间任一点的场强方向相同,根据场强叠加原理及式(5-9)可得两板间任一点场强的大小为

$$E = E_A + E_B = \frac{\sigma}{\varepsilon_0} \tag{5-10}$$

其方向由带正电平面指向带负电平面。在两板之外,$\boldsymbol{E}_A$、$\boldsymbol{E}_B$ 等值反向,合场强为零,即两无限大的均匀带电平行平板,其电场全部分布在两板之间,板外场强为零。对于具有某种对称性的均匀带电体来说,利用高斯定理求场强极为方便,如均匀带电球体、均匀带电球壳及无限长均匀带电圆柱体等,见表 5-1。

*第三节 静电场的环路定理 电势

一、静电场力做功的特点

在重力场中移动物体时,重力对物体所做的功与路径无关,那么在静电场中移动电荷时,电场力对电荷所做的功与路径有没有关系呢?下面从库仑定律出发,研究静电场力做功的特点。

设检验电荷 q_0 在点电荷 q 的电场中沿任意路径从 a 点移到 b 点,如图 5-11 所示。图中 r_a 和 r_b 分别为检验电荷 q_0 的起点 a 和终点 b 到点电荷 q 的距离。把路径分割成无限多个位移元,任取一位移元 $\mathrm{d}\boldsymbol{l}$,在这段位移元上电场力所做的元功为

$$\mathrm{d}A = \boldsymbol{F} \cdot \mathrm{d}\boldsymbol{l} = q_0 \boldsymbol{E} \cdot \mathrm{d}\boldsymbol{l} = q_0 E \mathrm{d}l \cos\theta$$

由图得 $\mathrm{d}l\cos\theta = \mathrm{d}r$,又因为点电荷电场强度 E 的大小为

$$E = \frac{1}{4\pi\varepsilon_0} \frac{q}{r^2}$$

所以

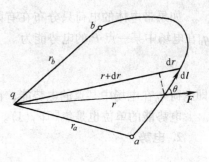

$$\mathrm{d}A = \frac{q_0 q}{4\pi\varepsilon_0}\frac{1}{r^2}\mathrm{d}r$$

q_0从 a 点移到 b 点电场力所做的总功为

$$A = \int_{r_a}^{r_b}\frac{q_0 q}{4\pi\varepsilon_0}\frac{1}{r^2}\mathrm{d}r$$

$$= \frac{q_0 q}{4\pi\varepsilon_0}\left(\frac{1}{r_a}-\frac{1}{r_b}\right) \qquad (5\text{-}11)$$

图 5-11　静电场力的功

式(5-11)表明，当检验电荷 q_0 在点电荷的电场中运
动时，电场力对它所做的功只与检验电荷的电量及起点和终点的位置有关，而与路径无关。
这就是静电场力做功的特点。这一结论虽然是从讨论点电荷的电场力做功得出的，但由上述
结果和场强叠加原理可以证明这一结论也适用于任何静电场。

二、静电场的环路定理

如果电荷 q_0 从场中某点出发，沿任一闭合回路回到出发点，由于 $r_a = r_b$，则电场力所做
的功等于零，即

$$q_0\oint \boldsymbol{E}\cdot\mathrm{d}\boldsymbol{l}=0$$

因为 $q_0 \neq 0$，所以

$$\oint \boldsymbol{E}\cdot\mathrm{d}\boldsymbol{l}=0 \qquad (5\text{-}12)$$

式(5-12)表明，在静电场中，场强沿任意闭合路径的线积分等于零。这一结论称为**静电
场的环路定理**。它反映了静电场的另一基本性质：静电场是保守场，静电力是保守力。

例 5-4　用环路定理证明静电场线不闭合。

解　利用反证法证明。假设电场线闭合，则电荷沿闭合的电场线运动一周，电场力做功
不为零，即 $\oint \boldsymbol{E}\cdot\mathrm{d}\boldsymbol{l}\neq 0$。这一结论与环路定理相矛盾，因此证明静电场线不可能闭合。

三、电势能　电势　电势差

1. 电势能

由于电场力做功与路径无关，它做功的特点与重力、万有引力相同，因此，可以类似于
在重力场、引力场中引入重力势能、引力势能那样，认为电荷在静电场中任一位置也具有一
定的势能，这一势能称为**电势能**。电场力所做的功是电势能改变的量度，其数学表达式为

$$A_{ab} = q_0\int_a^b \boldsymbol{E}\cdot\mathrm{d}\boldsymbol{l}=W_a-W_b \qquad (5\text{-}13)$$

式中，A_{ab} 表示电荷 q_0 从 a 点移到 b 点时电场力所做的功；W_a、W_b 分别为 q_0 在 a、b 两点的电
势能。

电势能是相对量，只有选定某一参考位置的电势能为零，才能确定 q_0 在其他位置的电
势能。如果选 b 点为零势能参考点，即 $W_b=0$，则有

$$W_a = q_0\int_a^b \boldsymbol{E}\cdot\mathrm{d}\boldsymbol{l}$$

如果带电体的电荷只分布在有限空间，通常多取电荷 q_0 在无穷远处的电势能为零，则 q_0 在电场中某一点 P 的电势能为

$$W_P = q_0 \int_P^\infty \boldsymbol{E} \cdot \mathrm{d}\boldsymbol{l} \tag{5-14}$$

即电荷 q_0 在电场中某点的电势能，在数值上等于把 q_0 从该点移到无穷远处电场力所做的功。

电势能的单位也是焦[耳]（J）。

2. 电势

式(5-14)表明，电势能与检验电荷的电量 q_0 成正比。可以看出，比值 $\dfrac{W_P}{q_0}$ 与检验电荷无关，它反映了电场本身在 P 点的性质，因此，把电荷在电场中某点的电势能与它的电量的比值，称为该点的**电势**，用符号 V 表示，即

$$V = \frac{W}{q_0} = \int_P^{P_0} \boldsymbol{E} \cdot \mathrm{d}\boldsymbol{l} \tag{5-15}$$

即静电场中任一点 P 的电势，等于将单位正电荷沿任意路径自该点移到电势零点（选 P_0 为电势零点）时电场力所做的功。

电势零点的选择视研究问题的方便而定。当电荷只分布在有限空间时，电势零点选在无穷远处比较方便，这时式(5-15)可写成

$$V = \int_P^\infty \boldsymbol{E} \cdot \mathrm{d}\boldsymbol{l} \tag{5-16}$$

在实际应用中，常取大地为电势零点；在电子仪器中，则常取机壳或公共地线为电势零点，线路中各点的电势，就等于它们与公共地线或机壳之间的电势差。

如果带电体的电荷不是分布在有限空间，如无限长带电直线、无限大带电平面等，则一般不能选取无穷远处为电势零点，而把电势零点选在有限远某处。

由式(5-15)可以看出，电场中各点电势的大小与电势零点的选择有关，对不同的电势零点，电场中同一点的电势会有不同的数值。因此，在具体指明某点的电势值时，必须事先明确电势零点选在何处。

3. 电势差

电场中任意两点电势之差称为**电势差**，也叫这两点间的电压，用符号 U 表示。电场中 a、b 两点的电势差为

$$U_{ab} = V_a - V_b = \frac{W_a - W_b}{q_0} = \int_a^b \boldsymbol{E} \cdot \mathrm{d}\boldsymbol{l} \tag{5-17}$$

电势差与电势零点的选择无关，电场中任意两点间的电势差都有确定的值。在实际工作中，电势差比电势更有意义。

电势和电势差的单位都是焦/库（J/C），也称为伏[特]（V）。利用电势的定义，可求点电荷电场的电势分布。

例 5-5 求点电荷 q 所激发的电场中任一点 P 的电势。

解 点电荷 q 产生的电场为

$$E = \frac{1}{4\pi\varepsilon_0} \frac{q}{r^2} \boldsymbol{r}_0$$

若选取无穷远处的电势为零，则电场中距 q 为 r 的任意一点 P 的电势为

$$V_P = \int_P^\infty \boldsymbol{E} \cdot \mathrm{d}\boldsymbol{l} = \int_P^\infty \frac{1}{4\pi\varepsilon_0} \frac{q}{r^2} \boldsymbol{r}_0 \cdot \mathrm{d}\boldsymbol{l}$$

因为电场中做功与路径无关，所以在计算时可选最简便的路径。若选沿矢径的直线为积分路径，则

$$V = \int_r^\infty \frac{1}{4\pi\varepsilon_0} \frac{q}{r^2} \mathrm{d}r = \frac{1}{4\pi\varepsilon_0} \frac{q}{r} \tag{5-18}$$

式(5-18)可以看出，点电荷电场中某点的电势与该点到点电荷的距离 r 成反比。当场源电荷 q 为正时，电场中各点的电势均为正值；当场源电荷 q 为负时，则各点的电势均为负值。

四、电势叠加原理

利用式(5-16)和场强的叠加原理可以得到点电荷系的电场中任一点 P 的电势为

$$\begin{aligned}
V_P &= \int_P^\infty \boldsymbol{E} \cdot \mathrm{d}\boldsymbol{l} = \int_P^\infty (\boldsymbol{E}_1 + \boldsymbol{E}_2 + \cdots + \boldsymbol{E}_n) \cdot \mathrm{d}\boldsymbol{l} \\
&= \int_P^\infty \boldsymbol{E}_1 \cdot \mathrm{d}\boldsymbol{l} + \int_P^\infty \boldsymbol{E}_2 \cdot \mathrm{d}\boldsymbol{l} + \cdots + \int_P^\infty \boldsymbol{E}_n \cdot \mathrm{d}\boldsymbol{l} \\
&= V_1 + V_2 + \cdots + V_n \tag{5-19}
\end{aligned}$$

式中，$V_1, V_2, \cdots, V_n$ 分别表示由点电荷 $q_1, q_2, \cdots, q_n$ 单独存在时，在场中 P 点的电势。式(5-19)表明，电荷系的电场中，某点 P 的电势等于各点电荷单独存在时的电场在该点电势的代数和。这一结论称为**电势叠加原理**。它同样适用于任何静电场。

根据式(5-18)，可将式(5-19)写成

$$V_P = \frac{1}{4\pi\varepsilon_0} \frac{q_1}{r_1} + \frac{1}{4\pi\varepsilon_0} \frac{q_2}{r_2} + \cdots + \frac{1}{4\pi\varepsilon_0} \frac{q_n}{r_n} = \sum_{i=1}^n \frac{1}{4\pi\varepsilon_0} \frac{q_i}{r_i} \tag{5-20}$$

式中，$r_1, r_2, \cdots, r_n$ 分别表示由点电荷 $q_1, q_2, \cdots, q_n$ 到场中 P 点的距离，如图5-12所示。

如果产生电场的电荷是连续分布的，则上式中的求和可以用积分替代。若以 $\mathrm{d}q$ 表示电荷分布中的任一电荷元，r 为 $\mathrm{d}q$ 到场点 P 的距离，则该点的电势为

$$V_P = \int \frac{\mathrm{d}q}{4\pi\varepsilon_0 r} \tag{5-21}$$

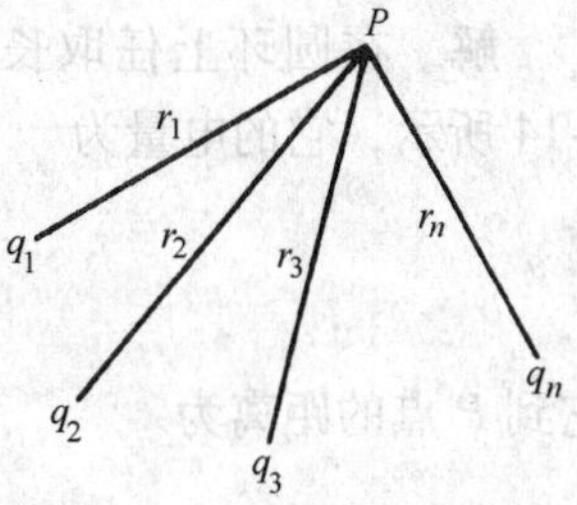

图 5-12 电势的叠加

当电荷为线分布时

$$V_P = \int \frac{\lambda \mathrm{d}l}{4\pi\varepsilon_0 r} \tag{5-22}$$

当电荷为面分布时

$$V_P = \int \frac{\sigma \mathrm{d}S}{4\pi\varepsilon_0 r} \tag{5-23}$$

当电荷为体分布时

$$V_P = \int \frac{\rho \mathrm{d}V}{4\pi\varepsilon_0 r} \tag{5-24}$$

例 5-6 图 5-13 为三个点电荷组成的点电荷系。已知 $q_1 = 8.0 \times 10^{-9} \text{C}$, $q_2 = 6.0 \times 10^{-9} \text{C}$, $q_3 = -2.0 \times 10^{-9} \text{C}$, 分别放在正三角形的三个顶点上,各顶点到三角形中心 O 的距离 $r = 4.0 \text{cm}$,求:(1)O 点的电势;(2)把 $q_0 = 1.0 \times 10^{-9} \text{C}$ 的一个检验电荷从无穷远处移到 O 点电场力所做的功;(3)在这一过程中电势能的改变。

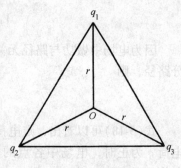

图 5-13 点电荷系的电势

解 (1)根据电势叠加原理和点电荷的电势公式,O 点的电势为

$$V_O = \frac{q_1}{4\pi\varepsilon_0 r} + \frac{q_2}{4\pi\varepsilon_0 r} + \frac{q_3}{4\pi\varepsilon_0 r}$$

$$= \frac{1}{4\pi\varepsilon_0} \times \frac{8.0 \times 10^{-9}\text{C} + 6.0 \times 10^{-9}\text{C} - 2.0 \times 10^{-9}\text{C}}{4.0 \times 10^{-2}\text{m}} = 2.7 \times 10^3 \text{V}$$

(2)根据电势差的定义,将 q_0 从无穷远移到 O 点电场力做功为

$$A = q_0(V_\infty - V_O)$$
$$= 1.0 \times 10^{-9}\text{C} \times (0 - 2.7 \times 10^3 \text{V})$$
$$= -2.7 \times 10^{-6}\text{J}$$

电场力做负功,说明实际上是外力克服电场力做功。

(3)由静电场的功能关系可知,静电场力所做的功等于静电势能的减少量。本题是电场力做负功,所以电势能增加,其增量为 $2.7 \times 10^{-6}\text{J}$。

例 5-7 图 5-14 所示为一均匀带电圆环,已知环的半径为 R,带电总量为 q,求通过环心 O 并垂直环面的轴线上任一点 P 的电势。

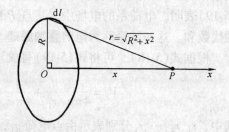

解 在圆环上任取长为 $\text{d}l$ 的一段线元,如图 5-14 所示,它的电量为

图 5-14 均匀带电圆环轴线上一点的电势

$$\text{d}q = \frac{q}{2\pi R}\text{d}l$$

它到 P 点的距离为

$$r = \sqrt{R^2 + x^2}$$

它在 P 点的电势为

$$\text{d}V = \frac{1}{4\pi\varepsilon_0} \frac{1}{\sqrt{R^2 + x^2}} \frac{q}{2\pi R}\text{d}l$$

整个圆环在 P 点的电势为

$$\oint \text{d}V = \frac{1}{4\pi\varepsilon_0} \frac{q}{2\pi R} \frac{1}{\sqrt{R^2 + x^2}} \int_0^{2\pi R} \text{d}l$$

$$= \frac{1}{4\pi\varepsilon_0} \frac{q}{\sqrt{R^2 + x^2}}$$

若 P 点与 O 相距极远,即 $x \gg R$,则

$$V = \frac{1}{4\pi\varepsilon_0} \frac{q}{x}$$

说明此时带电圆环可以看成是点电荷。当 P 点位于环心 O 处时,$x = 0$,则

$$V = \frac{1}{4\pi\varepsilon_0} \frac{q}{R}$$

表 5-2 给出了用类似的方法计算出来的其他几种典型带电体的电势分布。

表 5-2　几种典型带电体的电势分布

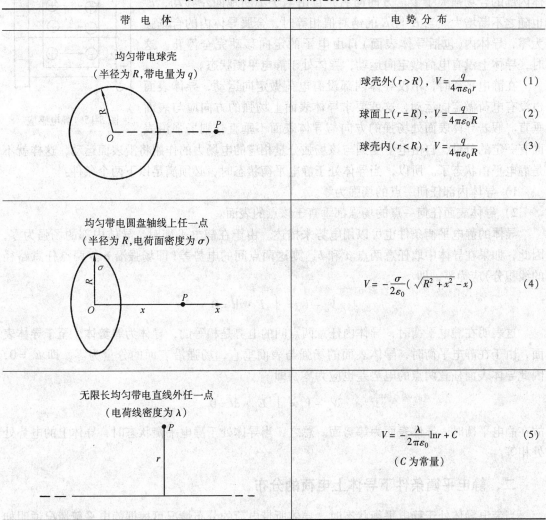

带 电 体	电 势 分 布
均匀带电球壳 （半径为 R，带电量为 q）	球壳外（$r > R$），$V = \dfrac{q}{4\pi\varepsilon_0 r}$　　(1) 球面上（$r = R$），$V = \dfrac{q}{4\pi\varepsilon_0 R}$　　(2) 球壳内（$r < R$），$V = \dfrac{q}{4\pi\varepsilon_0 R}$　　(3)
均匀带电圆盘轴线上任一点 （半径为 R，电荷面密度为 σ）	$V = -\dfrac{\sigma}{2\varepsilon_0}(\sqrt{R^2 + x^2} - x)$　　(4)
无限长均匀带电直线外任一点 （电荷线密度为 λ）	$V = -\dfrac{\lambda}{2\pi\varepsilon_0}\ln r + C$　　(5) （C 为常量）

第四节　静电场中的导体

一、静电感应 导体的静电平衡条件

金属是最常见的导体，当导体不带电或不受外电场影响时，导体内正、负电荷相互中和，导体呈电中性。这时，导体内除了自由电子的微观运动外，没有宏观的电荷运动。若将其置于场强为 E 的匀强电场中，导体中的自由电子将在电场力的作用下做定向移动，从而使导体中的电荷重新分布。在外电场作用下引起导体中电荷重新分布而呈现出的带电现象，叫做**静电感应现象**。如图5-15所示，由于静电感应，在导体的两个侧面上分别出现等量的异种电荷，于是，这些电荷在导体内部形成了一个附加电场 E'，E' 和原来的场强方向相反。开始时 $E' < E$，导体内部的合场强大于零，方向向右，自由电子不断地向左移动，E' 也随之不断增大。当 E' 与 E 的绝对值相等时，金属导体内的合场强为零，导体内（包括导体表面）自由电子的定向移动完全停止。这时，导体上没有电荷做定向运动，导体处于**静电平衡状态**。

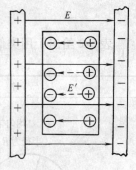

图 5-15　静电感应

在静电平衡时，不仅导体内部没有电荷做定向运动，导体表面也没有电荷做定向运动，这就要求导体表面上场强的方向应与表面垂直。假若导体表面处场强的方向与导体表面不垂直，则场强沿表面有一定的分量，自由电子受到与该场强分量相应的电场力的作用将沿表面运动，这样就不是静电平衡状态了。所以，当导体处于静电平衡状态时，必须满足以下两个条件：

1）导体内部任何一点的场强为零。

2）导体表面任何一点的场强都垂直于该点的表面。

导体的静电平衡条件也可以用电势来描述。由于在静电平衡时，导体内部的场强为零，因此，如果在导体中取任意两点 a 和 b，则这两点间的电势差（即场强沿 a、b 两点任意路径的线积分）应为零，即

$$V_a - V_b = \int_a^b \boldsymbol{E} \cdot \mathrm{d}\boldsymbol{l} = 0$$

这表明在静电平衡时，导体内任意两点间的电势是相等的，导体为**等势体**。至于导体表面，由于在静电平衡时，导体表面的场强与表面垂直，场强沿表面的分量为零，即 $E_t = 0$，因此导体表面任意两点的电势差也应为零，即

$$V_a - V_b = \int_a^b \boldsymbol{E}_t \cdot \mathrm{d}\boldsymbol{l} = 0$$

故在静电平衡时，导体表面为**等势面**。总之，当导体处于静电平衡状态时，导体上的电势处处相等。

二、静电平衡条件下导体上电荷的分布

当带电导体处于静电平衡状态时，导体所带电荷的分布情况可根据静电平衡情况说明如下：设想在导体的内部任取一闭合曲面，如图5-16所示，因为在这一闭合曲面上任一点的场强都为零，所以根据高斯定理可知，通过这一闭合曲面的电通量为零，这一闭合曲面内的净电荷也为零。由于闭合曲面是任意选出的，所以得到如下结论：在静电平衡时，导体所带

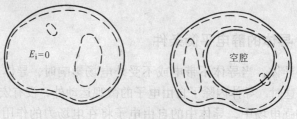

图 5-16　静电平衡时，导体内部任一闭合曲面内无净电荷

的电荷只能分布在导体的表面上，导体内部没有净电荷。

如果导体内部有空腔存在，而在空腔内没有其他带电体，应用高斯定理同样可以证明，在静电平衡时，不仅导体内部没有净电荷，空腔的内表面也没有净电荷，电荷只能分布在空腔导体的外表面。

对于形状不规则的带电导体，电荷在外表面的分布也是不均匀的。实验指出，导体表面电荷面密度与曲率半径有关，表面曲率半径越小处（即曲率越大处），电荷面密度越大。只有对于独立球形导体，因各部分的曲率相同，球面上的电荷分布才是均匀的。

三、尖端放电现象

表面具有突出尖端的带电导体，在尖端处的电荷面密度很大，因而场强也很大。带电较多的导体，在其尖端的部位，场强可以大到使其周围的空气发生电离而引起放电的程度，这就是**尖端放电现象**。

图 5-17 是一个表演尖端放电的实验装置。C、D 为两块互相平行的金属板，B 为一针尖，A 为装在金属杆上的金属球，A、B 都和金属板 D 相连，且位于同一高度，G 是绝缘支架。若将 C、D 分别接到高压电源的两个电极上，可以观察到，放电现象先在针尖 B 和金属板 C 之间发生。此实验表明，导体的尖端部分容易发生放电现象。

避雷针就是应用尖端放电的原理来防止雷击对建筑物的破坏。如图 5-18 所示，避雷针尖锐的一端伸出在建筑物的上空，另一端通过较粗的导线 A，接到埋入地下的金属板 B 上，当带有大量电荷的雷雨云接近地面时，就会在地面上感应出大量的异号电荷，这时地面上突起的部分，如高楼、烟囱等建筑物上的电荷面密度很大，因而场强很大。当电场强到足以使空气电离时，就会引起雷雨云与建筑物之间放电。由于在放电的短暂过程中，巨大的电能转化为热、光等能量，从而使建筑物被破坏。安装了比建筑物高的避雷针以后，由于在避雷针处场强特别大，因而产生尖端放电效应，使本来要发生的雷击，经过避雷针缓慢而连续的放电，消除了雷雨云中的大量电荷，防止了雷击现象的发生。由此可见，在高层建筑物上安装一个良好的避雷针是非常必要的。

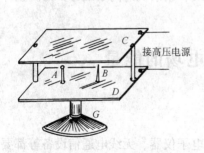

图 5-17　尖端放电实验图

图 5-18　避雷针

在另一些实际问题中，有时却要避免由于尖端放电而引起带电导体在周围空气的电离，所以要尽可能使导体表面光滑和平坦。例如，高压电器设备中常采用球形接头，就是为了防止尖端放电，以减少电能损失和避免发生破坏性事故。

四、静电屏蔽

前面已经指出，把一导体放在电场中，它将产生静电感应，而且感应电荷分布在外表面上，导体内部场强为零，所以，若把一空腔导体放在静电场中，电场线将垂直地终止于导体的外表面而不能穿过导体进入内腔，如图 5-19 所示。因此，空心的金属导体可以保护其内腔中的物体，使物体不受任何外电场的影响。

另一方面，也可以使任何带电体不去影响别的物体。例如，把一带电体放入空心的金属球壳内，如图 5-20a 所示，由于静电感应，在空腔的内外两表面上分别出现等量异号感应电荷，其外表面上的电荷所产生的电场会对外界产生影响；若将外表面接地，如图 5-20b 所示，则外表面上的感应电荷因接地而被中和，与之相应的电场也随之消失，这时空腔内的带电体对空腔外的影响也就不存在了。总之，任何空腔导体内的物体不会受到外电场的影响；接地导体空腔内的带电体的电场，也不会影响到空腔外的物体，这种排除或抑制静电场干扰的技术措施，称为**静电屏蔽**。

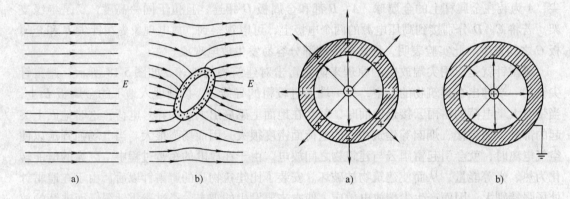

图 5-19 放入空腔导体前后电场线的分布   图 5-20 静电屏蔽

在工程技术中，静电屏蔽使用的十分广泛。例如，无线电中的中频变压器外面是一层金属壳；集成块都用防静电膜包装；有些精密的电子仪器，干脆把它装在壁面是金属网的房子里；对于一些传送弱信号的导线，如电视机的公共天线、收录机的内录线等，为防止外界干扰，多采用外部包有一层金属网的屏蔽线。

* 第五节　电容　静电场的能量

一、电容器　电容

电容器是电工和无线电技术中的重要元件，各种电子仪器、无线电通信设备等都要用到它。电容器的大小形状不一，种类繁多。图 5-21 所示为几种常见的电容器。

虽然电容器的种类繁多，但是就其构造来说，多数是由两块彼此靠近的金属薄片（或金属膜）作为极板，中间隔以电介质，从两个极板上分别引出连接线构成的。因为电容器极板面积的尺度比极板间的距离大得多，可以把极板视为无限大平面，两极板均匀带等量异号电荷 q 时，极板间的电场是均匀的，所带电荷 q 与两板间的电势差 U 的比值是一个确定的常

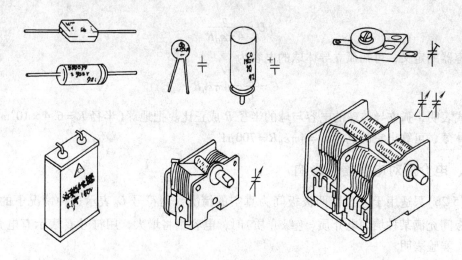

图 5-21　几种常见的电容器

量，称为电容器的**电容**，用符号 C 表示，即

$$C = \frac{q}{U} \tag{5-25}$$

电容的单位是法 [拉] (F)。实际上，1F 是相当大的电容量。常用的单位是微法 (μF) 或皮法 (pF)。

$$1F = 10^6 \mu F = 10^{12} pF$$

电容是反映电容器本身性质的物理量，它决定于电容器本身的结构，与电容器两极板的形状、大小、极板间的距离及极板间的电介质有关，与极板是否带有电荷无关。电容是描述电容器容纳电荷或储存电能的能力的物理量。

例 5-8　求平行板电容器的电容。已知两极板间的正对面积为 S，极板间的距离为 d。

解　设两极板带电量分别为 $\pm q$，则电荷面密度为 $\pm \sigma = \pm \dfrac{q}{S}$，两极板间的电场强度为

$$E = \frac{\sigma}{\varepsilon_0} = \frac{q}{\varepsilon_0 S}$$

又因为匀强电场的场强与相距为 d 的两点间的电势差 U 的关系为

$$U = \int_0^d \boldsymbol{E} \cdot \mathrm{d}\boldsymbol{l} = Ed = \frac{qd}{\varepsilon_0 S}$$

根据电容器的定义式，从上式可得平行板电容器的电容为

$$C = \frac{q}{U} = \frac{\varepsilon_0 S}{d} \tag{5-26}$$

从这个例题可以看出，求电容器电容公式的步骤是：设电容器两极板分别带电荷 $\pm q$；求出电容器两极板间的电场强度，进而计算出两极板间电势差 U 的表达式；最后，根据电容的定义 $C = \dfrac{q}{U}$ 求出电容的公式。在实际工作中，常用实验的方法测量电容器的电容。

例 5-9　求半径为 R 的孤立导体球的电容。

解　把孤立导体球看成是电容器的一个极板，另一个极板认为是半径为无穷大的导体球壳。设孤立导体球带电量 q，其电势（即与无穷大导体球壳间的电势差）为

$$U = \frac{q}{4\pi\varepsilon_0 R}$$

根据电容器的定义，可知孤立导体球的电容为

$$C = \frac{q}{U} = 4\pi\varepsilon_0 R$$

上式表明，孤立导体球的电容与球的半径 R 成正比。把地球(半径 $R = 6.4 \times 10^6 m$)看做孤立导体球，可算出它的电容 $C = 4\pi\varepsilon_0 R = 700\mu F$

二、电介质对电容器的影响

式(5-26)只适用于电容器两极板间为真空的情况，用符号 C_0 表示这种情况下的电容。当两极板间充满某种均匀电介质(绝缘介质)时，电容量将增大，用符号 C 表示有电介质时的电容。实验表明

$$\frac{C}{C_0} = \varepsilon_r > 1$$

$$C = \varepsilon_r C_0 \tag{5-27}$$

即电容器充满均匀电介质时的电容等于真空时电容的 ε_r 倍。ε_r 与电介质有关，称为电介质的**相对电容率**。ε_r 是一个量纲为一的量。

将式(5-26)代入式(5-27)，得平行板电容器充满电介质时的电容公式为

$$C = \frac{\varepsilon_0 \varepsilon_r S}{d} = \frac{\varepsilon S}{d} \tag{5-28}$$

式中 $\varepsilon = \varepsilon_0 \varepsilon_r$，称为电介质的**电容率**或电介质的介电常量。$\varepsilon$ 的单位与 ε_0 的单位相同。常见电介质的相对电容率见表5-3。

表5-3　常见电介质的相对电容率

电 介 质	相对电容率	电 介 质	相对电容率
真空	1	云母	3.7~7.5
空气	1.00059	普通陶瓷	5.7~6.8
水	78	电木	7.6
油	4.5	聚乙烯	2.3
纸	3.5	聚苯乙烯	2.6
玻璃	5~10	二氧化钛	100

三、静电场的能量

电容器充电后，两极板间就建立起电场。若用导线将两极板短路，就可以看到放电火花。这说明充电后的电容具有能量，这个能量其实就是电容器两极板间电场的能量。因为电容器的放电过程，同时也就是极板间电场的减弱甚至消失的过程，因此，可以从分析平板电容器的能量出发，讨论电场的能量。

图5-22 表示为电容为 C 的平板电容器，它由平行金属板 A、B 组成。欲使电容器带电，就必须有外力(它由电源所提供)不断地将正电荷从 B 板移向 A 板，这就是电容器的充电过程。设在某一时刻极板带电量为 q，极板间的电压为 $U = q/C$，若再将电荷 dq 从 B 板移向 A

板，则需由电源克服电场力做功 $\mathrm{d}A$，其表达式为

$$\mathrm{d}A = U\mathrm{d}q = \frac{q}{C}\mathrm{d}q$$

两极板从不带电到分别带 $+Q$ 和 $-Q$，电源所做的总功为

$$A = \int_0^Q \frac{q}{C}\mathrm{d}q = \frac{1}{2}\frac{Q^2}{C}$$

将 $Q = CU$ 代入后得

$$A = \frac{1}{2}CU^2 = \frac{1}{2}QU$$

根据功能原理，电源所做的功表现为电容器两极板间的电能 W_e，因此

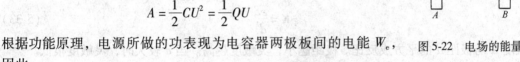

图 5-22　电场的能量

$$W_e = \frac{Q^2}{2C} = \frac{1}{2}CU^2 = \frac{1}{2}QU \tag{5-29}$$

可见，电容器在储存电荷的同时，也储存了电能。反之，电容器的放电，同时也是电能的释放。电容器的这一特性，得到了许多应用。例如，利用电容器放电可以制成照相机的闪光灯，用于实现瞬间照明。

如果用场强 E 这一描述电场性质的物理量改写式(5-29)，就有

$$W_e = \frac{1}{2}CU^2 = \frac{1}{2}\frac{\varepsilon S}{d}(Ed)^2 = \frac{1}{2}\varepsilon E^2(Sd) \tag{5-30}$$

式中，Sd 为电容器两极板间的电场所占空间的体积。

式(5-30)两端同除以 Sd 就得到单位体积内电场的能量，即电磁场的能量密度，用 w_e 表示，有

$$w_e = \frac{1}{2}\varepsilon E^2 \tag{5-31}$$

式(5-31)表明：电场的能量密度与场强的平方成正比，场强越大，电场的能量密度也越大。电场的能量遍布于整个电场所存在的空间，哪里有电场，哪里就有电场的能量。应当指出，式(5-31)虽然是从平板电容器中的均匀场这一特例得出的，但可以证明，它对任意电场都适用。当电场不均匀时，电场的总能量应是能量密度的体积分，即

$$W_e = \int_V w_e\mathrm{d}V = \int_V \frac{1}{2}\varepsilon E^2\mathrm{d}V \tag{5-32}$$

其中，$w_e = \dfrac{\mathrm{d}W_e}{\mathrm{d}V}$ 为电场能量密度，积分号下的 V 表示电场分布的空间范围。

*第六节　电容传感器

把被测量的非电学量(如力、位移等)转换为电容变化的传感器，称为**电容传感器**。由式(5-28)可知，若保持其中两个参数不变，而只改变另外一个，且使该参数与测量之间存在某一确定关系，则被测量的变化就可直接由电容 C 的变化反映出来，根据变化参数的不同，在工程技术中电容传感器可以分为极距变化型、面积变化型和介质变化型三种。

一、极距变化型

若平板电容器的极板面积和极间介质不变，则电容 C 只随极板间距离 d 而变。当 d 有微小变化时，电容变化为

$$\Delta C = -\frac{\varepsilon S \Delta d}{d^2}$$

负号表示当 d 增加时电容变小。设 $K = \Delta C / \Delta d$，称为极距变化型电容传感器的灵敏度，则有

$$K = \frac{\varepsilon S}{d^2} \tag{5-33}$$

灵敏度 K 与极距 d 的平方成反比。极距越小，灵敏度越高。当 d 较大时，灵敏度很低。

极距变化型电容传感器多用来测量微小线位移（可以小到 100nm）微小振动或引起微小位移、微小振动的作用力等。图 5-23 是电容压力计的原理图。电容器的一个极板 A 固定，另一极板 B 为一弹性膜片，在压力 P 的作用下，电容器两极板间距发生变化从而引起电容改变。如果能够测出电容 C，就可得知压力 P 的大小。在两极板上充以一定量的电荷 Q，当压力 P 随时间变化时，将会引起电容 C 的变化，从而极间电压（$U = Q/C$）也将作相应变化，这就可以

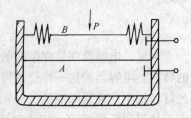

图 5-23　电容压力计

把压力信号通过电容 C 的变化转换成电压信号。如通过测定电压变化，就可以得到压力 P 的变化。根据这一原理，还可制成电容传声器。

二、面积变化型

如图 5-24a 所示，电容器的下极板固定，当上极板沿 x 方向移动时，电容器极板正对面积发生变化，其电容也随之改变，设极板宽度为 b，在某一时刻正对面积为 bx，这时电容器的电容为

$$C = \frac{\varepsilon bx}{d}$$

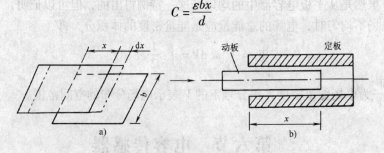

图 5-24　面积变化型电容传感器

当上极板发生一微小位移 Δx 时，电容变化为

$$\Delta C = \frac{\varepsilon b}{d} \Delta x$$

由此可得面积变化型电容传感器的灵敏度为

$$K = \frac{\Delta C}{\Delta x} = \frac{\varepsilon b}{d} \tag{5-34}$$

与式(5-33)对比可知，面积变化型电容传感器的灵敏度比极距变化型低，但适用于较大位移的测量。在实际应用中，多采用圆柱形电容器，如图5-24b所示。

三、介质变化型

如图5-25a所示，在一空气平板电容器两极板间，放一厚度为t，相对电容率为ε_r的均匀电介质。设极板面积为S、极板间距为d，经计算它的电容为

$$C = \frac{\varepsilon_0 S}{d - t + \dfrac{t}{\varepsilon_r}}$$

当S、d、ε_r一定时，C随t而变化，只要测出电容C，就能得到介质的厚度t，这就是电容测厚计的原理。可以用它来测量塑料薄膜、橡胶带等介质的厚度。也可用类似的装置去检查电影胶片等薄介质的厚度是否均匀，如图5-25b所示。当被检验物在两个轮子的带动下移动时，若被测物厚度是均匀的，则电容器的电容值不变；若电容器的电容值变化，则说明被测物的厚度不均匀。

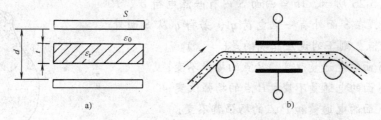

图5-25 介质变化型电容传感器

习 题

一、选择题

1. 关于对电场强度定义式$E = \dfrac{F}{q_0}$的说法，正确的是(　　)。

A. 场强E的大小与检验电荷q_0的电量成反比；

B. 对场中某点，检验电荷受力F与q_0的比值不因q_0而变；

C. 检验电荷受力F的方向就是场强E的方向；

D. 若场中某点不放检验电荷q_0，则$F = 0$，$E = 0$。

2. 电场强度定义式$E = \dfrac{F}{q_0}$的适用范围是(　　)。

A. 点电荷产生的电场；　　　　　　B. 静电场；

C. 匀强电场；　　　　　　　　　　D. 任何电场。

3. 下列说法中正确的是(　　)。

A. 静电力与检验电荷有关，与场点的位置也有关；

B. 电场强度与检验电荷无关，只与场点的位置有关；

C. 一定要用正电荷才能确定场强的方向；

D. 场强的方向就是电荷在该点受电场力的方向。

4. 静电场的高斯定理 $\oint_S E \cdot dS = \frac{1}{\varepsilon_0} \sum_{i=1}^{n} q_i$ 说明静电场的性质包括( )。

A. 电场线不是闭合曲线;　　　　　　B. 静电力是保守力;

C. 静电场是有源场;　　　　　　　　D. 静电场是保守场。

5. 静电场的环路定理 $\oint E \cdot dl = 0$ 说明静电场的性质包括( )。

A. 电场线不是闭合曲线;　　　　　　B. 静电力是保守力;

C. 静电场是有源场;　　　　　　　　D. 静电场是保守场。

6. 由高斯定理,下述结论中正确的是( )。

A. 闭合曲面内的电荷的代数和为零,闭合曲面上任一点的场强一定为零;

B. 闭合曲面上各点的场强为零,闭合曲面内一定没有电荷;

C. 闭合曲面上各点的场强仅由曲面内的电荷决定;

D. 通过闭合曲面的电通量仅由曲面内的电荷决定;

E. 凡是对称分布的均匀带电系统都可以通过高斯定理求它的电场强度。

*7. 如图 5-26 所示,闭合曲面 S 内有一点电荷 q , P
为 S 面上一点,在 S 面外有一点电荷 q' ,若将 q' 从 S 面外
的 A 点移到 B 点,则下列说法正确的是( )。

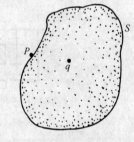

A. 穿过 S 面的电通量改变, P 点的场强不变;

B. 穿过 S 面的电通量不变, P 点的场强改变;

C. 穿过 S 面的电通量和 P 点的场强都不变;

D. 穿过 S 面的电通量和 P 点的场强都改变。

8. 关于电势的叙述正确的是( )。

图 5-26

A. 电势的正负取决于检验电荷的正负;

B. 带正电物体周围的电势一定为正,带负电物体周围的电势一定为负;

C. 电势的正负取决于外力对检验电荷做功的正负;

D. 电势的正负取决于电势零点的选取。

9. 下列说法正确的是( )。

A. 检验电荷 q_0 在静电场中某点的电势能越大,则该点的电势就越高;

B. 静电场中任意两点间的电势差的值与检验电荷 q_0 有关, q_0 越大,电势差值也越大;

C. 静电场中任一点电势的正、负与电势零点的选择有关,而任意两点间的电势差与电
势零点的选择无关;

D. 静电场中任意两点间的电势差与电势零点的选择有关,对不同的电势零点电势差有
不同的数值。

10. 在静电场中关于场强和电势的关系说法正确的是( )。

A. 场强 E 大的点,电势一定高;电势高的点,场强也一定大;

B. 场强为零的点,电势也一定为零,电势为零的点,场强一定为零;

C. 场强 E 大的点,电势未必一定高,但场强 E 小的点,电势一定低;

D. 场强为零的地方电势不一定为零;电势为零的地方,场强也不一定为零。

11. 如图 5-27 所示,在一直线上 A、B、C 三点的电势关系为 $V_A > V_B > V_C$,若将一负电

荷放在 B 点，则此电荷将( )。

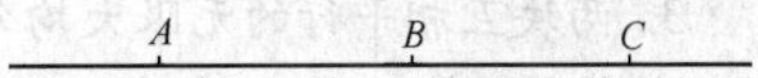

A. 向 A 点加速运动； B. 向 A 点匀速运动；

C. 向 C 点加速运动； D. 向 C 点匀速运动。 图 5-27

12. 一不带电的导体球壳半径为 R，在球心处放一点电荷，测量球壳内外的电场，然后将此点电荷移至距球心 $R/2$ 处，重新测量电场，则电荷移动对电场的影响为( )。

A. 对球壳内外的电场均无影响；

B. 对球壳内外的电场均有影响；

C. 只影响球壳内的电场，不影响球壳外的电场；

D. 不影响球壳内的电场，只影响球壳外的电场。

*13. 平行板电容器充电后仍与电源连接，若将两极板间的距离增大，则板上的电量 Q、场强 E 和电场能量 W_e 将发生的变化是( )。

A. Q 增大，E 增大，W_e 增大； B. Q 减小，E 减小，W_e 减小；

C. Q 增大，E 减小，W_e 增大； D. Q 减小，E 增大，W_e 增大。

二、填空题

1. 在同一电场线上有 A、B、C 三点，如图 5-28 所示。若选 A 点电势为零，则 B、C 两点的电势分别为 V_B _____、V_C _____；若选 B 点的电势为零，则 V_A _____、V_C _____；若选 C 点电势为零，则 V_A _____、V_B _____。（填大于或小于零）

2. 在均匀电场 E 中，有一半径为 R 的半球面 S，如图 5-29 所示。若半球面的对称轴与 E 平行，则通过 S_1 面的电通量为 _____，通过平面 S_2 的电通量为 _____，通过由 S_1、S_2 构成的封闭曲面的电通量为 _____。

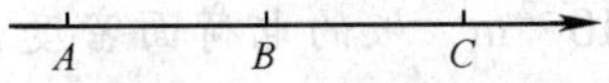

图 5-28

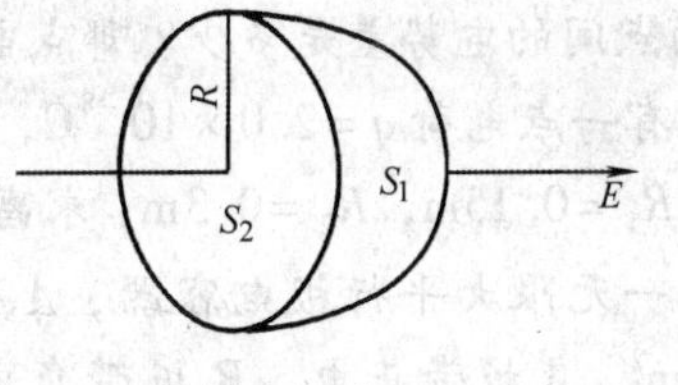

图 5-29

3. 真空中两块互相平行的无限大均匀带电平板，电荷面密度分别为 $+\sigma$ 和 $+2\sigma$，两板间距离为 d，则两板间电场强度的大小为 _____；两板间电势差为 _____。

4. 一均匀带电 Q 的球形薄膜，半径从 R_1 增加到 R_2，如图 5-30 所示，则在此过程中，距球心为 R 的一点的场强将由 _____ 变为 _____；电势由 _____ 变为 _____；通过以 R 为半径的球面的电通量由 _____ 变为 _____。

三、计算题

1. 有两个点电荷，电量分别为 5.0×10^{-7}C 和 2.8×10^{-8}C，相距 15cm，求：(1) 两电荷连线上场强为零的位置；(2) 作用在每一电荷上的库仑力。

2. 将一根细棒弯成半径为 R 的半圆形，上半部均匀分布有电荷 $+Q$，下半部均匀分布电荷 $-Q$，如图 5-31 所示，求圆心 O 点的电场强度。

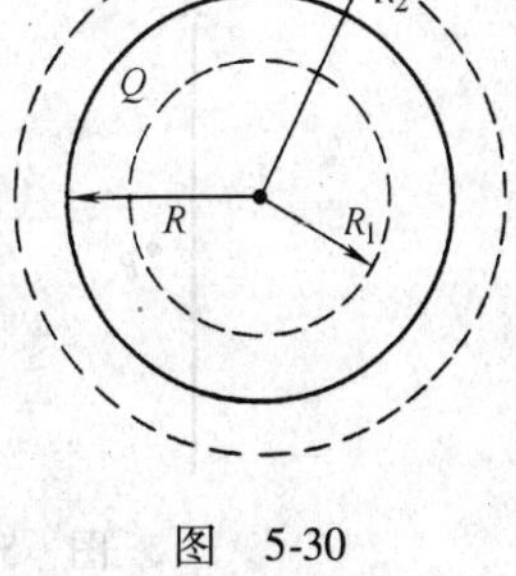

图 5-30

3. 两块互相平行的无限大均匀带电平板，电荷面密度分别为 $+\sigma$ 和 -2σ，如图 5-32 所示，求图中三个区域的场强 E_{I}，E_{II}，E_{III}（$\sigma = 4.43 \times 10^{-6} \mathrm{cm}^{-2}$）。

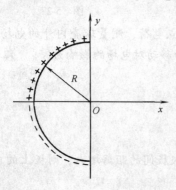

图 5-31

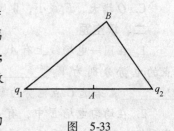

图 5-32

4. 如图 5-33 所示，两个点电荷 $q_1 = 4.0 \times 10^{-9}\mathrm{C}$ 和 $q_2 = -7.0 \times 10^{-9}\mathrm{C}$，相距 10cm。设 A 点是它们连线的中点，B 点离 q_1 8.0cm，离 q_2 6.0cm，求：（1）A 点的电势；（2）B 点的电势；（3）将电量为 $2.5 \times 10^{-9}\mathrm{C}$ 的点电荷由 B 点移到 A 点电场力所做的功（设无穷远处为电势零点）。

5. 一均匀带电半圆环，半径为 R，电量为 Q，求环心处的电势。

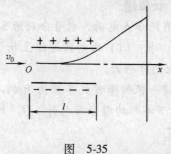

图 5-33

6. 将 $q = 1.7 \times 10^{-7}\mathrm{C}$ 的点电荷从电场中的 A 点移到 B 点，外力需做功 $5.0 \times 10^{-6}\mathrm{J}$，问 A、B 两点间的电势差是多少？哪点电势高？若选 B 点电势为零，则 A 点的电势为多大？

7. 有一点电荷 $q = 2.0 \times 10^{-8}\mathrm{C}$，放在一原不带电的金属球壳的球心，球壳的内、外半径分别为 $R_1 = 0.15\mathrm{m}$，$R_2 = 0.3\mathrm{m}$，求离球心 r 分别为 0.1m、0.2m 和 0.5m 处的电势。

8. 一无限大平行板电容器，A、B 两板相距 $5.0 \times 10^{-2}\mathrm{m}$，板的电荷面密度 $\sigma = 3.3 \times 10^{-6}\mathrm{C/m}^2$，$A$ 板带正电，B 板带负电并接地，如图 5-34 所示。求：（1）在两板间距 A 板 $1.0 \times 10^{-2}\mathrm{m}$ 处 P 点的电势；（2）A 板的电势；（3）若换成 A 板接地，以上结果如何改变？

*9. 如图 5-35 所示，有一电子质量为 m，电荷为 e，以速度 v_0 射入阴极射线示波器的两极板之间，设两者之间的电场是均匀的，且场强为 E。问：（1）该电子在两极板间做何种运动？并写出电子运动的轨道方程；（2）若电子的初动能为 $3.2 \times 10^{-16}\mathrm{J}$（2000eV），极间电场为 $1.2 \times 10^{-4}\mathrm{N/C}$，极板长度为 1.5cm，问此电子在离开致偏电极时在 y 方向上有多大偏转？

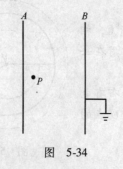

图 5-34

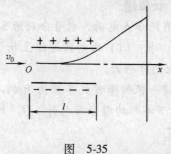

图 5-35

10. 一平行板电容器，圆形极板的半径为 8.0cm，极板间距为 1.0mm，中间充满相对电容率为 5.5 的均匀电介质，若对它充电到 100V 时，求它储有多少电能。

11. 1911 年，密立根最早测定了电子的电量，它的实验装置如图 5-36 所示，从喷雾器中喷出的油滴，从 A 板上的小孔 D 进入 A、B 两板间的电场 E 中，调节 E 的大小，使作用在带电油滴上的电场力与重力平衡，若油滴的平均半径为 1.64×10^{-4}cm，油的密度为 0.85g/cm^3，平衡时的场强为 9.35×10^{-4}N/C，求油滴所带电量。

*12. 一空气平板电容器，两极板间的距离为 0.01cm，电容器工作时两极板间电压为 1600V，问这电容器会被击穿吗？已知空气的击穿场强为 4.7×10^6V/m。

若保持工作电压不变，在电容器两极板间充满击穿场强为 1.8×10^7V/m 的聚乙烯薄膜，这时电容器会被击穿吗？

*13. 静电天平如图 5-37 所示。空气平板电容器两极板的面积为 S，相距为 d，下极板固定，上极板接天平的一个挂钩。当电容器不带电时，天平刚好平衡；当在两极板间加上电压 U 时，需在天平的另一端加上质量为 m 的砝码才能使天平恢复平衡，试证明电压 U 与质量 m 之间的关系为

$$U = d \sqrt{\frac{2mg}{\varepsilon_0 S}}$$

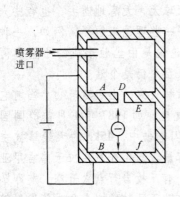

图 5-36

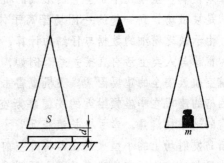

图 5-37

【物理趣闻】

闪 电

闪电是大气中激烈的放电现象，它是大气被强电场击穿的结果。干燥空气的击穿场强是 3×10^6V/m。但是，在雷雨云中，由于有水滴存在，而且气压比大气压小，所以空气的击穿不需要这样强的电场。要产生一次闪电，只需在云的近旁的某一小区域内有很强的电场就够了。该强电场会引起电子雪崩，即由于高速带电粒子对空气分子的碰撞作用使空气分子大量急速电离而产生大量电子。一旦某处电子雪崩开始，它会向电场较弱的区域传播。闪电可能发生在雷雨云内的正、负电荷之间，也可能发生在雷雨云与纯净空气之间或雷雨云与地之间。云地之间的闪电常是发生在雷雨云的负电区与地之间，很少发生在云中正电区与地之间。研究还指出，大部分闪电发生在大陆区，这说明陆地在产生雷暴中有重要作用。

闪电的发展过程很快，人眼不能细察，但是利用高速摄影技术可以进行详细研究。典型的云地之间的闪电从接近雷雨云的负电荷处的强电场中的电子的雪崩开始。电子雪崩下移

时，在它后方留下一条离子通道，云中的电子流入此通道使之带负电。由于云地之间的电势差约为 5×10^7V，所以一次闪电释放的能量约为 10^9J。这能量的大部分变为热(焦耳热)，只有少量变为光能或无线电波的能量。强大有力的回击电流刚刚流过的瞬间，闪电通道中的等离子体的温度可升至非常高(约30000K,太阳表面是6000K)，相应地具有很大的压强。该高温高压可以使闪电通道的任何物体遭受严重的破坏。高压等离子体爆炸性地向四外膨胀而形成激波。在几米之外，激波逐渐减弱为声波脉冲，这就是人们听到的雷声。

陆上龙卷风中的电闪特别壮观，人眼可以点看到在有些陆地上龙卷风的漏斗内连续不断地发出闪光。根据对从陆上龙卷风内部发出的无线电波的测量估计，每秒钟大概有20次闪电。由于每次闪电释放能量约为 10^9J，所以陆上龙卷风所释放的电功率是 $10^9\times20$W $=2\times10^{10}$W $=2\times10^7$kW，大约相当于10个大型水电站的功率。陆上龙卷风的破坏力之大，由此可见一斑。

除了枝杈形闪电之外，人们也观察到球形闪电，其时只见有一个火球在空中漂移，火球的尺寸一般为 $10\sim100$cm，有些飞行员曾见到过 $15\sim30$m 直径的闪电火球。火球有时在一次闪电回击之后发生，有时也自发地产生，它们大约只延续几秒钟。有的火球由天空直落地面，有的则在地面上空水平游行，有的甚至通过门窗或烟囱进入室内。有人就曾在一次农场的大雷暴中亲眼看到一个火球沿着电线杆窜下。许多火球无声无息地逝去，也有些火球爆炸而带来巨响。至今还不了解它们形成的机制。已提出了一些理论来解释，例如，一种理论说火球是被磁场聚到一起的一团场等离子体，另一种理论说是由尘粒形成的小型雷雨云。但是，由于缺乏精细的数据与仔细的计算，所以这种现象至今仍是个谜。

雷暴与人类生活有直接关系。例如，它可以引起森林火灾、击毁建筑物，当前它还是影响航空航天安全的重要因素。飞机遭雷击的事故时有发生，如1987年1月前美国国防部长温伯格的座机在华盛顿附近的安德鲁斯空军基地面被闪电击中，45kg的天线罩被击落，机身有的地方被烧焦，幸亏机长镇静沉着才使飞机安全落地。同年6月在位于弗吉尼亚州瓦罗普斯岛发射场上的小型火箭在即将升空前被雷电击中，有三枚自行点火升空，旋即坠毁。

目前，有些国家已建立了雷击预测系统，这不仅有助于民航的安全和火箭发射精度的提高，而且对预防森林火灾，保护危险物资、高压线和气体管道等也有重要意义。

第六章 稳恒磁场

电流和磁铁的周围都存在着一种特殊形态的物质——磁场。不随时间变化的磁场称为**稳恒磁场**。磁场表现为对电流和运动电荷有力的作用。电磁现象的应用已经深入到工业、农业、医疗、生物、航天、军事等各个领域，它对人类社会的发展与进步起着不可估量的重要作用。本章重点介绍稳恒磁场的基本性质、基本规律、磁介质、磁场对运动电荷和载流导线的作用等，最后简要介绍超导体的特性及其应用。

第一节 磁感应强度 电流的磁场

一、磁感应强度

在研究电场时，曾根据检验电荷 q 在电场中受力的性质，引入了描述电场性质的物理量——电场强度。与此类似，通过研究运动电荷在磁场中的受力情况，也可以定义一个能反映磁场性质的物理量，用它定量描述磁场的强弱和方向，这个物理量就是磁感应强度，用符号 B 表示。

实验证明，运动电荷在磁场中所受到的磁场力 F 的大小，不仅与它的电量 q、速度 v 的大小有关，而且还与速度 v 的方向有关。当运动电荷的速度方向与磁场方向相同或相反时，所受磁场力为零；当速度方向与磁场方向垂直时，所受磁场力最大。实验还指出，这个力的最大值 F_{max} 与 q 和 v 的乘积成正比。对确定的场点，F_{max} 与 qv 的比值是确定的；对不同的场点，这个比值一般不同。可见，这个比值能够反映磁场中各点的性质，因此把它定义为磁场中某点的**磁感应强度 B** 的大小，即

$$B = \frac{F_{max}}{qv} \tag{6-1}$$

磁感应强度是矢量。磁场中某点磁感应强度的大小，等于单位电荷以单位速度运动时，在该点所受到的最大磁场力的值；其方向是放在该点的小磁针静止时 N 极所指的方向。若磁场中各点的磁感应强度的大小和方向都相同，则这样的磁场称为**匀强磁场**，也叫均匀磁场。

磁感应强度 B 的单位是特[斯拉]（T）。T 是一个较大的单位，地球的磁场约为 5×10^{-5}T；一般永磁体附近的磁场约为 10^{-2}T；大型电磁铁附近能产生约为 2T 的磁场。

二、电流的磁场

1820 年，奥斯特首先发现了电流能够产生磁场，安培通过进一步的研究，找到了电流的方向和磁场的方向所遵从的相互关系，后来称之为**右手螺旋定则**。图 6-1 中给出了几种典型载流导体的电流方向和磁场方向的关系。

就像用电场线描绘电场一样，人们也常用磁感线来形象地描绘磁场。在磁场中画出一系

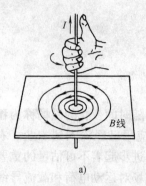
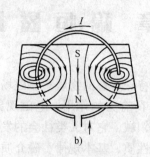
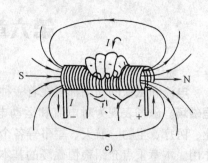

图 6-1　电流的磁场

a) 直导线　b) 圆形导线　c) 螺线管

列曲线，曲线上各点的切线方向都与该点的磁场方向一致，这些曲线就称为**磁感线**。图 6-1 各分图中的一系列曲线都是磁感线。

磁感线具有如下特点：

1）磁场中任意两条磁感线不会相交。

2）磁感线是闭合曲线，没有起点和终点。

3）磁感线的疏密表示磁感应强度 B 的大小，磁感线密集处，磁感应强度大；磁感线稀疏处，磁感应强度小，匀强磁场的磁感线是平行、等距离的。

19 世纪 20 年代，毕奥、萨伐尔和拉普拉斯等人在大量实验的基础上，归纳总结出了电流产生磁场的规律——**毕奥—萨伐尔定律**。

设在载流导线上沿电流方向取一线元 dl，它可以看成微小有向线段，若导线上电流为 I，则 Idl 称为电流元。它的大小等于电流 I 与 dl 长度之积，它的方向就是该线元中电流的流向。如图 6-2 所示。毕奥—萨伐尔定律指出：电流元 Idl 在真空中某点 P 所产生的磁感应强度 dB 的大小与电流元 Idl 的大小成正比，与电流元 Idl 和从电流元到 P 点的矢径 r 之间的夹角的正弦 $\sin\theta$ 成正比，与矢径 r 的大小的平方成反比。dB 大小的表达式为

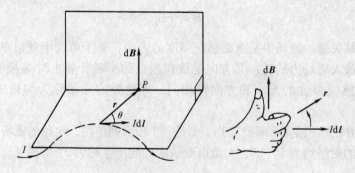

图 6-2　毕奥—萨伐尔定律

$$dB = \frac{\mu_0 I dl \sin\theta}{4\pi r^2} \tag{6-2}$$

式中，$\mu_0/4\pi$ 为比例系数；μ_0 称为真空磁导率，其值为

$$\mu_0 = 4\pi \times 10^{-7} \text{N/A}^2 = 12.57 \times 10^{-7} \text{N/A}^2$$

dB 的方向垂直于 Idl 和 r 所决定的平面，其指向由右手螺旋定则确定，即当右手成握状，四指从 Idl 方向沿小于 180°角转向 r 时，与四指垂直的大拇指所指的方向，即为 dB 的方向。因此，式(6-2)可写成矢量式

$$d\boldsymbol{B} = \frac{\mu_0}{4\pi} \frac{I d\boldsymbol{l} \times \boldsymbol{r}_0}{r^2} \tag{6-3}$$

式中，$\boldsymbol{r}_0$ 为沿 $\boldsymbol{r}$ 的单位矢量。

三、磁场叠加原理

和电场一样，磁场也服从叠加原理。如果有 n 个载流导体，它们在空间某点 P 都产生各自的磁感应强度，设为 $\boldsymbol{B}_1, \boldsymbol{B}_2, \cdots, \boldsymbol{B}_i, \cdots, \boldsymbol{B}_n$，则这 n 个载流导体在 P 点共同产生的磁感应强度 $\boldsymbol{B}$ 等于每个载流导体单独存在时在 P 点所产生的磁感应强度的矢量和，即

$$\boldsymbol{B} = \boldsymbol{B}_1 + \boldsymbol{B}_2 + \cdots + \boldsymbol{B}_i + \cdots + \boldsymbol{B}_n = \sum_{i=1}^{n} \boldsymbol{B}$$

这一结论称为磁场叠加原理。

例 6-1 设有半径为 R 的圆形线圈上通有电流 I，求圆心 O 处的磁感应强度。

解 如图 6-3 所示，在圆线圈上任取一电流元 Idl，它到圆心 O 的位矢为 $\boldsymbol{r}$。因为 Idl 与 r 之间的夹角为 $\frac{\pi}{2}$，所以该电流元在圆心的磁感应强度 dB 的大小为

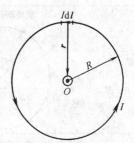

$$dB = \frac{\mu_0}{4\pi} \frac{I d l \sin\frac{\pi}{2}}{r^2} = \frac{\mu_0 I d l}{4\pi r^2} = \frac{\mu_0 I d l}{4\pi R^2}$$

图 6-3 圆形电流圆心处的磁场

dB 的方向垂直于纸面向外。由于所有电流元在 O 点的磁感应强度 $\boldsymbol{B}$ 的方向都相同，所以 O 点的磁感应强度 $\boldsymbol{B}$ 的大小等于各电流元在 O 点的 dB 的大小之和，即

$$B = \int_L \frac{\mu_0 I}{4\pi R^2} d l = \frac{\mu_0 I}{2R} \tag{6-4}$$

应用叠加原理和毕奥—萨伐尔定律原则上可以计算任意形状的载流导体产生的磁场，但除简单形状的载流导体外，在一般情况下，这种计算十分繁琐，有时甚至计算不出结果，因此，在实际应用中，多采用实验的方法，或应用安培环路定理(第二节)计算电流的磁场。表 6-1 列出了几种常用的典型载流导体的磁场公式，供参考和引用。

表 6-1 几种常用的典型载流导体的磁场公式

载 流 导 体	磁 场 分 布
无限长载流直导线外任一点	$B = \frac{\mu_0 I}{2\pi r}$ (1)

（续）

载 流 导 体	磁 场 分 布	
半无限长载流直导线一端垂线上任一点	$B = \dfrac{\mu_0 I}{4\pi r}$	(2)
载流圆环轴线上任一点	$B = \dfrac{\mu_0}{2}\dfrac{IR^2}{\left(R^2 + x^2\right)^{\frac{3}{2}}}$	(3)
载流圆环圆心	$B = \dfrac{\mu_0}{2}\dfrac{I}{R}$	(4)
圆心角为 θ 的一段载流圆弧面圆心处	$B = \dfrac{\mu_0}{4\pi}\dfrac{\theta I}{R}$	(5)
载流长直螺线管（单位长度上的匝数为 n）	$B = \mu_0 n I$	(6)
载流螺绕环（单位长度上的匝数为 n）	$B = \mu_0 n I$	(7)

（续）

载 流 导 体	磁 场 分 布
半径为 R，电流均匀分布的无限长直圆柱体 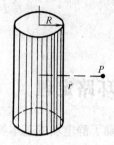	$r > R$, $B = \dfrac{\mu_0 I}{2\pi r}$ (8) $r < R$, $B = \dfrac{\mu_0 I r}{2\pi R^2}$ (9)
半径为 R 的通电薄圆筒 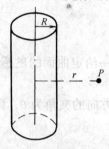	$r > R$, $B = \dfrac{\mu_0 I}{2\pi r}$ (10) $r < R$, $B = 0$ (11)

例6-2 两条平行的长直导线，相距40cm，载有电流5A，电流方向相反，如图6-4所示。试计算在两条线间中点 P 处的磁感应强度，若两条输电线中的电流方向相同又如何？

解 因为磁场服从叠加原理，所以两线间中点 P 处的磁感应强度 $\boldsymbol{B}$，等于两导线单独在此处产生的磁感应强度的矢量和。由安培定则可知，两导线在 P 点产生的磁感应强度方向相同，根据表6-1公式（1）

$$B = B_1 + B_2 = \frac{\mu_0 I}{2\pi r} + \frac{\mu_0 I}{2\pi r} = \frac{\mu_0 I}{\pi r}$$

$$= \left(\frac{4\pi \times 10^{-7} \times 5}{\pi \times 0.2} \right) \text{T} = 1 \times 10^{-5} \text{T}$$

若两导线内电流同向，由叠加原理可知，$B = 0$。

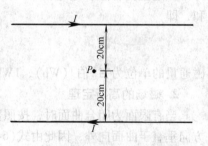

图6-4 两条平行载流直导线间任一点的磁感应强度

例6-3 试计算图6-5中 O 点处的磁感应强度 $\boldsymbol{B}$。设导线中的电流为 I。

解 根据磁场的叠加原理，O 点的磁感应强度为两条半无限长载流导线和半个载流圆环在该点产生的磁场的叠加。由右手螺旋定则可知，三者在 O 点产生的磁场方向均垂直纸面向外，根据表6-1公式（2）和公式（5）得 O 点的磁

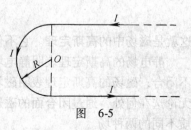

图 6-5

感应强度为

$$B = \frac{\mu_0 \pi I}{4\pi R} + 2\frac{\mu_0 I}{4\pi R}$$

$$= \frac{\mu_0 I}{2R}\left(\frac{1}{2} + \frac{1}{\pi}\right)$$

B 的方向垂直于纸面向外。

第二节　磁场的高斯定理和环路定理

前面曾对静电场的高斯定理和环路定理进行了讨论，明确了静电场的基本特性。现在讨论与稳恒磁场的性质有密切关系的高斯定理和环路定理。

一、磁场的高斯定理

1. 磁通量

仿照电通量的定义，引入磁通量的概念。通过磁场中某一给定曲面的磁感线的总条数，称为通过该曲面的**磁通量**。

设在磁场中有一面元 $d\boldsymbol{S} = dS\boldsymbol{n}$，其法线 $\boldsymbol{n}$ 的方向与磁场方向的夹角为 θ，则通过该面元的磁通量为

$$d\Phi = BdS\cos\theta = \boldsymbol{B} \cdot d\boldsymbol{S} \tag{6-5}$$

磁通量是标量。通过任一有限曲面的磁通量就等于通过该曲面所有面元磁通量的代数和，即

$$\Phi = \int d\Phi = \int_S \boldsymbol{B} \cdot d\boldsymbol{S} \tag{6-6}$$

磁通量的单位为韦[伯]（Wb），$1\text{Wb} = 1\text{T} \cdot \text{m}^2$。

2. 磁场的高斯定理

当有限面为闭合曲面时，按照数学上的规定，法线 $\boldsymbol{n}$ 的方向垂直于曲面向外，因此由式(6-5)可知，当 θ 为锐角时，磁通量为正值，表示磁感线穿出曲面；当 θ 为钝角时，磁通量为负值，表示磁感线穿进曲面，如图6-6所示。

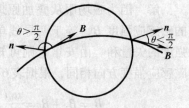

图6-6　磁通量的符号

设 S 为一闭合曲面，由于磁感线为闭合曲线，或者是从无限远处出发到无限远处终止，因而穿进闭合曲面的磁感线数必定等于穿出闭合曲面的磁感线数，即有多少磁感线进入曲面，就有多少磁感线穿出曲面，因此，通过磁场中任一闭合面的磁通量等于零，即

$$\oint_S \boldsymbol{B} \cdot d\boldsymbol{S} = 0 \tag{6-7}$$

这就是磁场中的**高斯定理**。它不仅对稳恒磁场适用，而且对非稳恒磁场也适用。

静电场的高斯定理表明静电场是有源场，电场线起源于正电荷，终止于负电荷，电场线不闭合；磁场的高斯定理表明磁场是无源场，磁感线是闭合曲线，没有始点和终点，闭合面无论选在何处，通过闭合面的磁通量恒为零，如图6-7所示。这说明稳恒磁场与静电场是性质不同的两种场。

例6-4 设在真空中有一无限长载流直导线，在其近旁有一与之共面的矩形回路，且有一边与直导线平行，回路有关尺寸如图6-8所示，求通过该回路所围面积的磁通量。

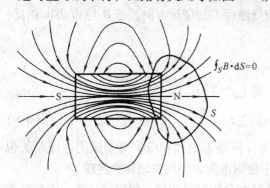

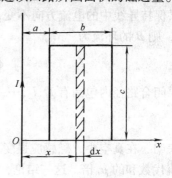

图6-7 穿过任意闭合曲面的磁通量 　　　　　图6-8 通过矩形回路的磁通量

解 因为长直导线周围的磁场为非均匀场，因此求磁通量时应先计算通过任一面元的磁通量 $\mathrm{d}\Phi$，在该面元所在处的磁场可认为是均匀的，然后将所有面元的通量相加，就得出通过整个回路所围面积的磁通量。

取如图所示的坐标和面元 $\mathrm{d}S$，其面积为 $\mathrm{d}S = c\mathrm{d}x$，面元所在处磁感应强度 $\boldsymbol{B}$ 的大小为

$$B = \frac{\mu_0 I}{2\pi x}$$

方向垂直于纸面向里。通过此面元的磁通量为

$$\mathrm{d}\Phi = B\mathrm{d}S\cos\theta = \frac{\mu_0 Ic}{2\pi x}\mathrm{d}x$$

通过整个回路面积的总磁通量为

$$\Phi = \int \mathrm{d}\Phi = \frac{\mu_0 Ic}{2\pi}\int_a^{a+b}\frac{\mathrm{d}x}{x} = \frac{\mu_0 Ic}{2\pi}\ln\frac{a+b}{a}$$

本例表明，根据毕奥—萨伐尔定律，电流 I 在空间任意一点所产生的磁感应强度都与 I 成正比，因而通过回路所围面积的磁通量也与 I 成正比。这一结论普遍适用于各种电流和任意形状的回路。

二、磁场的环路定理

静电场的环路定理 $\oint \boldsymbol{E} \cdot \mathrm{d}\boldsymbol{l} = 0$，反映了静电场的一个重要性质——静电场是保守场。与此类似，可以通过计算真空中磁感应强度 $\boldsymbol{B}$ 的环流 $\oint_L \boldsymbol{B} \cdot \mathrm{d}\boldsymbol{l}$ 来探讨恒定电流磁场的性质。

设在真空中有一无限长直导线，通有电流 I。为计算方便，取以半径为 r 的圆为积分回路 L，并使回路所在的平面与导线垂直，导线通过回路中心 O，如图6-9所示。由于 $\mathrm{d}\boldsymbol{l}$ 的方向总是与 $\boldsymbol{B}$ 的方向相同，$\theta = 0$，所以有

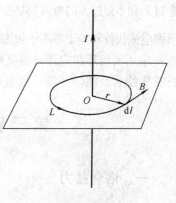

$$\oint_L \boldsymbol{B} \cdot \mathrm{d}\boldsymbol{l} = \oint_L B \cdot \mathrm{d}l\cos 0° = B\oint_L \mathrm{d}l$$

图6-9 安培环路定理

$$= \frac{\mu_0 I}{2\pi r} \cdot 2\pi r = \mu_0 I$$

如果保持导线中的电流方向不变，而改变积分路径 L 的绕行方向，即 $\boldsymbol{B}$ 与 $\mathrm{d}\boldsymbol{l}$ 方向相反，即 $\theta = \pi$，则 $\boldsymbol{B}$ 的环流为

$$\oint_L \boldsymbol{B} \cdot \mathrm{d}\boldsymbol{l} = \mu_0 (-I)$$

如果闭合路径内包围有 $I_1, I_2, \cdots, I_n$ 个电流，则上式应为

$$\oint_L \boldsymbol{B} \cdot \mathrm{d}\boldsymbol{l} = \mu_0 \sum I \qquad (6\text{-}8)$$

这表明，在真空中，磁感应强度 $\boldsymbol{B}$ 沿任意闭合回路 L 的线积分，等于该闭合回路所包围的电流代数和的 μ_0 倍. 这一结论，称为真空中稳恒电流磁场的**安培环路定理**。

应当指出，上述结论虽然是从长直导线和特殊积分回路导出的，但可以证明，它对任意形状的载流导线、任意形状的闭合积分回路都成立。

电流的正负规定如下：取右手螺旋的旋转方向（四指弯曲方向）为积分回路的绕行方向，与右手螺旋方向（拇指指向）一致的电流为正，反之为负。如图 6-10 所示，$I_1 > 0$，$I_2 < 0$，I_3 不穿过回路，则式(6-8)右侧不计入 I_3，在图 6-10 所示的情况下，安培环路定理表示为

$$\oint_L \boldsymbol{B} \cdot \mathrm{d}\boldsymbol{l} = \mu_0 (I_1 - I_2)$$

当闭合回路中不包围电流，或虽包围电流但所包围电流的代数和为零时，$\boldsymbol{B}$ 的环流等于零。

安培环路定理再次表明了稳恒磁场与静电场之间的区别。在静电场中，电场力做功与路径无关，或者说，静电场的环流恒为零，这说明静电场是保守场。由式(6-8)可知，稳恒磁场的环流不为零，因此，稳恒磁场不是保守场，磁场力不是保守力。一般称环流不等于零的场为涡旋场。稳恒磁场是涡旋场。

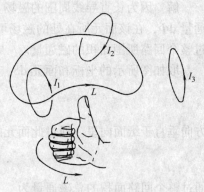

图 6-10　安培环路定理

为了更好地理解安培环路定理，作如下说明：①式(6-8)右方的 $\sum I$ 中只包括穿过闭合回路 L 的电流；②回路 L 的绕行方向与穿过回路 L 的电流的正、负符号，遵从右手螺旋法则，而 $\sum I$ 为所有正、负电流的代数和；③式(6-8)左端的 $\boldsymbol{B}$ 是环路上的磁感应强度，它是空间所有电流（包括穿过 L 和不穿过 L 的电流）共同产生的；④如果 $\oint_L \boldsymbol{B} \cdot \mathrm{d}\boldsymbol{l} = 0$，它只说明 $\boldsymbol{B}$ 沿 L 的环流为零（此时，L 所围电流代数和等于零或不包围电流），而不能理解为回路 L 上各点的 $\boldsymbol{B}$ 一定等于零。

应用安培环路定理计算某些有规则分布的电流的磁感应强度非常方便，如长直圆柱体、长直螺线管及螺绕环等，见表 6-1。

第三节　磁场对运动电荷的作用

一、洛仑兹力

静止的电荷在静电场中要受到电场力的作用，但在磁场中，静止的电荷并不受到磁场

力，只有以一定速度 v 在磁场中运动的电荷，才可能受到磁场力的作用。通常把运动电荷在磁场中所受到的磁场力，称为**洛仑兹力**。

实验表明，运动电荷在磁场中受力 F 的大小与电荷的电量 q、速度 v、磁感应强度 B，以及 v 与 B 的夹角 θ 有如下关系

$$F = qvB\sin\theta \tag{6-9}$$

力的方向垂直于 v 和 B 所决定的平面，其指向由右手螺旋定则确定：如图 6-11 所示，当右手成握状，四指由 v 经小于 180° 的角转向 B 时与四指垂直的大拇指所指的方向即为洛仑兹力的方向。按矢量积的定义，上式可写成

$$F = q\,v \times B \tag{6-10}$$

必须注意，这是正电荷受力的方向，若是负电荷，则受力方向与正电荷受力方向相反。

由上述讨论可知，洛仑兹力始终与运动电荷的速度垂直，它只改变速度的方向，而不改变速度的大小，因而对运动电荷并不做功。

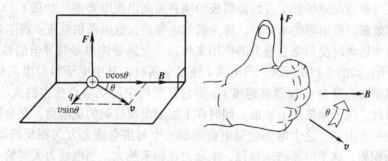

图 6-11　磁场对运动电荷的作用力

例 6-5　图 6-12 所示为滤速器的原理图。滤速器又叫速度选择器，它是利用电场和磁场对带电粒子的共同作用，将具有一定速度的带电粒子选择出来的。在两平行金属电极上，加有一定的电压，从而在两板间形成上下方向的电场，同时，在两极板间加一垂直于纸面方向的均匀磁场。当速率不同的带电粒子沿图示方向通过小孔 S 进入滤速器后，试求：

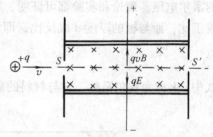

图 6-12　滤速器

（1）带电粒子能通过右边小孔 S' 的条件是什么？能通过 S' 的带电粒子的速率是多大？

（2）为了获得速率为 $v = 4.0 \times 10^5$ m/s 的粒子束，若 $B = 5.0 \times 10^{-3}$ T，则两极板间的场强 E 应取多大？

解　（1）当正电荷 q 进入滤速器时，将同时受到方向向下的电场力 $F_e = qE$ 和方向向上的磁场力 $F_m = qvB$ 的作用。因为电场力与速度无关，而磁场力与速度有关，所以若粒子的速率过大，则 $F_m > F_e$，粒子的运动轨迹将向上弯曲；若粒子的速率过小，则 $F_m < F_e$，粒子的运动轨迹将向下弯曲。在这两种情况下，粒子都不能通过右边的小孔 S'。只有当粒子的运动速率合适，恰使 $F_m = F_e$，即 $qvB = qE$ 时，带电粒子才能保持直线运动，从而能从右边的小孔 S' 穿出，因此粒子速度的大小为

$$v = \frac{E}{B}$$

（2）由上式可得

$$E = vB = 4 \times 10^5 \, \text{m/s} \times 5 \times 10^{-3} \text{T} = 2 \times 10^3 \text{V/m}$$

在现代科学技术中，滤速器常被应用于离子注入技术。在制造晶体管和大规模集成电路时，往往需要根据不同要求，往半导体基片里注入某种离子，并对注入的深度有严格要求。因为注入深度与离子的速率有关，所以通过调整极板电压，就可控制离子的注入速率，从而达到合适的注入深度。此外，滤速器还被广泛应用于核物理实验、基本粒子实验和宇宙射线实验等。

*二、霍尔效应

1879 年，霍尔发现在通有电流的金属板上加一匀强磁场，当电流的方向与磁场的方向垂直时，则在与电流和磁场都垂直的金属板的两表面间出现电势差，如图 6-13a 所示，这个现象称为**霍尔效应**。所出现的电势差，称为霍尔电势差，也叫霍尔电压。霍尔效应可以用带电粒子在磁场中运动时受到洛仑兹力的作用来解释。金属导体中参与导电的粒子（称为载流子）是自由电子，如图 6-13b 所示，当电流 I 流过金属时，其中电子沿与电流相反的方向运动。设电子的平均速度为 v（称漂移速度），则它在磁场中所受洛仑兹力的大小为 $F_m = qvB$，方向向上，因此，电子聚集在上表面，同时在下表面出现过剩的正电荷，在金属内部上、下表面之间出现一个电场，这个电场会对电荷施加一个与洛仑兹力方向相反的电场力 F_e，随着电荷的不断积累，这个电场越来越强，电场力也越来越大，当电场力大到恰与洛仑兹力等值时（$F_m = F_e$），就达到了动态平衡，这时两表面间的电场称为霍尔电场，两表面间有稳定的霍尔电压。理论和实验都可证明，对于一定的材料，霍尔电压 U_H 与电流 I 和磁感应强度 B 成正比，而与板的厚度 d 成反比，即

$$U_H = k \frac{IB}{d} \tag{6-11}$$

式中，k 称为**霍尔系数**，它与材料的载流子浓度有关。

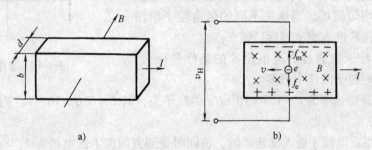

a)   b)

图 6-13　霍尔效应

除金属导体外，半导体也产生霍尔效应。半导体分 N 型半导体和 P 型半导体，前者载流子主要是电子，后者载流子主要是空穴，一个空穴相当于一个带有正电荷的粒子。根据霍尔效应中霍尔电压的极性可判断半导体的载流子类型，即是 N 型半导体，还是 P 型半导体。

第四节 磁场对载流导线的作用

载流导线在磁场中所受的磁场力称为**安培力**。安培通过实验总结出：放在磁场中某处的电流元 $I\mathrm{d}l$ 所受到的磁场力 $\mathrm{d}\boldsymbol{F}$ 的大小，与该处磁感应强度 $\boldsymbol{B}$ 的大小、电流元 $I\mathrm{d}l$ 的大小以及 $I\mathrm{d}l$ 与 $\boldsymbol{B}$ 之间夹角的正弦成正比。表达式为

$$\mathrm{d}F = I\mathrm{d}lB\sin\theta \tag{6-12}$$

$\mathrm{d}\boldsymbol{F}$ 的方向垂直于 $I\mathrm{d}l$ 和 $\boldsymbol{B}$ 所决定的平面，指向从 $I\mathrm{d}l$ 沿小于 $180°$ 的角转向 $\boldsymbol{B}$ 时右手螺旋前进的方向，如图 6-14 所示。式(6-12)也可写成矢量积的形式

$$\mathrm{d}\boldsymbol{F} = I\mathrm{d}\boldsymbol{l} \times \boldsymbol{B} \tag{6-13}$$

一段有限长载流导线 L 所受的安培力为

$$\boldsymbol{F} = \int_L (I\mathrm{d}\boldsymbol{l} \times \boldsymbol{B}) \tag{6-14}$$

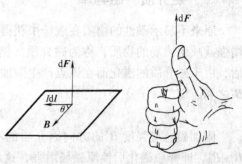

式中，$\boldsymbol{B}$ 为电流元 $I\mathrm{d}l$ 所在处的磁感应强度。

图 6-14

安培力是运动电荷在磁场中所受洛仑兹力的宏观表现。导体中的电流是大量电子做宏观定向运动形成的，当载流导体处于磁场中时，其中的每个运动着的电子都要受到洛仑兹力的作用，作用于所有电子的洛仑兹力的总和，在宏观上就表现为导体所受的安培力。洛仑兹力和安培力统称为磁力。

例 6-6 设有两根相互平行的载流长直导线，相距为 a，分别通有方向相同的电流 I_1、I_2，求两根导线单位长度上所受的力。

解 两导线间的相互作用力，实际上是其中一个电流的磁场对另一电流的作用力。下面先计算载流导线 1 对导线 2 上一段电流元 $I_2\mathrm{d}l_2$ 的作用力。如图 6-15 所示，按照表 6-1 中公式 (1)，I_1 在 $I_2\mathrm{d}l_2$ 处产生的磁场 B_1 的大小为

$$B_1 = \frac{\mu_0 I_1}{2\pi a}$$

方向与导线 2 垂直，并垂直纸面向外；根据安培力公式，$I_2\mathrm{d}l_2$ 所受作用力的大小为

$$\mathrm{d}F_{21} = I_2 B_1 \mathrm{d}l_2 = \frac{\mu_0 I_1 I_2}{2\pi a}\mathrm{d}l_2$$

同理，可求出载流导线 2 产生的磁场对载流导线 1 上一段电流元 $I_1\mathrm{d}l_1$ 的作用力的大小为

$$\mathrm{d}F_{12} = I_1 B_2 \mathrm{d}l_1 = \frac{\mu_0 I_1 I_2}{2\pi a}\mathrm{d}l_1$$

单位长度载流导线上作用力的大小为

$$F = \frac{\mathrm{d}F_{21}}{\mathrm{d}l_2} = \frac{\mathrm{d}F_{12}}{\mathrm{d}l_1} = \frac{\mu_0 I_1 I_2}{2\pi a}$$

由安培力公式可知，当电流 I_1、I_2 同向时，两载

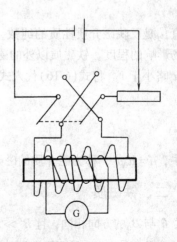

图 6-15 两平行导线间的相互作用力

流导线相互作用力为引力；反向时为斥力。当两导线中的电流相同时，上式可化简为

$$F = \frac{\mu_0 I^2}{2\pi a}$$

*第五节 磁 介 质

一、磁介质 磁导率

原来不显示磁性的物质在磁场中获得磁性，这种现象称为磁化。在外磁场中因磁化而能增强或减弱磁场的物质，称为**磁介质**。例如，在真空中某点磁感应强度为 B_0，放入磁介质后，由于磁介质的磁化而在该点产生附加磁感应强度 B'，则该点的磁感应强度 B 应为 B_0 与 B' 之和，即

$$B = B_0 + B' \tag{6-15}$$

附加磁感应强度 B' 的方向因介质的不同而不同。有些磁介质 B' 的方向与 B_0 同向，使 $B > B_0$，即介质磁化后使原磁场增强，这种磁介质称为顺磁质。有些磁介质 B' 的方向与 B_0 相反，使得 $B < B_0$，介质磁化后使原磁场减弱，这种磁介质称为抗磁质。抗磁质和一般的顺磁质所产生的附加磁感应强度的值 B' 都比 B_0 小很多，约为 B_0 的几十万分之一，介质磁化后，对原磁场的影响很微弱。因此，顺磁质和抗磁质统称为弱磁性物质。还有一类磁介质，B' 的方向与 B_0 相同，且 $B' > B_0$，磁场内放入这种磁介质后，磁场显著增强，这类磁介质称为铁磁质。

不同的磁介质，对磁场的影响也不同。下面以通电长直密绕螺线管为例来讨论磁介质对磁场的影响。设螺线管中通以电流 I，单位长度的匝数为 n，当螺线管内为真空时，由表6-1中公式(6)可知，其内部磁感应强度 B_0 的大小为

$$B_0 = \mu_0 n I \tag{6-16}$$

如果在螺线管内充满某种各向同性的均匀磁介质，由于磁介质的磁化，螺线管内磁介质中的磁感应强度变为 B，B 与 B_0 的大小之比为

$$\frac{B}{B_0} = \mu_r \tag{6-17}$$

比值 μ_r 是反映磁介质性质的纯数，称为该磁介质的相对磁导率。它的大小反映了磁介质对磁场影响的程度。铁磁质以外的磁介质的 μ_r 都很接近于1，但顺磁质的 μ_r 略大于1，抗磁质的 μ_r 略小于1。将式(6-16)代入式(6-17)得

$$B = \mu_0 \mu_r n I$$

或

$$B = \mu n I \tag{6-18}$$

式中，$\mu = \mu_0 \mu_r$，称为磁介质的磁导率。μ 与 μ_0 的电位相同，均为 N/A^2。

二、铁磁质

B 与 B_0 的方向相同，且 $B' \gg B_0$ 的磁介质，称为**铁磁质**。与一般顺磁质相比，铁磁质的主要特点是：① $\mu \gg 1$ 且不是常量；②存在一个临界温度，称为居里点，温度超过居里点，铁磁

质就变为一般的顺磁质；③存在着剩磁现象，即使铁磁质磁化的外磁场撤去之后，仍能保留部分剩磁。铁磁质的这一特性，可以由实验得出，实验装置如图 6-16 所示。以待测的铁磁材料作为螺线管的铁心，当螺线管中通有电流时，管内便产生磁场，处于这个磁场中的铁磁质将被磁化。如果使通过螺线管中的电流 I 增加，则铁磁质中的磁场也随之增强。若在螺线管外边再绕一组副线圈，并接一个冲击电流计，便可测出与电流变化一一对应的磁感应强度 B 的数值。根据实验结果画成的曲线，称为铁磁质的磁化曲线，如图 6-17 所示。图中的 Oa 段给出的是开始磁化时 B 随 I 增大而增大的情形，此后，当 I 开始减小时，B 也随之减小，但它不是沿原路线 Oa 下降，而是沿另一曲线 ab 下降。当 I 减为零时，B 并不减为零，而是还保留一定的磁感应强度 B_t，称为剩磁。要去掉这个剩磁，必须加一反向磁场(使电流反向即可)。当反向电流达到某一值时，B 才降为零。当电流 I 继续变化直至恰好变化一个周期，曲线沿 $a'b'$、$b'a$ 变化而完成一个循环。由 $aba'b'a$ 所构成的曲线，称为磁滞回线。从图中可以看出，磁感应强度 B 的变化总是滞后于电流的变化，这种现象称为磁滞现象。

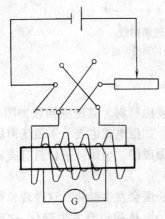

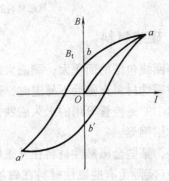

图 6-16 测磁化曲线实验装置   图 6-17 磁滞回线

在交流电路(或交变磁场)中，螺线管铁心的磁滞效应将会导致能量的损耗，这种损耗称为磁滞损耗。可以证明，磁滞损耗与磁滞回线所包围的面积成正比。

*第六节　磁性材料及其应用

磁性材料一般指呈现铁磁性的材料，在外磁场作用下具有显著的磁化现象，它们在工程技术中已被广泛应用于各个领域。

磁性材料按化学成分分类可分为金属磁性材料和非金属磁性材料。铁(Fe)、镍(Ni)、钴(Co)及其合金，一些锰(Mn)的化合物，以及稀土元素及其合金等都是金属磁性材料。

由于不同的磁性材料保存剩磁的能力(或去掉剩磁的难易程度)不同，因而它们的磁滞回线的形状也不同。所以，通常又可根据去掉材料剩磁的难易程度，将铁磁质分为两类：软磁材料和硬磁材料。

一、软磁材料

磁滞回线狭长、剩磁很容易被消除的磁性材料称为软磁材料。如图 6-18a 所示，由于软磁材料的磁滞回线所围的面积小，因而在交变磁场中的磁滞损耗小，所以软磁材料适合在交变磁场中使用。如电子设备中的各种电感元件、变压器、镇流器以及电动机、发电机的铁心等，都是用软磁材料来制造的。此外，继电器、电磁铁等都要求在电流切断后磁性能很快消失，因此，都选用剩磁小、容易退磁的软磁材料作铁心。常用的软磁材料有：硅钢片、铁镍合金（又称坡莫合金）、铁铝合金和铁钴合金等。

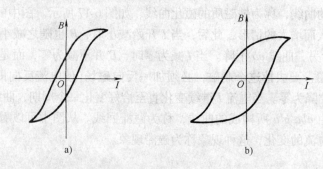

图 6-18　软磁材料和硬磁材料的磁滞回线

a）软磁材料的磁滞回线　b）硬磁材料的磁滞回线

二、硬磁材料

磁滞回线包围的面积大，剩磁大的磁性材料，称为硬磁材料。其磁滞回线如图 6-18b 所示。这种磁性材料充磁后不易退磁，适合于做永久磁铁。如磁电式电表、永磁扬声器、耳机以及雷达中的磁控管等用的永久磁铁，都是用硬磁材料做成的。金属硬磁材料有碳钢、铝镍钴合金和铝钢等。

此外，某些金属磁性材料在外磁场中被磁化时，其长度会发生变化，这种现象称为磁致伸缩效应（实际上有些磁性材料在磁场中磁化时，它的尺寸、体积也会发生变化，这也称为磁致伸缩效应）。一般地，把磁致伸缩效应比较显著的材料称为压磁材料。

若将压磁材料做成长棒状，外面绕上通以交变电流的线圈，则由于磁致伸缩效应，棒的长度将会发生周期性的变化从而发生振动，振动的频率与磁化场的频率相同。根据这一原理可以制作超声波发生器的换能器。如超声清洗、超声钻头、超声焊接等换能器都是用压磁材料制成的。此外，还可利用磁制伸缩效应制成压力传感器和机械滤波器等。

应当指出，金属磁性材料的电阻率一般都很低，如普通软磁材料的电阻率约为 $10^{-7} \Omega \cdot m$，在高频交变磁场中使用时，会产生很大的涡流损失，因此，它们多被使用在低频的情况下，在高频电磁场中可以使用电阻率很高的非金属磁性材料。

三、非金属磁性材料

非金属磁性材料又叫铁氧体，它泛指全部磁性氧化物。制备铁氧体的方法有多种，将多晶铁氧体制成固体的最经济的方法是把各种成分的金属氧化物的粉末混合到一起在高温下烧结。这种方法可将材料在预烧前挤压成所需要的形状，就像人们烧结陶瓷那样，因此，它又被称为磁性瓷。

铁氧体的磁性能与它的内部结构密切相关，颗粒的大小、孔隙、化学均匀性和夹杂物等，都能影响它的磁导率和剩磁等。因此，控制制备工艺过程中的不同条件，铁氧体既可以制成软磁材料也可以制成硬磁材料。

还有一种铁氧体，其磁滞回线接近矩形，因此又称为矩磁材料。可以用矩磁材料制作计算机的存储记忆元件。目前计算机中应用较多的矩磁材料是锰—镁和锂矩磁铁氧体。

*第七节 超 导

1911 年，荷兰物理学家 H. K. 昂内斯及其助手首先发现在温度降至液氮的沸点(4.2K)以下时，水银的电阻降为零。后来人们又陆续发现，某些金属元素(如铟、锡、铝、铅等)和某些合金(如铌、锆、铌钛等)及金属化合物，在低温下都具有电阻为零的性质。这种在温度很低的条件下，某些物质失去电阻的性质，称为超导电性，简称**超导**。具有超导性质的物质称为超导体。物体的电阻不存在的状态，称为超导态。到目前为止，人们已先后发现了 26 种金属元素具有超导性。另外，还有十几种金属元素在加压或制成高度无序薄膜以后，也会变成超导体。现在已经知道的具有超导电性的化合物和合金已有几千种。因此，超导电性是金属导体的一种相当常见的特性。昂内斯也因他在低温物理和超导领域所做的杰出贡献而荣获 1913 年诺贝尔物理学奖。

一、超导体的基本参数

1. 临界温度

在无外磁场影响的情况下，超导体从正常态转变为超导态的温度称为临界温度，又称转变温度，用符号 T_c 表示。不同的超导体有不同的临界温度，从实用的角度考虑，T_c 越高(越接近室温)越好。

2. 临界磁场

实验表明，在一定的温度下($T < T_c$)，使超导体处于某一磁场中，当该磁场的磁感应强度大到某一数值时，导体从超导态变为正常态，这时的磁感应强度值，称为临界磁场，用符号 B_c 表示. 临界磁感应强度 B_c 随温度而变，在临界温度以下，温度越高，临界磁场越小。从实用的角度看，B_c 越大越好。

3. 临界电流

临界磁场的存在使超导体中流过的电流被限制在一定范围之内。因为在超导体导线中有一定电流时，这个电流也会在导线中产生磁场，电流越大，磁场越强，当电流增大到使得它在导线中产生的磁感应强度超过临界磁场时，超导性就被破坏。导体单位横截面上的电流，称为电流密度，常用符号 j 表示，其单位为安/米^2(A/m^2)。在一定温度下，使超导体从超导态转变为正常态的电流密度，称为**临界电流密度**，用符号 j_c 表示。

二、超导体的基本性质

与普通导体相比，超导体具有一系列十分独特而又非常有实用价值的性质。了解这些性质，对充分开发、利用超导体是非常必要的。现将超导体的主要性质归纳如下。

1. 零电阻率

超导体在临界温度以下时，电阻为零，这是超导体的一个最重要的特性。超导体内电流的流动可看成是无阻的，所以它可以通过很大的电流(只要这个电流小于临界电流)，而几乎没有热损耗。若在超导体做成的闭合回路内激发起电流，则此电流会长久地维持下去，而不需要加电场。也就是说，在超导体内部电场总为零。有人曾用超导体铅做成一个圆环放到磁场中，当把它冷却到它的临界温度以下后，突然去掉磁场，由于电磁感应，在超导铅环内产生一个相当强的电流(几百安)，这个电流在持续两年半的时间内仍没发现可观察到的变化。如果不是撤掉了维持低温的液氮装置，这个电流可能到今天还在流动。

2. 完全抗磁性

1933年，德国物理学家 w. 迈斯纳发现，将临界温度以上的超导体放入外磁场中，如图6-19a 所示，然后使其冷却至临界温度以下，只要外加磁场 B 小于临界磁场 B_c，达到稳定状态后，原来穿过超导体内部的磁感线就会被"排挤"出去，而使得在超导体内部的磁感应强度永远等于零，如图6-19b 所示，这种现象称为迈斯纳效应。不但如此，若先把超导体冷却至临界温度以下，使其变为超导态后，再移入外磁场中时，外磁场

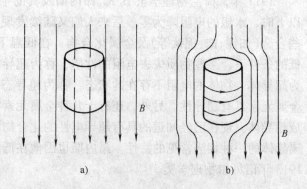

图 6-19　在磁场中样品向超导体转变

的磁感线也会被排斥而不能进入超导体，如图6-20a、b 所示。超导体的这种排除内部磁场，不为外磁场所穿透的完全抗磁性是超导体最根本的特性。

超导体的完全抗磁性可用电磁感应现象来解释。当超导体移入外磁场时，在移入过程中，因穿过超导体的磁通量发生了变化，而在其表面产生感应的超导电流，在超导体内部，此超导电流产生的磁场正好与外磁场完全抵消，从而使超导体内部合磁场为零。当达到稳定后，由于表面的超导电流不会衰减，而仍能继续保持其内部磁场为零。在超导体外部，其表面的超导电流的磁场和原磁场叠加，从而使合磁场的磁感线绕过

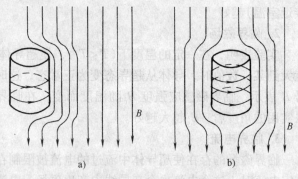

图 6-20　超导体的完全抗磁性

超导体而发生弯曲，如图6-20b 所示。这就是前面说的磁感线不能进入超导体的原因。

三、超导体的应用举例

由于超导体的独特性质，使超导体在技术上有着十分广阔的应用的前景，下面先介绍几例。

（1）无损耗输电　由于超导体的零电阻率，无损耗输电成为最为引人注目的应用之一。传统的远距离输送电能，虽然选用了电阻率较低的铜线或铝线，并采用了高压输电的方法，但电流在传输线中流动时，总要产生一部分焦耳热，从而使电能在传输过程中，不可避免地要有部分损失。据估算，这种损耗一般在10%～20%。如果采用超导体传输线输电，由于

其电阻率为零，因而在传输线中几乎没有电能损失，而且不需要升压，可以不用变压器设备，也不必架设高压线塔，从而大大简化了辅电设备，甚至可以直接传输直流电。这方面的研究，目前已进入实用化的阶段。

（2）产生强磁场 利用超导体零电阻率的特性，还可做电磁铁的超导线圈以产生强磁场。产生磁场的传统方法是利用由铜线绕组和铁心构成的电磁铁。在理论上，只要铜线绕组中通的电流 I 足够大，就可以获得强磁场，而实际上，由于铜线有电阻，当电流增大时，发热量按 I 的平方倍数增加（$Q = I^2Rt$），电流越大，所损耗的功率也越大，如果电流过大，还会导致绕组的绝缘破坏，甚至导致铜线熔化，因此，绕组中的电流强度的增加有一定的限度，同时还要附加一套庞大的冷却装置。可见，外界提供的能量，有相当大的一部分不是用来转化为磁能，所以，传统的电磁铁是一种效率很低的设备。

与此相反，如果采用超导导线做电磁铁的绕组，由于它在超导状态下的电阻为零，所以电流一直可以大到它的临界电流（如常用的超导芯线为 Nb_3Sn，其临界电流密度为 $10^9 A/m^2$），而在其内部不消耗任何功率，同时由于一般超导芯线的容许电流比铜线的容许电流（$10^2 A/m^2$）大得多，所以，在承受相同电流的情况下，超导芯线可以细得多，也不需要庞大的冷却设备。可见，超导磁铁不仅效率高，而且可以做得很轻便。例如，一个能产生 5T 的中型电磁铁的重量可达 20t，而产生相同磁场的超导磁铁的重量不过几公斤。这是近 20 年来发展起来的新兴技术之一。

到目前为止，所发现的超导材料的转变温度都比较低，即使有些材料已投入使用，也必须在液态氦（或液态氮）的低温下工作，所能制备出来的超导材料（包括线材、带材和超导薄膜等）的稳定性、韧性、机械强度和所能承载的电流极限等，都还不能令人满意，这就在相当大的程度上限制了超导技术的应用。因此，近十几年来，人们从应用的角度，在制备高临界温度超导材料和提高这些超导材料的实用性研究等方面做了大量艰苦的工作。瑞士苏黎世研究所的阿利克斯·泰勒和乔治·贝特没有因循前人走过的从金属和金属合金中寻找超导体的老路，而是另辟蹊径，从在室温下是绝缘体（电介质）的金属氧化物中寻找超导体，并于 1986 年 1 月发现镧钡铜氧化物在 35K 时成为超导体．我国科学院物理研究所的赵忠贤教授和他的同事们，于 1989 年 2 月 24 日宣布，由钡、钇、铜、氧四种元素构成的钡基氧化物的起始转变温度在 100K 以上，出现零电阻的温度为 78.5K。1990 年 7 月，中国科学院上海冶金所用熔融织构法制备的钇系超导材料，临界温度达 90K，在液氮温度 77K 以上。在 5T 的磁场中，临界电流密度超过 $2.7 \times 10^4 A/cm^2$，这个水平已接近实际应用要求。1991 年 9 月，我国国家超导研究中心宣布制成了锑系材料，其临界温度达 132K，是当时国际上的最高纪录。

与此同时，日本的几家研究所轧制出长尺寸（100m 以上）的高温超导带材和线材；美国研制出了其韧性、强度可以和钢媲美的新型复合超导材料，从而解决了通常高温超导易碎不易加工的问题。

高温超导材料所取得的重大进展已为超导技术的应用开辟了十分广阔的前景。所涉及的领域有：电能的输送，超导电动机、发电机的制造，超导磁悬浮列车，超导计算机，超导集成电路，针灸机理研究，强磁场下的物理及生物变异以及军事上的应用等。毫无疑问，如果在常温下（如 300K 左右）能实现超导现象，那么，现代文明的一切技术将会发生根本性的变化。

目前，中国在高温超导材料研制方面仍处于世界领先地位。具体的成果有：钇钡铜氧材料临界电流密度可达 $6000\text{A}/\text{cm}^2$，同样材料的薄膜临界电流密度可达 $10^6\text{A}/\text{cm}^2$；利用自制超导材料已可测到 $2\times10^{-8}\text{G}$ 的极弱磁场（这相当于人体内如肌肉电流的磁场）；新研制的铋铅锑锶钙铜氧超导体的临界温度已达 $132\sim164\text{K}$，这些材料的超导机制已不能用 BCS 理论解释，中国科学家在超导理论方面也正做着有开创性的工作。

习　题

一、选择题

1. 两根平行的无限长直导线，分别通有电流 I_1 和 I_2，如图 6-21 所示。已知其下方 P 点处的磁感应强度 $B=0$，则两电流的 I_1 和 I_2 大小和方向必有（　　）。

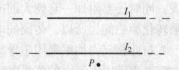

A. $I_1>I_2$，同向；　　　　　B. $I_1>I_2$，反向；

C. $I_1<I_2$，同向；　　　　　D. $I_1<I_2$，反向。

图 6-21

2. 如图 6-22 所示，放射性元素镭发出的射线中，含有 α、β、γ 三种射线。为识别它们，可让镭发出的射线进入强磁场，进入磁场后三种射线有不同的偏转方向，分别用 1、2、3 来表示。请指出下列判断正确的是（　　）。

A. 1α，2γ，3β；　　　　　B. 1α，2β，2γ；

C. 1β，2γ，3α；　　　　　D. 1γ，2α，3β。

3. 如图 6-23 所示，一通电直导线，放在马蹄形永久磁铁的两磁极上方，则在磁场作用下，导线将（　　）。

A. 被磁铁吸引向下运动；　　　　　B. 被磁铁排斥向上运动；

C. 在垂直于纸面的平面内顺时针转动；　　D. 在垂直于纸面的平面内逆时针转动。

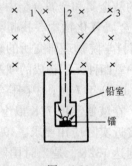

图 6-22

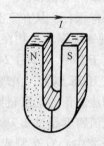

图 6-23

4. 磁场的高斯定理 $\oint_S \boldsymbol{B}\cdot\mathrm{d}\boldsymbol{S}=0$ 说明了稳恒磁场的某些性质，下列说法中正确的是（　　）。

A. 磁感线是闭合曲线；　　　　　B. 磁场力是非保守力；

C. 磁场是无源场；　　　　　D. 磁场是非保守场。

5. 安培环路定理 $\oint_L \boldsymbol{B}\cdot\mathrm{d}\boldsymbol{l}=\mu_0\sum I$ 说明磁场的性质，下列说法中正确的是（　　）。

A. 磁场力是非保守力；　　　　　B. 磁感线是闭合曲线；

C. 磁场是无源场；　　　　　D. 磁场是非保守场。

6. 关于安培环路定理 $\oint_L \boldsymbol{B} \cdot \mathrm{d}\boldsymbol{l} = \mu_0 \sum I$，下列说法正确的是（　　　）。

A. 若没有电流穿过回路 L，则回路 L 上各点的 B 均为零；

B. 若回路 L 上各点的 B 均为零，则穿过 L 的电流的代数和为零；

C. 因为电流是标量，所以 $\sum I$ 应为穿过回路的所有电流的算术和；

D. 等式左边的 B 只是穿过回路 L 的所有电流共同产生的磁感应强度。

二、填空题

1. 如图 6-24 所示，电子和质子以相同的速率 v 从 O 点垂直射入均匀磁场中，图中画出了四个圆弧，其中一个是电子的轨迹，一个是质子的轨迹. Oa 和 Ob 的半径相同，Oc 和 Od 的半径相同，则电子的轨迹是_____，质子的轨迹是_____。

2. 有一圆形线圈，通有电流 I，放在均匀磁场 B 中，线圈平面与 B 垂直，如图 6-25 所示，则线圈上 A、B、C、D 处受力方向为_____，线圈所受合力为_____。

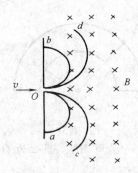

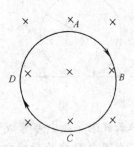

图 6-24　　　　　　　　　　　图 6-25

3. 将导线弯成两个半圆，半径分别为 R_1 和 R_2，圆心为 O，通过的电流为 I，如图 6-26 所示，则圆心 O 点的磁感应强度的大小为_____，方向为_____。

4. 电场 E 和磁场 B 相互垂直，E 的方向垂直于纸面向里，B 的方向水平向左，如图6-27所示。若有一带电 q 的负电荷以速度 v（与水平成 θ 角）进入电磁场，则电荷受到的电场力 $F_e =$ _____，方向为_____；磁场力 $F_m =$ _____，方向为_____；电荷做匀速直线运动的条件为_____。

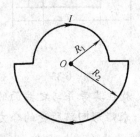

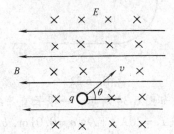

图 6-26　　　　　　　　　　　图 6-27

三、计算题

1. 如图 6-28 所示，两根长载流导线彼此平行，相距20cm。两导线中电流 $I_1 = 5A$，$I_2 = 8A$，两者方向相同。求：（1）在连接两根导线的直线上 P 点处的磁感应强度；（2）在连接两根导线的直线上磁感应强度为零的位置。

2. 将通有电流 I 的导线弯成如图 6-29 所示的形状，求 O 点的磁感应强度。

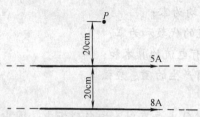

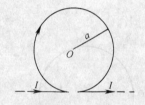

图 6-28

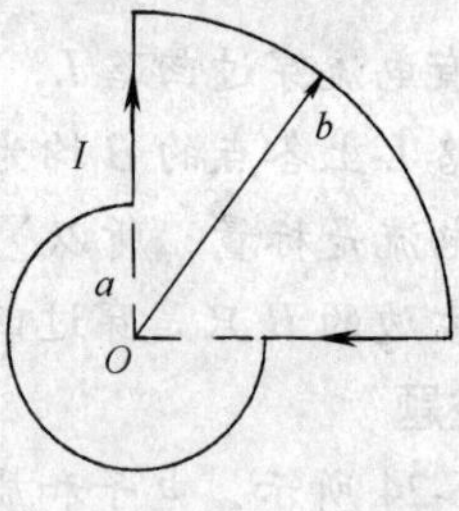

图 6-29

3. 电流 I 沿图 6-30 所示的导线流过，直线部分中的电流自无穷远处来，又流向无穷远处去，求 O 点的磁感应强度。

*4. 如图 6-31 所示，求载流导线在圆心 O 处的磁感应强度。

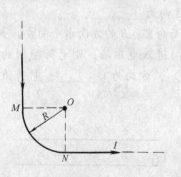

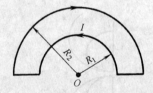

图 6-30

图 6-31

5. 一无限长载流导线中部弯成如图 6-32 所示的四分之一圆周 MN，圆心为 O，半径为 R，电流为 I，求圆心 O 处的磁感应强度。

*6. 如图 6-33 所示，两根平行长直导线通有电流 $I_1 = I_2 = 20A$，相距 $d = 40cm$，求通过图中矩形面积的磁通量。其中 $r_1 = r_3 = 10cm$，$r_2 = 20cm$，$l = 25cm$。

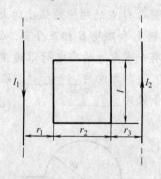

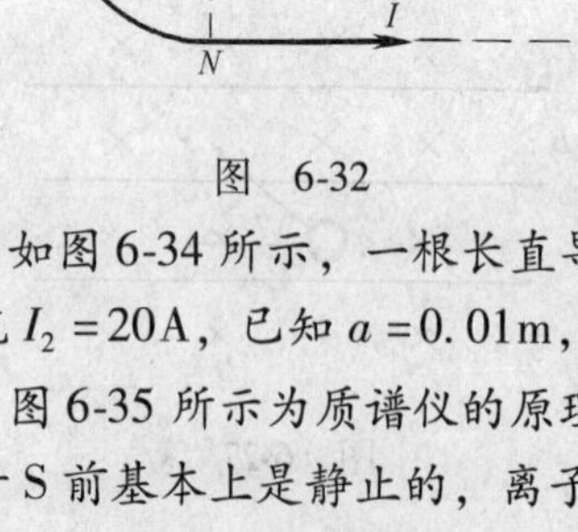

图 6-32

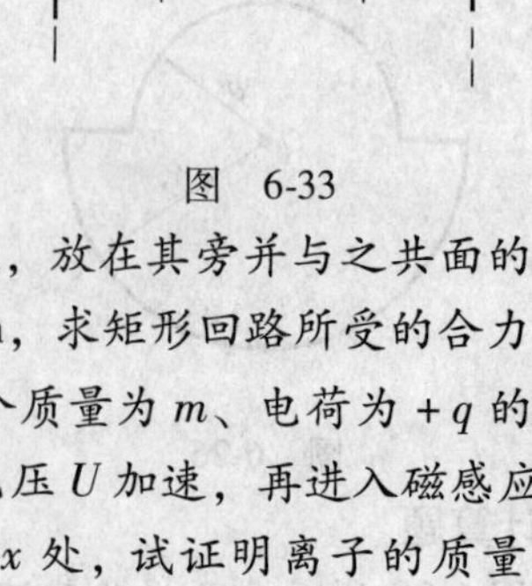

图 6-33

*7. 如图 6-34 所示，一根长直导线载有电流 $I_1 = 30A$，放在其旁并与之共面的矩形回路通有电流 $I_2 = 20A$，已知 $a = 0.01m$，$b = 0.08m$，$l = 0.12m$，求矩形回路所受的合力。

*8. 图 6-35 所示为质谱仪的原理图。离子源产生一个质量为 m、电荷为 $+q$ 的离子，离子在离开 S 前基本上是静止的，离子产生出来后，被一电压 U 加速，再进入磁感应强度为 B 的磁场中，在磁场中粒子沿一半圆周运动到照相底片的 x 处，试证明离子的质量可由下式给出

$$m = \frac{B^2 q}{8U} x^2$$

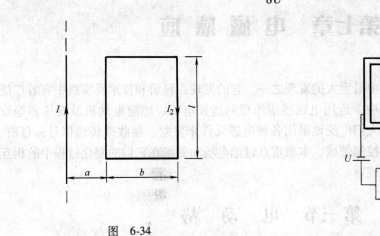

图 6-34

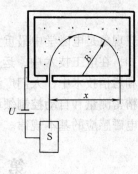

图 6-35

第七章　电磁感应

电磁感应现象是电磁学中最重大的发现之一，它的发现在科研和技术及实践中有着广泛的应用。例如，在电工技术中，运用电磁感应原理制造发电机、感应电动机及变压器等设备；在电子和通信技术中，人们广泛地采用各种电感元件来发射、接收或传递信号；目前，还广泛用于精密测量和自动控制领域。本章重点讨论电场和磁场在它们的变化过程中的相互联系，研究电磁感应的基本规律。

第一节　电　动　势

一、电源

在一段均匀导体里维持恒定电流的条件是导体两端有恒定的电势差。怎样才能满足这一条件呢？下面以充电电容器放电时产生的电流为例加以说明。

如图 7-1 所示，当用导线把电容器的两极板连接时，正电荷就沿着导线从电势高的正极板 A 向电势低的负极板 B 运动从而在导线中形成电流。但这个电流很快就会消失，因为正电荷到达 B 板后，会与负电荷中和，使两极板间的电势差很快降低到零，导线中的电流也随之很快降为零。由此可见，只有静电力的作用是不能在导体中维持恒定电流的。

为了维持导体中的恒定电流，A、B 两板间必须有一种力，该力能够不断地把正电荷从负极板沿两板间搬到正极板，使两板上的电荷数量保持不变，两板间的电势差也就保持恒定，这样就能在导体中维持稳恒电流，这种力称为非静电力。能够提供非静电力的装置称为**电源**。图 7-2 所示为含有电源的电路，在电源内部存在着两种力，即静电力 F 和非静电力 F'。

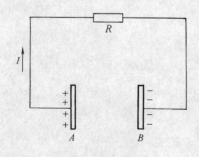

图 7-1　电容器放电

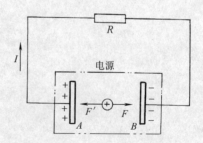

图 7-2　电源的电动势

电源的种类很多，如干电池、蓄电池、发电机等。不同类型的电源形成非静电力的原因不同，但无论哪种电源，电源内部非静电力与静电力的方向都相反。非静电力在搬运电荷的过程中，都要克服静电力做功，这个做功的过程，实际上就是把其他形式的能量转换成电能的过程。所以，也可以说，电源就是把其他形式的能量转换成电能的一种装置。

二、电源的电动势

在不同的电源内，把一定量的电荷从负极移到正极，非静电力所做的功是不同的。为了定量地描述电源转化能量本领的大小，引入电动势的概念。在电源内，把单位正电荷从负极移到正极的过程中，非静电力所做的功叫做电源的**电动势**，用符号 E 表示，即

$$E = \frac{A_\text{非}}{q} \tag{7-1}$$

借用场的概念，可以把非静电力的作用看做非静电场的作用。若用 E' 表示非静电场的场强，则它对电荷 q 的作用力为 $F' = qE'$，在电源内，非静电力将正电荷 q 由负极移到正极所做的功为

$$A_\text{非} = \int_-^+ qE' \cdot \mathrm{d}l$$

将上式代入式(7-1)得

$$E = \int_-^+ E' \cdot \mathrm{d}l \tag{7-2}$$

这就是用非静电场所定义的电动势的公式。

电动势为标量，为了方便，通常也给它规定一个方向：在电源内部把电势升高的方向规定为电动势的方向，即从负极指向正极的方向。

电动势的单位为伏［特］(V)。

应当指出，电动势只取决于电源本身的性质，与外电路的情况无关。

第二节　电磁感应现象　楞次定律

一、电磁感应现象

自从奥斯特1820年发现了电流产生磁场的现象以后，不少科学家从事研究它的逆现象，即如何利用磁场来产生电流。从1822年开始，法拉第就对这个问题进行了实验研究，经过多次失败，最终于1831年首先发现了电磁感应现象及其基本定律，这一发现在科学上和实用上都有特别重要的意义。下面用几个实验来说明电磁感应现象及其产生条件。

如图7-3所示，取一螺线管 A，使它与一检流计 G 串联成一闭合回路，再取一永久磁铁。实验指出，当闭合回路和永久磁铁之间有相对运动时，闭合回路中便有电流产生，电流的方向取决于相对运动的方向。

当闭合回路和永久磁铁之间有相对运动时，回路中为什么会产生电流呢？进一步的实验证明，通过回路的磁通量的变化是回路中产生电流的原因，而磁感应强度的变化则是引起磁通量变化的一种方式。

设有一均匀磁场，如图7-4所示，磁感线

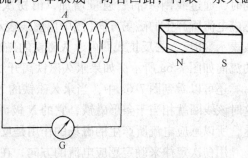

图 7-3　闭合回路与永久磁铁的相对运动产生电磁感应现象

的方向垂直于纸面向外。abcd 为一闭合回路，其中 ab 可沿 da 及 cb 滑动，并保持接触，回路中接一检流计 G。实验指出，当 ab 沿着 da 及 cb 向右或向左移动，即闭合回路的面积发生变化，使得通过回路的磁通量增加或减少时，回路中也有电流产生。

如果不改变回路 abcd 的面积，但使它绕一垂直于磁场的轴线 OO' 转动，如图 7-5 所示，使磁场和线圈法线间的夹角发生变化，进而使通过回路的磁通量改变时，回路中也有电流产生。

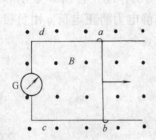

图 7-4

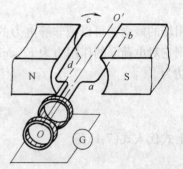

图 7-5

由上可知，当通过闭合回路中的磁通量发生变化时，回路中就会产生电流，这种电流就称为感应电流，与其对应的电动势称为感应电动势；而且，磁通量的变化越快，回路中的电流越大，磁通量的变化越慢，回路中的电流越小。

二、楞次定律

现在说明感应电流的方向。1833 年，楞次在大量实验的基础上，总结出以他名字命名的**楞次定律**，内容如下：**闭合回路中感应电流的方向，总是使它所产生的磁场阻碍引起感应电流的磁通量的变化**（减少或增加）。举例说明如下：

如图 7-6a 所示，线圈 A 中的感应电流是由于永久磁铁的移动而产生的。当永久磁铁的 N 极向线圈 A 移动时，通过线圈 A 的磁通量增加，由楞次定律可知，

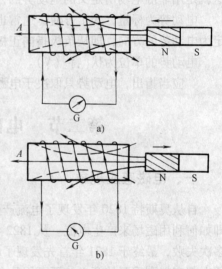

图 7-6　楞次定律的应用

感应电流所产生的磁场方向（图中用虚线表示）应当和永久磁铁所产生的磁场方向（图中用实线表示）相反，去反抗线圈内永久磁铁的磁通量的增加。根据右手螺旋定则，这时感应电流的流向如图 7-6a 所示。如果永久磁铁离开线圈，则感应电流方向如图 7-6b 所示。

还可以看到图 7-6a 中，当永久磁铁的 N 极向线圈 A 移动时，线圈 A 中要产生感应电流，这时该线圈就相当于条形磁铁，它的 N 极面向永久磁铁的 N 极。这样，两个 N 极要互相排斥，所以感应电流所产生的磁场的作用是反抗永久磁铁的运动。

用楞次定律来确定感应电流的方向，在本质上是符合能量转换和守恒定律的，这一点从上述例子中可以看到。例中感应电流所产生的作用是反抗永久磁铁的运动，因此，如果要继

续移动永久磁铁,使回路中维持感应电流,就需要外力继续做功。与此同时,由于感应电流的流动,在线圈内将有一定的电能被消耗掉(如转变为热能等),这些能量的来源就是外力所做的功。反之,如果感应电流所产生的作用不是阻碍而是促进相对运动,则外力只要在开始时将磁铁稍许移动一下以后,回路内将继续不断地产生感应电流,同时也就不断地有能量消耗,这里外力只是将磁铁稍许移动一下时做了功,而后就可继续不断地获得机械能和电能,显然,这是和能量转换与守恒定律相违背的,所以感应电流的方向只有按照楞次定律时才和能量转换与守恒定律相符合。

第三节 法拉第电磁感应定律

从本质上说,感应电流是次生现象。根据闭合电路的欧姆定律,电路中出现电流,说明电路中有电动势,由电磁感应产生的电动势称为**感应电动势**。法拉第从实验中总结了感应电动势与磁通量对时间的变化率的关系,称为**法拉第电磁感应定律**:当穿过回路所围面积的磁通量发生变化时,回路中就有感应电动势产生,它的大小与磁通量的变化率成正比,即

$$E_i = -k \frac{d\Phi}{dt}$$

式中,k 为比例系数,其数值决定于式中各量的单位。在国际单位制,Φ 的单位为韦[伯](Wb),时间的单位为秒(s),电动势的单位为伏[特](V),则 $k=1$,得

$$E = -\frac{d\Phi}{dt} \tag{7-3}$$

如果闭合电路的电阻为 R,则感应电流为

$$I = -\frac{1}{R} \frac{d\Phi}{dt} \tag{7-4}$$

式(7-4)中的负号是楞次定律的数学表示。使用方法如下:通常规定以闭合回路中原有的磁感线方向为基准,使右手大拇指沿原有磁感线方向伸直,则其余四指的回转方向为感应电流的正方向,与此相反的为感应电流的负方向。

如图 7-7 所示,在图中磁铁的磁感线方向向左,当磁铁向线圈 A 移动时,线圈中的磁通量增加,即 $\frac{d\Phi}{dt}$ 为正,则 $I = -\frac{1}{R}\frac{d\Phi}{dt}$ 为负,这时感应电流和规定的正方向相反(图 7-7a 中以虚线画出);反之,当磁铁离开线圈 A 时,线圈中的磁通量减少,即 $\frac{d\Phi}{dt}$ 为负,则 $I = -\frac{1}{R}\frac{d\Phi}{dt}$ 为正,即感应电流和规定的正方向相同(图 7-7b 中以虚线画出)。这些结果和楞次定律完全符合。

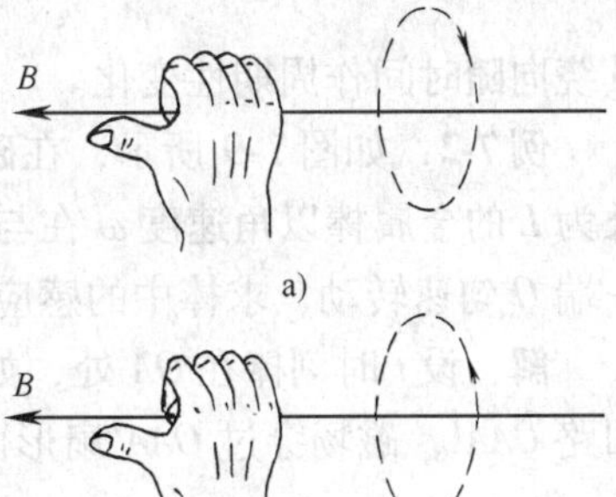

图 7-7

应该指出,上面的讨论都是指单匝线圈。如果线圈不止一匝,而是 N 匝,假定每匝中通过的磁通量都是相同的,则每匝的感应电动势都相同,因此 N 匝线圈的总电动势应为

$$E = -N \frac{d\Phi}{dt} \tag{7-5}$$

从式(7-4)还可以计算在一定时间内通过电路中任一截面的感应电量。设 t 从 $t_0 \rightarrow t_1$ 这段时间内，通过回路面积的磁通量分别为 Φ_0 和 Φ_1，则在这一段时间内通过回路中任一截面的感应电量为

$$q = \int_{t_0}^{t_1} I dt = \frac{1}{R} \int_{\Phi_0}^{\Phi_1} d\Phi = \frac{1}{R}(\Phi_1 - \Phi_0) \tag{7-6}$$

比较式(7-4)和式(7-6)可知，感应电流与磁通量的变化率有关，变化率越大，感应电流越强；而感应电量与磁通量的改变成正比，与变化率无关。因此，若测得感应电量就可计算出磁通量的变化量。常用的磁通计就是根据这个原理制成的。

例 7-1 如图 7-8 所示，一矩形回路与一无限长载流直导线共面，矩形回路的一个边与长直导线平行，它到导线的距离为 a，导线中的电流为 $I = I_0 \sin \omega t$，求回路中的感应电动势。

解 由于电流随时间变化，所以电流的磁场也随时间变化。回路虽然不动，但它所在处的磁场随时间变化，因此回路中有感应电动势。

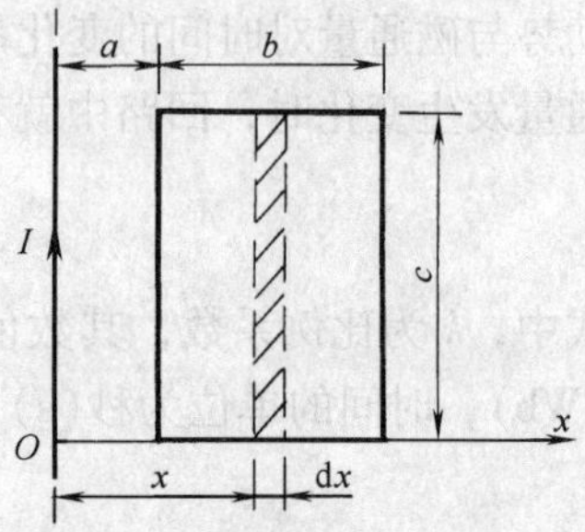

在矩形线圈中取面元 $dS = c dx$，该处磁感应强度的大小为

$$B = \frac{\mu_0 I}{2\pi x} = \frac{\mu_0 I_0}{2\pi x} \sin \omega t$$

通过线圈所围面积的磁通量为

$$\Phi = \int_S d\Phi = \int_a^{a+b} \frac{\mu_0 I_0 c}{2\pi x} \sin \omega t dx$$

$$= \frac{\mu_0 I_0 c}{2\pi} \sin \omega t \ln \frac{a+b}{a}$$

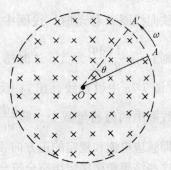

图 7-8 矩形回路中的
感应电动势

根据法拉第电磁感应定律，回路中感应电动势的大小为

$$E = \frac{d\Phi}{dt} = \frac{\mu_0 I_0 c \omega}{2\pi} \ln \frac{a+b}{a} \cos \omega t$$

其绕向随时间作周期性变化。

例 7-2 如图 7-9 所示，在磁感应强度为 B 的匀强磁场中，长为 L 的金属棒以角速度 ω 在与磁场方向垂直的平面内绕棒的一端 O 匀速转动，求棒中的感应电动势。

解 设 t 时刻棒在 OA 处，如图作辅助线 OA' 和 $A'A$，构成回路 OAA'，磁场穿过 OAA' 扇形面积 S 的磁通量为

$$\Phi = BS = \frac{1}{2} BL^2 \theta$$

式中，Φ_m 和 θ 都是时间 t 的函数。根据法拉第电磁感应定律，棒两端感应电动势的大小为

$$E = \frac{d\Phi}{dt} = \frac{1}{2} BL^2 \frac{d\theta}{dt} = \frac{1}{2} B\omega L^2$$

图 7-9 导体棒在
匀强磁场中的转动

根据楞次定律可知，电动势的方向为从 A 指向 O，即 O 端为正极，A 端为负极。

第四节 自感 互感

一、自感

当一个线圈内的电流发生变化时，它所激发的磁场通过线圈自身所围面积的磁通量也要发生变化，从而在线圈内引起感应电动势，这种现象称为自感现象；所引起的电动势，称为**自感电动势**，用 E_L 表示。

因通过回路的磁通量 Φ_m 与回路中的电流成正比，所以当回路中的电流为 I 时，通过回路的磁通量为

$$\Phi_m = LI \tag{7-7}$$

式中，L 为比例系数，称为回路的自感系数(简称**自感**)，工程上常称为电感。它的数值与回路的几何形状、尺寸、匝数及周围介质有关，常用实验方法加以测定。由法拉第电磁感应定律，当回路中的电流 I 发生变化时，在回路中产生的自感电动势为

$$E_L = -\frac{d\Phi_m}{dt} = -\left(L\frac{dI}{dt} + I\frac{dL}{dt}\right)$$

若回路的几何形状、尺寸、匝数及周围介质的磁导率都不变，则 L 为常量，$\frac{dL}{dt} = 0$，这时有

$$E_L = -L\frac{dI}{dt} \tag{7-8}$$

可见，自感电动势的大小，取决于回路中电流的变化率。

式(7-8)中的负号，是楞次定律的符号表示。按照楞次定律，自感电动势将反抗回路中电流的变化，当电流增加时，自感电动势使回路中的感应电流方向与原有电流方向相反；当电流减小时，自感电动势使回路中感应电流的方向与原有电流方向相同。就是说，要使回路中的电流发生变化，总会引起自感应对电流变化的反抗。回路的自感系数越大，自感应的反抗作用也就越强。可见，回路的自感有保持回路中原有电流不变的性质。因此，自感系数也可看做回路本身电磁惯性的一种量度，自感系数大电磁惯性就大。

自感系数的单位为亨[利]H。$1H = 1Wb/A$。常有的单位还有 mH、μH。$1H = 10^3 mH = 10^6 \mu H$。

自感现象在电工、无线电技术中有广泛应用。荧光灯的镇流器就是一个自感线圈。开灯时，辉光启动器接通一段时间后突然断开，镇流器中的电流突然减小，因此产生很高的自感电动势，使管内气体导电而发光，气体导电后，电阻下降，灯管两端电压降低，电流要发生变化，这时镇流器又起着扼制电流变化的作用，使灯管得到比 220V 低的合适的电压和电流，以维持荧光灯正常发光。在电子技术中，利用自感对瞬变电流的抑制作用，常将它应用于滤波电路。扼流圈就是根据自感原理制成的，特别是利用它与电容器组成各种谐振电路可以完成各种特定任务。近些年发展起来的电感传感器，也已在测量和自动控制等方面发挥了重要作用。

在有些情况下，自感现象也会带来危害。如无轨电车行驶时，由于路面不平，引起车身

上下颠簸，车顶上的受电弓有时会瞬间脱离电网，这时由于自感会产生较高的自感电动势，在电弓和电网之间形成足以击穿空气的高压，以致在电弓和电网之间引起电弧放电，从而对电网起着损坏作用。又如，在供电系统中切断载有强大电流的电路时，由于电路中电感元件的作用，开关处会出现强烈的电弧，这电弧不仅会烧毁开关，造成火灾，而且也危及人身安全，因此为避免事故，必须使用带有灭弧结构的特殊开关。

在电工、无线电技术中，经常要用到长直螺线管。下面通过例题来了解长直螺线管的自感都与哪些因素有关。

例 7-3 设一直螺线管长为 l、横截面积为 S，总匝数为 N、管中充满磁导率为 μ 的非铁磁质，求它的自感系数 L。

解 当有电流 I 通过长直螺线管时，可将管内的磁场看做均匀的，其大小为

$$B = \mu nI = \mu \frac{N}{l}I$$

通过每匝线圈的磁通量为

$$\Phi_{\mathrm{m}} = \boldsymbol{B} \cdot \boldsymbol{S} = \mu \frac{N}{l}I \cdot S$$

通过螺线管的总磁通量为

$$\Phi = N\Phi_{\mathrm{m}} = \mu \frac{N^2}{l}I \cdot S$$

由 $\Phi = LI$ 得

$$L = \mu \frac{N^2}{l}S = \mu \frac{N}{l} \cdot \frac{N}{l} \cdot lS$$

式中，lS 为螺线管的体积 V，$\frac{N}{l}$ 为单位长度的匝数 n，上式可表示为

$$L = \mu n^2 V \tag{7-9}$$

由此可见，螺线管的自感系数 L 与它的体积 V、单位长度上线圈匝数 n 的二次方，以及管内介质的磁导率 μ 成正比。增加单位长度上的匝数 n 是获得大自感系数的有效办法。

二、互感

如图 7-10 所示，两个邻近的回路 1 和 2，分别通有电流 I_1 和 I_2，则任一回路中的电流所产生的磁通量，将通过另一回路所包围的面积。根据法拉第电磁感应定律，当其中一个回路中的电流发生变化时，将引起通过另一回路中磁通量的变化，从而在该回路中激起感应电动势。这种由于一个回路中的电流发生变化使得邻近的另一回路中产生感应电动势的现象，称为互感现象；所产生的电动势，称为**互感电动势**。

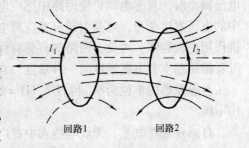

图 7-10 两个邻近线圈的互感

设回路 1 中的电流 I_1 在回路 2 中产生的磁通量为 Φ_{21}，回路 2 中的电流 I_2 在回路 1 中产生的磁通量为 Φ_{12}，由于磁通量与激发电流成正比，所以

$$\Phi_{21} = M_{21}I_1 \tag{7-10}$$

$$\Phi_{12} = M_{12}I_2 \tag{7-11}$$

式中的比例系数 M_{21} 和 M_{12} 称为回路的**互感系数**，它由回路的几何形状、尺寸、匝数、周围

介质情况及两个回路的相对位置决定。可以证明，M_{21} 和 M_{12} 的数值相等，一般用 M 表示，即

$$M_{12} = M_{21} = M$$

则式(7-10)、式(7-11)可分别写成

$$\Phi_{21} = MI_1 \tag{7-12}$$
$$\Phi_{12} = MI_2 \tag{7-13}$$

当回路 1 中的电流 I_1 发生变化时，通过回路 2 的磁通量也将发生变化，从而在回路 2 中引起感应电动势，用 E_{21} 表示有

$$E_{21} = -\frac{d\Phi_{21}}{dt} = -M\frac{dI_1}{dt} \tag{7-14}$$

同理可得

$$E_{12} = -\frac{d\Phi_{12}}{dt} = -M\frac{dI_2}{dt} \tag{7-15}$$

由此可以看出，当一个回路中的电流随时间的变化率一定时，互感系数越大，在另一邻近回路所引起的感应电动势也越大。因此，可以说互感系数是表征两个邻近回路相互感应强弱的物理量。互感系数的单位也是 H。由于互感系数的计算比较复杂，所以通常都是通过实验来测定。

利用互感现象可以实现能量的转移和信号的传递，因而在工程技术中有广泛的应用。如可以升降电压或变化电流的变压器；可将低压直流变为高达几万伏高压的感应圈；能用小量程的电表来测量交流高压或交流大电流的互感器等。许多电感变换器和传感器也都是根据互感原理制成的。此外，在某些电子线路中，还可以利用互感现象来进行信号的耦合。

和自感一样，在某些场合下互感现象也是有害的。如输电线和通信线路间的互感会引起交流声干扰，如果是有线电话，则可能引起串音。在电子仪器中，也往往由于导线与导线间、导线与器件之间和器件与器件之间的互感而影响仪器的正常工作。因此，必须合理地布置线路，如使两线圈远离或调整它们的相对位置，以减小它们之间的互感系数；或者采用磁屏蔽的方法，将它们屏蔽起来。

第五节　磁场的能量

电场有能量，磁场也有能量。从能量转换的角度，通过分析电磁感应现象可以导出磁场能量的表达式。

如图 7-11 所示的电路，当开关 S 未闭合时，回路中电流 $I = 0$，这时线圈中无磁场。当 S 闭合时，回路中的电流从零开始增大，线圈中的磁场也从零开始增大。由于线圈有自感，电流不能立即增到最大值，而是逐渐增大，经一定时间才能达到稳定值 I_0。就是说，在建立磁场的过程中，电源要克服自感电动势做功。

在 dt 时间内，电源克服自感电动势 E_L 做功为

$$dA = E_L I dt = LI dI$$

因而在电流从 0 变化到稳定值 I_0 的过程中，电源所做的总功为

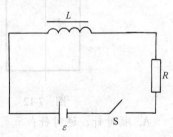

图 7-11　磁场的能量

$$A = \int_0^{I_0} LI\mathrm{d}I = \frac{1}{2}LI_0^2$$

根据功能原理，这些功以磁场能量的形式储存在线圈中，因此磁场的能量可写成

$$W_{\mathrm{m}} = \frac{1}{2}LI_0^2 \qquad\qquad (7\text{-}16)$$

下面计算长直螺线管的磁场能量。

长直螺线管的自感系数为 $L = \mu n^2 V$，其中 V 为螺线管的体积。当有电流 I_0 流过螺线管时，管内的磁感应强度 $B = \mu n I_0$，由此得 $I_0 = \dfrac{B}{\mu n}$。将 I_0、L 的表达式代入式(7-16)得

$$W_{\mathrm{m}} = \frac{1}{2}\frac{B^2}{\mu}V \qquad\qquad (7\text{-}17)$$

单位体积内的磁场能量为

$$w_{\mathrm{m}} = \frac{W_{\mathrm{m}}}{V} = \frac{B^2}{2\mu} \qquad\qquad (7\text{-}18)$$

式中的 w_{m} 称为磁场的**电磁能密度**。式(7-18)虽然是从长直螺线管这一特例导出的，但可以证明，它是普遍适用的公式。

在非均匀磁场中，各点的电磁能密度一般不同。可将磁场所在空间分成无数体元，在每一体元内，磁场可以看做均匀的，这时电磁场能量密度为 w_{m} 的体元 $\mathrm{d}V$ 中的磁场能量为

$$\mathrm{d}W_{\mathrm{m}} = w_{\mathrm{m}}\mathrm{d}V$$

那么，在体积为 V 的有限空间内磁场能量为

$$W_{\mathrm{m}} = \int_V \mathrm{d}W_{\mathrm{m}} = \int_V w_{\mathrm{m}}\mathrm{d}V \qquad\qquad (7\text{-}19)$$

习　题

一、选择题

1. 如图 7-12 所示，一矩形导体线圈可绕载流直导线转动，导线通过矩形线圈的中线且与线圈共面。设直导线与线圈绝缘，则当线圈逆时针转动时，线圈中的感应电流为(　　)。

A. $i = 0$；　B. $i \neq 0$，方向为顺时针；　C. $i \neq 0$，方向为逆时针；　D. $i \neq 0$，方向为交变。

2. 一磁铁自上向下运动，穿过一闭合导体回路，如图 7-13 所示。当磁铁运动到 a 处和 b 处时，回路中感应电流的方向分别是(　　)。

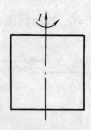

图　7-12

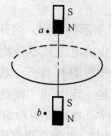

图　7-13

A. 顺时针、逆时针；

C. 顺时针、顺时针；

B. 逆时针、顺时针；

D. 逆时针、逆时针。

3. 如图 7-14 所示，一联有电阻的矩形线框，其上放一导体棒 AB，均匀磁场 B 垂直线框平面向下，今给 AB 以向右的初速度 v_0，并设棒与线框之间无摩擦，则此后棒的运动状态为（　　）。

A. 水平向右做匀速运动；　　　　B. 水平向右做加速运动；

C. 水平向右做减速运动，最后停止；　D. 水平向右做减速运动，停止后又向左运动。

4. 如图 7-15 所示，M 和 N 是两条在同一水平面内且互相平行的光滑导轨，其上放有两根与导轨垂直的导体棒 AB 和 CD，整个装置处于匀强磁场 B 中，CD 在水平外力 F 的作用下沿导轨向右运动时，导体 AB 中感应电流的方向和 AB 的运动方向分别是（　　）。

A. A→B，向右；　　　　B. A→B，向左；

C. B→A，向右；　　　　D. B→A，向左。

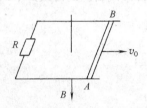

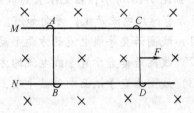

图 7-14　　　　　　　　　　　　　　　　图 7-15

5. 关于自感和自感电动势，说法正确的是（　　）。

A. 自感 L 与通过线圈的磁通量成正比，与线圈中的电流成反比；

B. 当线圈中有电流时才有自感，无电流时没有自感；

C. 线圈中的电流越大，自感电动势越大；

D. 通过线圈的磁通量越多，自感电动势越大；

E. 以上说法都不正确。

*6. 如图 7-16 所示，两个环形导体 A、B 垂直放置，当导体 A、B 中的电流 I_1、I_2 同时变化时，则说法正确的是（　　）。

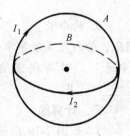

A. A 中产生自感电流，B 中产生互感电流；

B. B 中产生自感电流，A 中产生互感电流；

C. A、B 中同时产生自感电流和互感电流；

D. A、B 中只有互感电流，没有自感电流；

E. A、B 中只有自感电流，没有互感电流。

图 7-16

二、填空题

1. 电源电动势的定义为_____；其数学表达式为_____；电动势的方向是在电源内部_____的方向。

2. 导体在磁场中做切割磁感线运动时所产生的电动势是由_____而引起的，其数学表达式为_____。

3. 如图 7-17 所示，导线 ab 做如下四种运动，分别填入有否电动势，方向如何。

（1）垂直于 **B** 做平动，_____；

（2）绕 a 端做垂直于 **B** 的转动，_____；

（3）绕中心点做垂直于 **B** 的转动，_____；

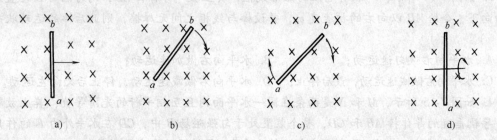

图 7-17

（4）绕通过中心点 O 的水平轴做平行于 B 的转动，_____。

4. 如图 7-18 所示，在无限长的载流直导线附近放一矩形线圈，线圈做如下三种平动时，判断是否有感应电流产生，方向如何。

（1）线圈沿直导线电流的方向平动，_____；

（2）线圈沿垂直于直导线电流的方向平动，_____；

（3）线圈垂直于纸面向外做平动，_____。

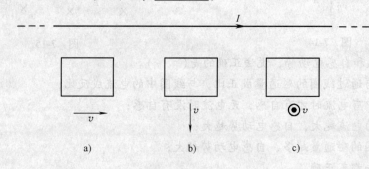

图 7-18

5. 两个长直密绕螺线管，长度及匝数都相等，横截面的半径分别为 R_1 和 R_2，且 $R_1 = 2R_2$，管内充满磁导率分别为 μ_1 和 μ_2 的均匀磁介质，且 $\mu_2 = 2\mu_1$，若将它们串联在一个电路中通电，则两线圈自感系数的关系为 $L_1 =$ _____ L_2；磁场能量的关系为 $W_1 =$ _____ W_2。

三、计算题

1. 如图 7-19 所示，通过圆形导线线圈的 B 与线圈平面垂直，磁通随时间的变化关系为：$\Phi = 2t^2 - 12t + 2$，线圈的电阻为 4Ω，求：（1）当 $t = 1s$，$t = 5s$ 时，线圈中感应电动势和感应电流的大小和方向；（2）经多长时间后线圈中感应电流的方向发生变化。

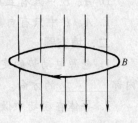

图 7-19

*2. 一根长为 $2a$ 金属杆 MN 与载流长直导线共面，导线电流为 I，杆的一端 M 与导线相距为 a，如图 7-20 所示，当金属杆 MN 以速度 v 向上运动时，杆内产生的电动势多大？

3. 如图 7-21 所示，一载流长直导线，其中电流为 I，一矩形线框（短边长 a，长边长 b）与直导线共面，并以速度 v 沿垂直导线方向运动，开始运动时，线框 AD 边与导线相距为 d，试计算此时线框内感应电动势的大小，并标明其方向。

*4. 如图 7-22 所示，长 l 的金属杆 ab 以匀速率 v 在导轨 $adcb$ 上平行移动，当 $t=0$ 时，杆 ab 位于导轨 cd 处，如果导轨处于 $B=B_0\sin\omega t$ 的磁场中，t 时刻 B 的方向垂直纸面向里，求 t 时刻导线回路中感应电动势的大小。

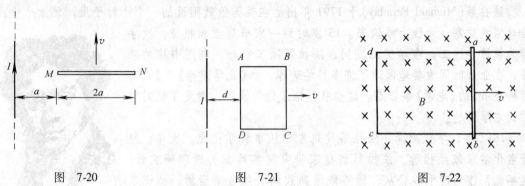

图 7-20　　　　　　图 7-21　　　　　　图 7-22

*5. 如图 7-23 所示，一圆形线圈，半径 $r=10$cm，电阻 $R=100\Omega$，匝数 $N=100$，将其置于 $B=0.5$T 的匀强磁场中，线圈以转速 $n=600$r/min 绕 O_1O_2 轴匀速转动，若不计自感，求：(1)线圈由起始位置(线圈的平面法线与磁感应强度 B 同向)转过 $\pi/2$ 时，线圈中的瞬时电流；(2)此时圆线圈中心 O 点处磁感应强度的大小和方向。

6. 一个线圈的自感系数 $L=1.2$H，当通过它的电流在 0.5s 内由 1A 均匀地增加到 5A 时，产生的自感电动势为多大？

7. 在长为 0.6m，直径为 5.0cm 圆纸筒上应绕多少匝线圈才能使绕成的螺线管的自感为 6.0×10^{-8}H？

8. 如图 7-24 所示，长直螺线管的管芯是两个套在一起的同轴圆柱体，它们的截面积分别为 S_1 和 S_2，磁导率分别为 μ_1 和 μ_2，管长为 L，总匝数为 N，求

(1)求此螺线管的自感系数；

(2)当螺线管内通以电流 I 时，该螺线管所贮存的磁场能量。

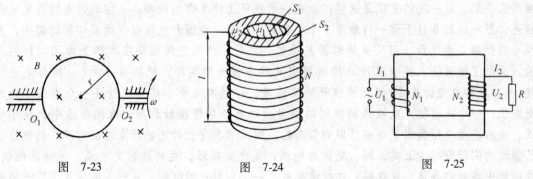

图 7-23　　　　　　图 7-24　　　　　　图 7-25

*9. 图 7-25 所示为一种最简单的变压器的原理图。设原线圈的匝数为 N_1，副线圈的匝数为 N_2，输入电压为 U_1，输出电压为 U_2，原、副线圈的电阻均可忽略。试应用法拉第电磁感应定律证明

$$\frac{U_1}{U_2}=\frac{N_1}{N_2}$$

【科学家介绍】

法 拉 第

法拉第(Michael Faraday)于1791年出生在英国伦敦附近的一个小村子里，父亲是铁匠，自幼家境贫寒，无钱上学读书。13岁时到一家书店里当报童，次年转为装订学徒工。在学徒工期间，法拉第除工作外，利用书店的条件，在业余时间贪婪地阅读了许多科学著作，如《化学对话》、《大英百科全书》的《电学》条目等。这些书开拓了他的视野，激发了他对科学的浓厚兴趣。

法拉第像

1812年，学徒期满，法拉第就想专门从事科学研究。次年，经著名化学家戴维推荐，法拉第到皇家研究院实验室当助理研究员。这年底，作为助手和仆从，他随戴维到欧洲大陆考察漫游，结识了不少知名科学家，如安培、伏特等，这进一步扩大了他的眼界。1815年春回到英国后，在戴维的支持和指导下做了很多化学方面的研究工作。1821年开始担任实验室主任，一直到1865年。1824年，被推选为皇家学会会员。次年法拉第正式成为皇家学院教授。1851年，曾被一致推选为英国皇家学会会长，但被他坚决推辞掉了。

1821年，法拉第读到了奥斯特的描述自己发现电流磁效应的论文《关于磁针上电碰撞的实验》。该文给了他很大的启发，使他开始研究电磁现象。经过10年的实验研究(中间曾因研究合金和光学玻璃等而中断过)，在1831年，他终于发现了电磁感应现象。法拉第发现电磁感应现象完全是一种自觉的追求。

与法拉第同时，安培也做过电流感应的实验。他曾期望一个线圈中的电流会在另一个线圈中"感应"出电流来，由于他只是观察了恒定电流的情况，所以未发现这种感应效应。法拉第也经过同样的失败过程，只是在1831年他仔细地注意到变化的情况时，才发现了电磁感应现象。第一次的发现是这样：他在一个铁环上绕了两组线圈，一组通过电键与电池组相连，另一组的导线下面平行地摆了个小磁针。当前一线圈和电池组接通或切断的瞬间，发现小磁针都发生摆动，但又都旋即回复原位。之后，他又把线圈绕在木棒上做了同样的实验，又做了磁铁插入连有电流计的线圈或从其中拔出的实验，把两根导线(一根与电池连接，另一根和电流计连接)移近或移开的实验等，一共有几十个实验。他还当众表演了他的发电机：一个一边插入电磁铁两极间的铜盘转动时，在连接轴和盘边缘的导线中产生了电流。最后，他总结提出了电磁感应的暂态性，即只有在变化时才能产生感应电流。他把自己已做过的实验概括为五类，即：变化的电流，变化的磁场，运动的恒定电流，运动的磁铁，在磁场中运动的导体。就这样，法拉第完成了一个划时代的创举，从此人类跨入了广泛使用电能的新时代。

应该指出的是，在法拉第的同时，美国物理学家亨利(J. Henry, 1799—1878年)也独立地发现了电磁感应现象。他先是在1829年发现了通电线圈断开时发生强烈的火花，他称之为"电自感"，接着在1830年发现了在电磁铁线圈的电流通或断时，在它的两极间的另一线圈中能产生瞬时的电流。法拉第在电学的其他方面还有很多重要的贡献。1833年，他发现了电解定律。1837年发现了电介质对电容的影响，引入了电容率(即相对介电系数)概念。

1845 年发现了磁光效应,即磁场能使通过重玻璃的光的偏振面发生旋转,以后又发现物质可区分为顺磁质和抗磁质等。

法拉第不但作为实验家做出了很多成绩,而且在物理思想上也有很重要的贡献。首先是关于自然界统一的思想,他深信电和磁的统一,即它们的相互联系和转化。他还用实验证实了当时已发现的五种电(伏特电、摩擦电、磁生电、热电、生物电)的统一。他是在证实物质都具有磁性时发现顺磁和抗磁的。在发现磁光效应后,他这样写道:"这件事更有力地证明一切自然力都是可以互相转化的,有着共同的起源。"这种思想至今还支配着物理学的发展。

法拉第的较少抽象较多实际的头脑使他提出了另一个重要的思想——场的概念。在他之前,引力、电力、磁力都被视为是超距作用。但在法拉第看来,不经过任何媒介而发生相互作用是不可能的,他认为电荷、磁体或电流的周围弥漫着一种物质,它传递电或磁的作用,他称这种物质为电场和磁场。他还凭着惊人的想象力把这种场用力线来加以形象化地描绘,并且用铁粉演示了磁感线的"实在性"。场的概念今天已成为物理学的基石。

除进行科学研究外,法拉第还热心科学普及工作。他协助皇家学院举办"星期五讲座"(持续了三十九年)、"少年讲座"、"圣诞节讲座",他自己参加讲课,内容十分广泛,从探照灯到镜子镀银工艺,从电磁感应到布朗运动等。他很讲究讲课艺术,注意表达方式,讲课效果良好。有的讲稿被译成多种文字出版,甚至被编入基础英语教材。

1867 年 8 月 25 日,他坐在书房的椅子上安详地离开了人世。遵照他的遗言,在他的墓碑上只刻了名字和生卒年月。法拉第终生勤奋刻苦,坚韧不拔地进行科学探索。除了二十多集《电的实验研究》外,还留下了《法拉第日记》七卷,共三千多页,几千幅插图。这些书都记录着他的成功和失败,精确的实验和深刻的见解。这都是他留给后人的宝贵遗产。

第八章　振动学基础

振动是一种很普遍的运动形式。其中最直观的是机械振动，即物体在一定位置附近所做的周期性往复运动。例如，钟摆的来回摆动、车厢的颤动以及液体的晃动等。但是振动并不限于机械振动，自然现象中存在着各式各样的振动。广义地说，凡描述物质运动状态的物理量，在某一数值附近随时间做周期性的变化，都叫做振动。例如，交流电路中的电流在某一电流值附近做周期性的变化；光波、无线电波传播时，空间某点的电场强度和磁感应强度随时间做周期性的变化等。虽然这些振动在本质上和机械振动不同，但是在对它们的描述上却有着许多共同之处。本章先以机械振动为例，研究其基本规律，所得结论尽可用于其他形式的振动。

第一节　简谐振动

振动的形式是多种多样的，情况大多比较复杂。其中最简单、最基本的振动是简谐振动。理论和实验表明，任何复杂的振动都可认为是若干个简谐振动的叠加。下面以弹簧振子为例，研究简谐振动的运动规律，如图 8-1 所示。

把劲度系数为 k 的轻弹簧（质量可以忽略不计）的左端固定，右端连一质量为 m 的物体，物体放在光滑的平面上，构成一弹簧振子。以平衡位置 O 为坐标原点，水平向右为 x 轴的正方向。现将物体略微向右移到位置 B，设其坐标为 x，x 又等于相对于坐标原点的位移，也是弹簧的伸长（压缩）量，然后放开。由胡克定律可知，在弹性限度内，物体此时所受的合力为

$$F = -kx \qquad (8\text{-}1)$$

式(8-1)中的负号表示力与位移的方向相反。

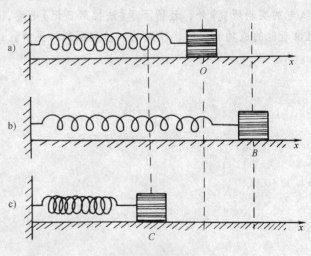

图 8-1　弹簧振子的振动

根据牛顿第二定律，可得物体在此时获得的加速度为

$$a = \frac{F}{m} = -\frac{k}{m}x \qquad (8\text{-}2)$$

对于任一弹簧振子，k 和 m 都是常数，且都是正值，故它们的比值可用另一个常量 ω 的平方表示，即

$$\frac{k}{m} = \omega^2 \qquad (8\text{-}3)$$

将式(8-3)代入式(8-2)，得

$$a = -\omega^2 x \qquad (8\text{-}4)$$

式(8-4)说明，弹簧振子的加速度 a 与位移 x 成正比，而方向相反。

在 x 轴上，由于加速度 $a = \dfrac{\mathrm{d}^2 x}{\mathrm{d} t^2}$，故式(8-4)可改写成

$$\frac{\mathrm{d}^2 x}{\mathrm{d} t^2} = -\omega^2 x \qquad (8\text{-}5)$$

或

$$\frac{\mathrm{d}^2 x}{\mathrm{d} t^2} + \omega^2 x = 0 \qquad (8\text{-}6)$$

式(8-6)为简谐振动方程的微分形式，它的通解形式是

$$x = A\cos(\omega t + \varphi) \qquad (8\text{-}7)$$

式中 A 和 φ 是积分常数，它们的物理意义将在下节讨论。凡是运动规律满足上述规律[式(8-1)~式(8-7)]的振动，都可称为简谐振动。

将式(8-7)分别对时间求一阶、二阶导数，可得简谐振动的速度和加速度

$$v = \frac{\mathrm{d} x}{\mathrm{d} t} = -A\omega\sin(\omega t + \varphi) \qquad (8\text{-}8)$$

$$a = \frac{\mathrm{d}^2 x}{\mathrm{d} t^2} = -\omega^2 A\cos(\omega t + \varphi) \qquad (8\text{-}9)$$

由式(8-7)、式(8-8)、式(8-9)可作出如图 8-2 所示的 $x\text{-}t$，$v\text{-}t$ 和 $a\text{-}t$ 图线(图中初相

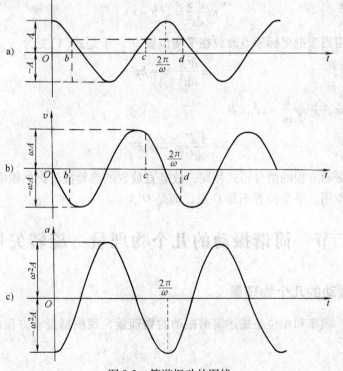

图 8-2　简谐振动的图线
a) $x\text{-}t$ 图　b) $v\text{-}t$ 图　c) $a\text{-}t$ 图

$\varphi=0$)。从图中可以看出，A 是最大位移的绝对值；$v_m=\omega A$ 是最大速度的绝对值；$a_m=\omega^2 A$ 是最大加速度的绝对值。从图中还可以看出，b、d 两时刻对应的位移和速度都完全相同，而 b、c 两时刻，虽然位移相同，但速度并不一样，所以 b、c 两时刻振动物体的运动状态不同。

比较 x-t、v-t 和 a-t 图线可以看到，位移、速度和加速度三者变化的步调不一致。速度比位移的相位超前 $\pi/2$，此外位移和加速度反相，反映在图线上，x-t 和 a-t 图线的变化步调相反。从图上还可以看出，物体的位移、速度、加速度都是周期性变化的，运动的周期性是振动的基本性质。

例 8-1　如图 8-3 所示，一竖直放置的弹簧振子，其劲度系数为 k，物体的质量为 m。让物体上下竖直振动，试证物体的振动是简谐振动。

证　取弹簧上未放物体时的自由端位置点 O 为坐标原点，x 轴正方向竖直向下。当物体放在弹簧上达到平衡时，弹簧缩短了 b，此时有

$$mg=kb \tag{1}$$

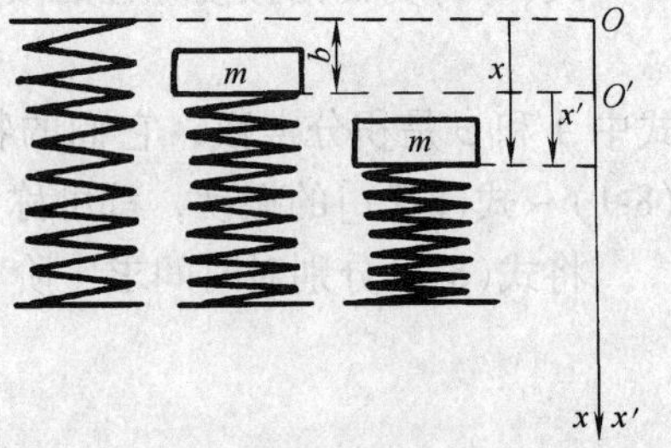

当物体在任一位置时，物体所受的合力为

$$F_x=mg-kx$$

其动力学方程为

$$m\frac{d^2x}{dt^2}=mg-kx \tag{2}$$

图 8-3　在竖直方向上
做振动的弹簧振子

将式（1）代入式（2），得

$$m\frac{d^2x}{dt^2}=k(b-x) \tag{3}$$

令 $x-b=x'$，这相当于把坐标原点改放在平衡位置 O'，于是式（3）变为

$$m\frac{d^2x'}{dt^2}=-kx'$$

上式两边同除以 m，并令 $\dfrac{k}{m}=\omega^2$，有

$$\frac{d^2x'}{dt^2}=-\omega^2 x' \tag{4}$$

此式与简谐振动方程的微分形式相同，故竖直放置的弹簧振子仍然做简谐振动。不同的是由于有重力的作用，平衡位置不是 O 点，而是 O' 点。

第二节　简谐振动的几个物理量　旋转矢量法

一、简谐振动的几个物理量

振幅、周期、频率和相位是描述简谐振动的物理量，现根据振动方程（8-7）来说明它们的物理意义。

1. 振幅

在振动方程（8-7）中，A 为振动物体离开平衡位置位移的最大值，称为**振幅**，单位为米

（m）。它反映振动的强弱。

2. 周期

物体完成一次全振动所用的时间称为振动的**周期**，用 T 表示，单位为秒（s）。它反映了振动的快慢。物体在 t 时刻的运动状态与 $(t+T)$ 时刻的运动状态完全相同，故有

$$x = A\cos(\omega t + \varphi) = A\cos[\omega(t+T)+\varphi]$$

因余弦函数是以 2π 为周期的，即

$$\cos(\omega t + \varphi) = \cos(\omega t + \varphi + 2\pi)$$

对比以上两式可得

$$\omega T = 2\pi$$

所以

$$T = \frac{2\pi}{\omega} \tag{8-10}$$

对于弹簧振子由式（8-3）有 $\omega = \sqrt{\frac{k}{m}}$，所以弹簧振子的周期为

$$T = 2\pi\sqrt{\frac{m}{k}}$$

3. 频率和角频率

单位时间内物体所做的完全振动的次数称为**频率**，用 f 表示，单位为赫[兹]（Hz）。显然频率与周期互为倒数，即

$$f = \frac{1}{T} = \frac{\omega}{2\pi} = \frac{1}{2\pi}\sqrt{\frac{k}{m}} \tag{8-11}$$

或

$$\omega = 2\pi f \tag{8-12}$$

由以上两式可知，ω 表示物体在 2π 秒时间内所做的完全振动的次数，称为**角频率**（或**圆频率**），单位为弧度/秒（rad/s）。

在外界扰动消失之后，自由振动弹簧振子仅仅依靠自身的两个因素——弹力和惯性而维持振动，表征这两个因素的物理量就是 k 和 m。由于周期 T 和频率 f（或者角频率 ω）是由表征弹簧振子性质的物理量 k 和 m 所决定的，所以周期和频率只与振动系统本身的性质有关。这种由振动系统本身的性质所决定的周期和频率称为**固有周期**和**固有频率**。

周期、频率和角频率三个概念本质上是一致的，但反映的侧面和功用有所不同。周期是最便于测量的量。角频率是最便于做理论描述的量，它使公式显得简洁。而在波动学中，频率和波长、波速有更直接的联系。

4. 相位和初相位

由式（8-7）和式（8-8）可知，当振幅 A 和角频率 ω 一定时，振动物体在任一时刻 t 的位移和速度都决定于物理量 $(\omega t + \varphi)$。$(\omega t + \varphi)$ 称为简谐振动的相位，它决定振动物体的运动状态。例如，在图 8-1 中做简谐振动的弹簧振子，当相位 $(\omega t + \varphi) = \pi/2$ 时，$x = 0$，$v = -\omega A$，说明此时物体在平衡位置，并以速率 ωA 向左运动；而当相位 $(\omega t + \varphi) = 3\pi/2$ 时，$x = 0$，$v = \omega A$，说明此时物体虽也在平衡位置，但却以速率 ωA 向右运动。可见相位不同，物体的运动状态就不同。用相位描述振动状态，不仅简洁明了，而且还体现出周期性的特征，并有

如下规律:

1) 如果 $0 < \omega t + \varphi < \pi/2$，则振动物体在点 O 的右方并向着点 O 运动，即 $x > 0$，$v < 0$。

2) 如果 $\pi/2 < \omega t + \varphi < \pi$，则振动物体在点 O 的左方并继续向左运动，即 $x < 0$，$v < 0$。

3) 如果 $\pi < \omega t + \varphi < 3\pi/2$，则振动物体在点 O 的左方并向着点 O 运动，即 $x < 0$，$v > 0$。

4) 如果 $3\pi/2 < \omega t + \varphi < 2\pi$，这时振动物体在点 O 的右方并继续向右运动，即 $x > 0$，$v > 0$。

常量 φ 是 $t = 0$ 时刻的相位，称为振动的**初相位**，简称初相。它决定在起始时刻（$t = 0$）振动物体的运动状态。例如，若 $\varphi = 0$，则当 $t = 0$ 时，由式(8-7)和式(8-8)可分别得出 $x_0 = A$ 及 $v_0 = 0$，这表示在计时起点，物体位于距离平衡位置的正最大位移处，速率为零；又若 $\varphi = \pi/2$，则在 $t = 0$ 时，由式(8-7)和式(8-8)可分别得出 $x_0 = 0$ 及 $v_0 = -\omega A$，这表示在计时起点，物体位于平衡位置处，并以速率 ωA 向 x 轴负方向运动。

在讨论单个简谐振动时，初相 φ 并无实际重要性，因为 φ 的值和计时起点（$t = 0$）的取法有关。但当讨论不同振动的步调差异及振动的合成时，初相就显得十分重要了。

相位和初相的单位都为弧度（rad）。

研究振动，重要的不是其个别时刻的状态，而是其总体特征。对于一个简谐振动，知道了其振幅 A，角频率 ω 和初相 φ，它的变化规律也就被掌握了。所以，A、ω 和 φ 被称为简谐振动的**特征量**或三要素。

5. 常数 A 和 φ 的确定

简谐振动方程中的 ω 是由振动系统本身的性质所决定的。在角频率已经确定的条件下，如果知道物体的初位移 x_0 和初速度 v_0，就可确定简谐振动的振幅 A 和初相 φ，从而确定该简谐振动。把 $t = 0$ 代入式(8-7)和式(8-8)中，则有

$$x_0 = A\cos\varphi$$

$$v_0 = -\omega A\sin\varphi$$

从上面两式可求得 A 和 φ 的唯一解为

$$A = \sqrt{x_0^2 + \frac{v_0^2}{\omega^2}} \tag{8-13}$$

$$\varphi = \arctan\frac{-v_0}{\omega x_0} \tag{8-14}$$

初位移 x_0 和初速度 v_0 称为初始条件。上述结果表明，对一定的弹簧振子（即 ω 为已知量），其振幅和初相是由初始条件决定的。也可以反过来说，A 和 φ 共同反映了弹簧振子振动的初始条件。由于简谐振动的振幅为一常数，故简谐振动是等幅振动。

例 8-2　一劲度系数 $k = 0.49 \text{N/m}$，质量 $m = 0.01 \text{kg}$ 的弹簧振子，放在光滑的水平面上，在初始时刻，物体处在 $x_0 = -0.04 \text{m}$ 处且正以 $v_0 = 0.21 \text{m/s}$ 的初速度沿 x 轴正方向运动，试求简谐振动的运动方程。

解　由简谐振动方程 $x = A\cos(\omega t + \varphi)$ 知，本题关键是要求出 A、ω 和 φ 三个物理量。

$$\omega = \sqrt{\frac{k}{m}} = \sqrt{\frac{0.49}{0.01}} \text{rad/s} = 7 \text{rad/s}$$

$$A = \sqrt{x_0^2 + \frac{v_0^2}{\omega^2}} = \sqrt{(-0.04)^2 + \frac{0.21^2}{7^2}} \text{m} = 0.05 \text{m}$$

$$\varphi = \arctan \frac{-v_0}{\omega x_0} = \arctan \frac{-0.21}{7 \times (-0.04)} = 36°52' \text{ 或者为 } 216°52'$$

由初始条件 $t = 0$ 时 $v_0 = -\omega A \sin\varphi > 0$ 知，初相位只能取 $216°52'$（或写为 3.79rad）。所以简谐振动方程为

$$x = 0.05\cos(7t + 3.79)\,\text{m}$$

二、旋转矢量法

简谐振动还可用旋转矢量来表示，如图 8-4 所示，就是用匀速旋转矢量的矢端在水平坐标轴上投影的运动来描述简谐振动。这种方法可以更直观地理解简谐振动的规律，也便于处理几个简谐振动的合成。

在 xOy 平面内，画坐标轴 Ox，由原点引出一长度等于振幅 A 的矢量 A，它绕原点 O 以匀角速度 ω 做逆时针转动，ω 为简谐振动的角频率。当 $t = 0$ 时，矢量 A 与 x 轴之间的夹角等于简谐振动的初相 φ，在时刻 t，矢量 A 与 x 轴之间的夹角等于简谐振动在该时刻的相位 $\omega t + \varphi$。显然，这时矢量 A 的端点 P 在 x 轴上的投影点 N 距原点 O 的位移是 $x = A\cos(\omega t + \varphi)$，此式就是运动学方程式(8-7)。$x$ 恰是沿 Ox 轴做简谐振动的物体在 t 时刻相对于原点的位移。因此，一个简谐振动可以用一个旋转矢量来表示，矢量 A 旋转一周，相当于物体在 x 轴上完成一次全振动。旋转矢量法在分析振动的合成及交流电时非常方便。

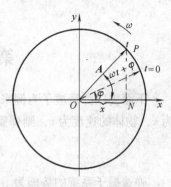

图 8-4　旋转矢量表示法

例 8-3　如图 8-5 所示，一物体沿 x 轴做简谐振动，周期为 T，振幅为 A。试分别求此物体自点 C 运动到点 D，以及自点 C 经历点 D、C、O 抵达点 B 所需的时间。

解　本题利用旋转矢量法较为方便，由题意可推知矢量 A 旋转的角速度 $\omega = 2\pi/T$。

1）如图 8-6a 所示，当物体由点 C 运动到点 D 时，相应的旋转矢量 A 所转过的角度为 $\pi/3$，故所需的时间为

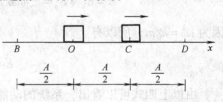

图 8-5　例 8-3 题图

$$\Delta t_1 = \frac{\frac{\pi}{3}}{\omega} = \frac{\pi}{3} \times \frac{T}{2\pi} = \frac{T}{6}$$

2）如图 8-6b 所示，当物体由点 C 经历点 D、C、O 到达点 B 时，旋转矢量 A 转过的相应角度为 π，故所需的时间为

$$\Delta t_2 = \frac{\pi}{\omega} = \pi \times \frac{T}{2\pi} = \frac{T}{2}$$

应当指出的是，当物体沿某一直线做简谐振动时，其相位是表示物体振动状态的物理量，并不是一个什么角度，相位的变化也不是转过的什么角度。之所以采用旋转矢量来表示物体振动的相位和相位的变化，主要是为了讨论问题的方便。

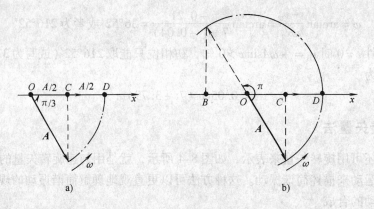

图 8-6 例 8-3 题图

第三节 简谐振动的能量

下面仍以弹簧振子为例来说明简谐振动的能量。设在时刻 t，做简谐振动的物体的位移为 x，物体的速度为 v，则弹簧振子系统的动能为

$$E_k = \frac{1}{2}mv^2 = \frac{1}{2}m\omega^2 A^2 \sin^2(\omega t + \varphi) \tag{8-15}$$

弹簧振子系统的势能为

$$E_p = \frac{1}{2}kx^2 = \frac{1}{2}kA^2 \cos^2(\omega t + \varphi) \tag{8-16}$$

系统的总能量等于动能和势能之和，即

$$E = E_k + E_p = \frac{1}{2}m\omega^2 A^2 \sin^2(\omega t + \varphi) + \frac{1}{2}kA^2 \cos^2(\omega t + \varphi) \tag{8-17}$$

因为 $\omega^2 = k/m$，所以有

$$E = \frac{1}{2}m\omega^2 A^2 = \frac{1}{2}kA^2 \tag{8-18}$$

由以上四式可以看出，系统的动能和势能都随时间 t 做周期性的变化。当物体的位移最大时，势能达到最大值，但此时动能为零；当物体的位移为零时，势能为零，而此时动能却

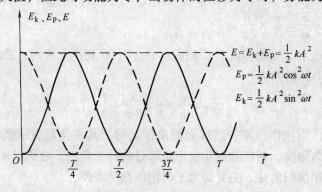

图 8-7 弹簧振子的能量和时间关系曲线 ($\varphi = 0$)

达到最大值。弹簧振子做简谐振动的总能量与振幅的平方成正比。由于在简谐振动过程中，系统不受外力的作用，且内力只有保守力（如弹性力），所以，在振动过程中，动能 E_k 和势能 E_p 不断地相互转换，总能量却保持恒定，如图 8-7 所示（设 $\varphi = 0$）。

图 8-8 是弹簧振子做简谐振动的势能曲线。图中横轴表示位移，纵轴表示势能，抛物线 BOC 是势能 E_p 随位移 x 的变化曲线，若用平行于横轴的直线 BC 表示总能量 E（它与位移无关），则对应于任意位移 x 的总能量与势能之差就表示动能 E_k。

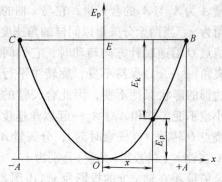

图 8-8 简谐振动的势能曲线

第四节 振动的合成

实际的振动常常是几个振动合成的结果。例如，两列声波同时传播到空间某一处，则该处空气质点的运动就是这两个振动合成的结果。一般的振动合成问题比较复杂，下面只讨论两个同方向、同频率简谐振动的合成。

若有两个同方向的简谐振动，它们的角频率都是 ω，振幅分别为 A_1 和 A_2，初相分别为 φ_1 和 φ_2，则这两个简谐振动的运动方程分别为

$$x_1 = A_1 \cos(\omega t + \varphi_1) \tag{8-19}$$
$$x_2 = A_2 \cos(\omega t + \varphi_2) \tag{8-20}$$

因为振动是同方向的，所以当这两个简谐振动合成时，任一时刻合振动的位移仍应在同一直线上，而且等于上述两个分振动的代数和，即

$$x = x_1 + x_2 = A_1 \cos(\omega t + \varphi_1) + A_2 \cos(\omega t + \varphi_2)$$

利用三角学的知识，将上式右端展开并整理得

$$x = (A_1 \cos\varphi_1 + A_2 \cos\varphi_2)\cos\omega t - (A_1 \sin\varphi_1 + A_2 \sin\varphi_2)\sin\omega t$$

令

$$A_1 \cos\varphi_1 + A_2 \cos\varphi_2 = A\cos\varphi \tag{8-21}$$
$$A_1 \sin\varphi_1 + A_2 \sin\varphi_2 = A\sin\varphi \tag{8-22}$$

并代入上式，得

$$x = A\cos\varphi\cos\omega t - A\sin\varphi\sin\omega t = A\cos(\omega t + \varphi) \tag{8-23}$$

上述结果表明：由两个同方向、同频率简谐振动所合成的运动仍是一个简谐振动，且振动方向和频率不变。合振动的振幅 A 和初相位 φ 可由式（8-21）和式（8-22）解出。将此两等式分别平方，然后相加，便得合振动的振幅为

$$A = \sqrt{A_1^2 + A_2^2 + 2A_1A_2\cos(\varphi_2 - \varphi_1)} \tag{8-24}$$

取此两等式之比，可得

$$\tan\varphi = \frac{A_1\sin\varphi_1 + A_2\sin\varphi_2}{A_1\cos\varphi_1 + A_2\cos\varphi_2} \tag{8-25}$$

上述结果也可由旋转矢量法更方便地得到。如图 8-9 所示，与两个分振动对应的旋转矢量为 A_1 和 A_2，开始时（$t=0$），两矢量与轴 x 的夹角分别等于两个分振动的初相 φ_1 和 φ_2，矢

量 A 为 A_1 与 A_2 的合矢量, 它与 x 轴的夹角为 φ。当两个分矢量以同样的角速度 ω 绕点 O 沿逆时针方向转动时, 它们间的夹角 $(\varphi_2 - \varphi_1)$ 保持不变, 旋转中平行四边形的形状保持不变, 因此合矢量的大小也不变, 并和 A_1、A_2 一起以角速度 ω 绕点 O 转动。在任意时刻 t, 分矢量 A_1、A_2 在轴 x 上的投影 (分量) 分别为 x_1、x_2, 合矢量 A 在轴 x 上的投影为 x。由图 8-9 不难证明, 两个分矢量在轴 x 上的投影之和等于其合矢量在轴 x 上的投影, 即

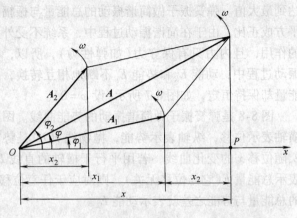

图 8-9 旋转矢量合成图

$$x = x_1 + x_2$$

由于 x_1、x_2 也就是两个分振动的位移, 所以 x 即为两分振动的合位移, 从而表明合矢量 A 是相应于合振动的旋转矢量。合振动的振幅等于矢量 A 的模, 合振动的初相等于 $t = 0$ 时矢量 A 与轴 x 的夹角 φ, 合振动的相位等于合矢量 A 与轴 x 的夹角 $(\omega t + \varphi)$。这样, 由图 8-9 可得合振动的位移为

$$x = A\cos(\omega t + \varphi)$$

可见, 合振动仍为简谐振动, 其频率与两个分振动的频率相同。应用余弦定理和三角公式, 由图 8-9 即可得出 A 和 φ 的表达式式 (8-24) 和式 (8-25)。

式 (8-24) 表明, 合振幅 A 的大小不仅与分振动的振幅有关, 而且还与它们的相位差 $(\varphi_2 - \varphi_1)$ 有关。下面就两个特殊情况加以讨论。

1) 相位差 $\varphi_2 - \varphi_1 = \pm 2k\pi$, $k = 0, 1, 2, \cdots$ 即相位差为 π 的偶数倍, 这种情况称为两个分振动同相或同步。这时 $\cos(\varphi_2 - \varphi_1) = 1$, 于是

$$A = \sqrt{A_1^2 + A_2^2 + 2A_1A_2} = A_1 + A_2$$

即合振幅等于两分振动的振幅之和, 如图 8-10 所示。

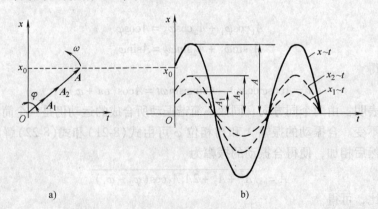

a)　　　　　　　　　　　b)

图 8-10 相位差 $\Delta\varphi = \pm 2k\pi$

2) 相位差 $\varphi_2 - \varphi_1 = \pm(2k + 1)\pi$, $k = 0, 1, 2, \cdots$ 即相位差为 π 的奇数倍, 这种情况称为两个分振动反相。这时 $\cos(\varphi_2 - \varphi_1) = -1$, 于是

$$A = \sqrt{A_1^2 + A_2^2 - 2A_1A_2} = |A_1 - A_2|$$

即合振幅等于两分振动振幅之差的绝对值，如图 8-11 所示。

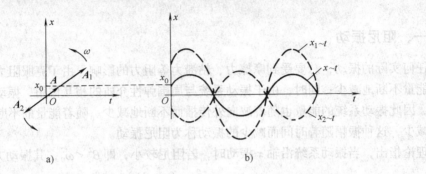

a)　　　　　　　　　　b)

图 8-11　相位差 $\Delta\varphi = \pm(2k+1)\pi$

一般情况下，相位差 $(\varphi_2 - \varphi_1)$ 既非 π 的偶数倍，也非 π 的奇数倍，即两个分振动既非同相、也非反相，则合振幅 A 的值就介于 $(A_1 + A_2)$ 与 $|A_1 - A_2|$ 之间，可由式（8-24）计算得之。

振动的分解　振动的分解是振动的合成的"逆运算"。实际的振动往往都是较复杂的非简谐振动，理论和实验都可以证明：任意一个复杂的周期振动，都可以分解为一系列的简谐振动，各个分振动的频率都是原周期振动频率的整数倍。把一个复杂的振动所包含的各简谐振动的振幅，按频率从小到大的顺序一一标示出来的图形，叫做**频谱**。对振动进行测量、计算，以获得频谱的技术，称为**频谱分析**。频谱中最小的频率叫做**基频**，其他的频率叫做**谐频**。在声学中则分别称为**基音**和**谐音**（或**泛音**）。周期振动的频谱是分立的。对于任意一个非周期性振动，也可以把它分解为频率连续分布的无穷多个简谐振动，非周期振动的频谱是连续的。图 8-12 表示了钢琴发出基频为 100Hz 的声音时的频谱，其中每一条线都称为**谱线**，谱线高度表示了振幅的相对大小。一般说来，基频的振幅最大。音调决定于基频，音色则由谐频的组合所决定。钢琴和萨克斯管等不同乐器奏出同一音调时，给人的感觉并不相同，就是因为它们包含的谐频成分不同。

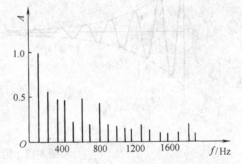

图 8-12　基频为 100Hz 的钢琴声频谱

根据分析对象的不同，频谱可分为声谱、电磁波谱和光谱。如今利用配有计算机的分析仪器，可以轻而易举地完成频谱分析工作。频谱分析便于有针对性地利用和防止振动，前者如乐器的制作，后者如噪音的控制等。声谱分析还可用于检测机器的运行，检查人体脏器的功能，甚至用于侦察和破案（每个人都有自己独特的"声纹"）。环境监测和遥感技术则离不开电磁波谱分析。至于光谱分析，除技术应用外，更是人们探索宇宙和微观世界的主要手段。

从人们对不同声音的极灵感的分辨能力来看，人的耳朵可以说是精妙绝伦的声谱分析仪。同样的，人的眼睛也可以说是很好的光谱分析仪。

*第五节 阻尼振动 受迫振动 共振

一、阻尼振动

任何实际的振动，总要受到摩擦力、粘滞力等阻力的影响。由于克服阻力做功，振动系统的能量不断地减少；同时，由于振动系统与周围弹性介质的相互作用，振动将向外传播形成波，因此振动系统的能量也随着波向外传播而不断地减少。随着能量的不断减少，振幅也逐渐减少，这种振幅随着时间而减少的振动称为阻尼振动。

理论指出，当振动系统沿轴 x 振动时，若阻尼较小，即 $\beta^2 < \omega_0^2$，其振动方程为

$$x = Ae^{-\beta t}\cos(\omega t + \varphi) \tag{8-26}$$

其中，$\omega = \sqrt{\omega_0{}^2 - \beta^2}$，它是阻尼振动的角频率；$\omega_0$ 是振动系统的固有角频率；β 称为**阻尼因数**，单位为秒$^{-1}$（s^{-1}），它表征阻尼的强弱，或者说它表征了**振幅衰减**的**快慢程度**。

由式（8-26）可看出，阻尼振动的振幅 $Ae^{-\beta t}$ 是随时间 t 作指数衰减的。当 $\beta^2 > \omega_0^2$ 时称为**过阻尼**，物体从开始的最大位移处缓慢地回到平衡位置，不再做振动。$\beta^2 = \omega_0^2$ 是物体不做振动的极限情况，称为**临界阻尼**。在临界阻尼时，物体可以最快地回到平衡位置。图 8-13 给出了阻尼振动的位移-时间曲线。

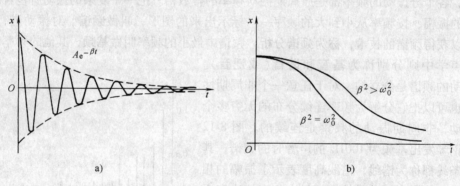

图 8-13 阻尼振动的位移-时间曲线
a) $\beta^2 < \omega_0^2$ b) $\beta^2 \geqslant \omega_0^2$

如果用实验方法记录下阻尼振动曲线，然后做出其包络线，则可据此求得阻尼因数值。例如，已知在 $t = 5\mathrm{s}$ 时间内，振幅缩小为原来的 0.032 倍，即有

$$\frac{e^{-\beta(t+5)}}{e^{-\beta t}} = e^{-5\beta} = 0.032$$

则可求得 $\beta = 0.69\mathrm{s}^{-1}$

在生产和技术上，常根据需要用改变阻尼大小的方法来控制系统的振动情况。例如，各类机器的减震器大多采用一系列的阻尼装置，使频繁的撞击变为缓慢的振动，并迅速衰减，以保护机件。有些仪器，如阻尼天平、灵敏电流计等，也装有临界阻尼装置，借以节约时间，便于测量。

二、受迫振动 共振

在实际的振动系统中，阻尼总是客观存在的。要使振动能持续不断地进行，通常对系统施加一周期性的外力。系统在周期性外力持续作用下所发生的振动称为**受迫振动**。例如，扬声器中纸盆的振动、机器转动时所引起的机座的振动都是受迫振动。

设振动系统沿轴 x 方向振动时，受周期性强迫力 $F_m\cos\omega t$ 作用，F_m 是强迫力的最大值，称为力幅，ω 是强迫力的角频率。对此，理论上可给出受迫振动的振动表达式

$$x = A'e^{-\beta t}\cos(\omega't+\varphi') + A\cos(\omega t+\varphi) \tag{8-27}$$

式(8-27)表明，受迫振动可以看做两个振动的合成。其一为不考虑强迫力时物体所做的阻尼振动，这一振动随时间而很快地衰减，最后消失；其二为物体在周期性强迫力作用下，以强迫力的角频率 ω 做的等幅振动。

实验表明，受迫振动在开始时的运动情况非常复杂。从能量观点看，在开始时，振动系统由强迫力做功所获得的能量往往大于阻尼消耗的能量，所以总的趋势是使振动系统的能量不断增加，振幅增大。但是，由于阻力一般随速度的增大而增大，所以能量的损耗也逐渐增多，当周期性的强迫力在一个周期内所做的功正好等于振动系统克服阻力所做的功时，受迫振动进入稳定的振动状态，振幅不再增加，而做等幅振动，振动的频率等于周期性强迫力的频率，如图 8-14 所示，这是实际上常用的获得简谐振动的方法之一，其振动表达式为

$$x = A\cos(\omega t+\varphi) \tag{8-28}$$

其振幅 A 决定于强迫力的力幅 F_m、固有角频率 ω_0 和阻尼因数 β，而与系统的初始状态无关。设振动物体的质量为 m，取 $f_m = F_m/m$，可以证明 A 和 φ 的表达式为

$$A = \frac{f_m}{\sqrt{(\omega_0^2-\omega^2)^2+4\beta^2\omega^2}} \tag{8-29}$$

$$\varphi = \arctan\left(\frac{-2\beta\omega}{\omega_0^2-\omega^2}\right) \tag{8-30}$$

在 f_m、ω_0 和 β 一定的情况下，则受迫振动的振幅 A 仅是强迫力角频率 ω 的函数，其关系曲线如图 8-15 所示。

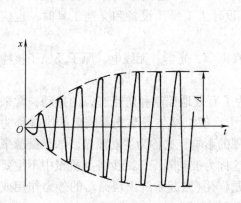

图 8-14 受迫振动曲线

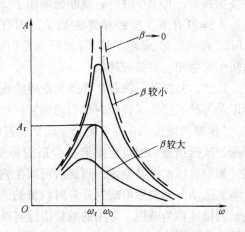

图 8-15 受迫振动的幅频特性

图中 ω_0 是振动系统的固有角频率。从图中可以看出，当强迫力的角频率 ω 与固有角频率 ω_0 相差较大时，受迫振动的振幅 A 比较小，而当 ω 与 ω_0 相接近时，振幅 A 逐渐增大，在 ω 为某一定值时，强迫力在整个周期内对系统做正功，因此供给系统的能量最多，受迫振动的振幅也最大。这种在周期性强迫力作用下，振幅达到最大值的现象称为**共振**。共振时的角频率称为**共振角频率**，以 ω_r 表示；共振时的振幅用 A_r 表示，则

$$\omega_r = \sqrt{\omega_0^2 - 2\beta^2} \tag{8-31}$$

$$A_r = \frac{f_m}{2\beta\sqrt{\omega_0^2 - \beta^2}} \tag{8-32}$$

由上两式可知，阻尼因数越小，共振角频率 ω_r 越接近于系统的固有角频率 ω_0，同时共振的振幅 A_r 也越大。若阻尼因数趋近于零，则 ω_r 趋近于 ω_0，振幅将趋于无穷大。

共振现象是常见的自然现象，在工程技术和科学实验中都有广泛的应用。耳朵鼓膜的不同部分，可与不同频率的声音发生共振。一些乐器利用共振来提高音响效果，收音机的调谐回路、测定交流电频率的频率计、选矿用的共振筛及预报地震的地震仪等，都利用了共振原理；电磁波信号的产生、接受、放大，乃至分析处理都依赖共振。荧光灯、激光等光源，光谱分析等技术则利用了原子、分子的能量共振。

琴师校验钢琴是否调准时，可以用音叉或专用仪器发出特定频率的声音，看所调琴弦能否发生共鸣，若发生共鸣就表明调准了。有一种电驱蚊器，它发出一种电致振动，其频率和蚊子翅膀的固有频率十分接近，使蚊子受不了而飞走。在 20 世纪，共振方法已成为探测物质结构的重要手段。例如，当今已逐渐普及的"核磁共振成像"，便是医疗诊断的有力工具。所谓磁共振，就是在恒定磁场和高频电磁场同时作用下的物体，当满足一定条件时，对高频电磁场的共振吸收现象。其中，有磁性的原子核对射频场激励的共振吸收，称为核磁共振。它在工程测量、无损分析中有重要应用。

在另一些情况下，共振现象也有危害性。例如，火车对铁轨接头的冲击力、机器运转时由于转动部分结构的不对称所产生的作用力、波浪对轮船的冲击力等，都是周期性的，而桥梁、机器、轮船又各有其固有频率，若它们发生共振，将造成危害，所以必须防止。1940 年，位于美国华盛顿洲的塔科麦海峡大桥，刚落成才 4 个月，只因一阵阵大风横扫而过，使桥发生共振，几个小时后它就断裂倒塌了。

人体内有不少空腔和弹性系统，固有频率在 3 ~ 30Hz 之间。人体平衡系统对 0.1 ~ 0.6Hz（造成晕车、晕船的频率）的振动尤为敏感，设计人工操作设备和交通工具时，也应注意防止发生相应的共振现象。

总之，共振是一种非常普遍和重要的现象，在声学、光学、无线电、原子及原子核物理学以及各种工程技术领域中都会遇到它。

*隔振与减振** 在许多场合振动是有害的，为了有效地控制和防止有害的振动，常采用隔振和减振措施。把机器安装在合适的弹性装置上，使机械装置与支承隔离的措施称为隔振。如果机械本身是振源，隔离后可减少它对周围的影响，这称为主动隔振。如果振源来自支承的运动，隔离后可减少外界对机械的影响，这称为被动隔振。减少各类机械中不需要的振动的措施称为减振。常用的减振措施有减小激励作用（激起系统出现振动的外力作用或能量输入称为激励）、避开共振区、增加阻尼和使用减振器等。

思 考 题

1. 以 $\omega_0 t + \varphi$ 表示相位，试比较 $\varphi = \dfrac{\pi}{2}$ 和 $\varphi = \dfrac{3}{2}\pi$，以及 $\varphi = \dfrac{2}{3}\pi$ 和 $\varphi = \dfrac{4}{3}\pi$ 的简谐振动状态的区别，这种区别说明了什么？

2. 如果将弹簧振子的弹簧在一半处折叠后成一弹簧，物体质量不变，它的固有频率有何变化？如果将振子中物体的质量减少一半，弹簧不变，其固有频率有何变化？

3. 在阻力均可忽略的情况下，同一弹簧振子平放、竖放、悬吊和斜放（置于光滑斜面上）时，其固有频率有无变化？

4. 两个完全相同的弹簧振子，但运动状态不同，如果一个振子通过平衡位置的速度比另一个大，问两者周期是否相同？能量是否相同？

5. 在已知简谐振动振幅 A 和初位移 x_0 的情况下，可否由 $t = 0$ 时的表达式 $x_0 = A\cos\varphi$ 求出初相 φ？

6. 有一种电驱蚊器，它产生的电致振动频率很接近于蚊子翅膀的振动频率，这利用了什么原理？

7. 磬是一种古代乐器，唐代洛阳的一座庙里，磬常常自鸣，和尚害怕。有个人知道这是别处敲钟引起的，他把磬锉了几个缺口，磬就不再自鸣了。请说说其中的道理。

8. 为什么说简谐振动的相位是描述系统的运动状态的？初相是不是一定指它开始振动时刻的相位？同一简谐振动，能否选择不同时刻当做时间的起始点？它们之间的区别何在？

9. 同一简谐振动的位移 x、速度 v、加速度 a 之间的相位差是多少？哪个比哪个超前？

*10. 在没有长度测量工具的情况下，能否用一条足够长的细线测量出一个大圆筒的直径？

习 题

一、选择题

*1. 在如图 8-16 所示的竖直弹簧振子系统中，小球的质量为 m，轻弹簧劲度系数为 k。小球置于水中，设振子振动时，水的浮力恒为 F，而水的阻力可忽略不计，则振子的周期 T（　　）。

A. 大于 $2\pi\sqrt{m/k}$;　　B. 等于 $2\pi\sqrt{m/k}$;　　C. 小于 $2\pi\sqrt{m/k}$;　　D. 无法确定。

2. 两个上端固定的完全相同的弹簧，分别挂有质量为 m_1 和 m_2 的物体，组成两个弹簧振子"1"和"2"，已知 $m_1 > m_2$，若两者的振幅相等，则它们的周期 T 和机械能 E 的大小关系为（　　）。

A. $T_1 > T_2$，$E_1 > E_2$;　　B. $T_2 > T_1$，$E_2 > E_1$;

C. $T_1 > T_2$，$E_1 = E_2$;　　D. $T_1 = T_2$，$E_1 > E_2$。

3. 如图 8-17 所示，两个质量均为 m 的物体与一个弹簧组成一个弹簧振子，当其振动到下端最大位移时，下面一个物体与系统脱离，则系统的频率 f 和振幅 A 的变化情况为（　　）。

A. f 变大，A 变小;　　B. f 变大，A 不变;

C. f 变小，A 变大;　　D. f 变小，A 不变。

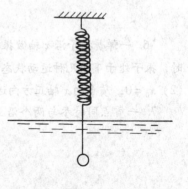

图 8-16

4. 有两个沿 x 轴做简谐振动的质点，它们的频率、振幅都相同。当第一个质点自平衡位置向负方向运动时，第二个质点在 $x = -A/2$ 处也向负方向运动，则两者的相位差为（　　）。

A. $\pi/2$；　　　　　　　　B. $2\pi/3$；

C. $\pi/6$；　　　　　　　　D. $5\pi/6$。

二、计算题

1. 两个弹簧振子做简谐振动的周期都是 0.4s，设开始时，第一个振子从平衡位置向负方向运动，经过 0.2s 后，第二个振子才从正方向的端点开始运动，求这两个振动的相位差。

2. 比重计直径为 d，质量为 m，浮于密度为 ρ 的液体内，若把比重计向下　图 8-17 轻轻一按，然后让其自由振动（忽略阻力），求其振动角频率 ω。

3. 质量为 20g 的小球与轻质弹簧构成弹簧振子，此系统按方程 $x = 0.4\cos\left(4\pi t - \dfrac{\pi}{4}\right)$cm 振动，式中 t 的单位为 s。求：(1)振动的角频率、周期、初相位、速度及加速度的最大值、振动能量；(2)$t = 2.5$s 时的相位。

4. 两个物体各自做简谐振动，它们频率相同，振幅相同。第一个物体的振动方程为 $x_1 = A\cos(\omega t + \varphi_1)$。当第一个物体处于负方向端点时，第二个物体在 $x_2 = \dfrac{A}{2}$ 处，且向 x 轴正方向运动。求：(1)两物体振动的相位差；(2)第二个物体的振动方程。

5. 描写一简谐振动的旋转矢量如图 8-18 所示，试根据该旋转矢量，用 $T/8$ 作时间标度，在 $x - t$ 图上做出振动曲线。

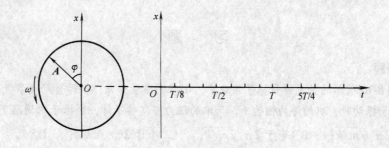

图 8-18

*6. 一弹簧振子沿 x 轴做振幅为 A 的简谐振动，其表达式为 $x = A\cos(\omega t + \varphi)$。若当 $t = 0$ 时，振子处于下面几种运动状态，用旋转矢量法分别画出这几种情况的初相位：(1) $x_0 = -A$；(2) $x_0 = 0$，质点向 x 轴正方向运动；(3) $x_0 = -A/2$，质点向 x 轴负方向运动。

7. 一质点同时参与两个沿 x 轴的同频率的简谐振动，两振动的表达式分别为

$$x_1 = 6\cos\left(\pi t + \dfrac{\pi}{3}\right)\text{cm}$$

$$x_2 = 2\cos\left(\pi t - \dfrac{2\pi}{3}\right)\text{cm}$$

试求合振动的振幅、初相和振动方程。

*8. 两完全相同的弹簧下端分别悬挂质量比为 9:4 的小球，如使它们的振幅比分别为 2:3，求两者周期比与能量比。

*9. 火车在铁轨上行驶时，每经过接轨处即受到一震动，使车厢在弹簧上振动，已知每段铁轨长 12.5m，弹簧劲度系数 $k = 6.25 \times 10^4 \text{N/m}$，承受质量 $m = 3.5 \times 10^3 \text{kg}$，若取共振频率 $\omega_r = \sqrt{\omega_0^2 - 2\beta^2} \approx \omega_0$，求火车速度多大时振动最强烈？

第九章 机 械 波

振动的传播过程称为波动，简称波。自然界中存在着各种不同的波，常见的有两大类：一类是机械波，如声波、水波、地震波等，是机械振动在介质中的传播过程；另一类是变化的电场和变化的磁场在空间的传播称为电磁波，如无线电波、红外线、可见光、X射线等，是交变电磁场在真空或介质中的传播过程。近代物理学的研究还表明，电子、质子等微观粒子乃至任何物质粒子也都具有波动性，这种波称为物质波。虽然各种波的本质不同，但是它们都具有波动的共同特征和规律。

本章讨论机械波中最简单的一种波称为简谐波。其他复杂的波可以由简谐波合成。

第一节 机械波的特性

一、机械波的产生和传播

由无穷多个质点，通过相互之间弹性力组合在一起的连续介质叫做弹性介质。弹性介质可以是固体、液体、气体。机械振动系统使弹性介质中的某一点发生振动时，它会引起邻近质点产生相对形变，邻近质点通过弹性力作用在振动质点上，使之回到平衡位置，因此，这个质点就会在平衡位置附近振动起来。与此同时，振动质点对邻近质点也施以周期性的弹性力，从而邻近质点也就振动起来。由于介质中各质点间存在着弹性力的作用，因此这种振动必然在介质中由近及远地以一定的速度传播开来，就形成了机械波。例如，投石落入平静的湖面引起落水点处水的振动，这种振动向周围水面传播出去就形成水面波；又如，人说话时声带的振动引起周围空气发生压缩和膨胀，空气压强也随之变化，从而引起四周空气的疏密变化，形成空气中的声波。

由上述举例中可见机械波产生需要有两个条件：首先要有做机械振动的物体即波源；其次要有能传播这种机械振动的介质。

机械波主要有两种基本类型：**横波和纵波**。质点振动方向与波的传播方向平行的波叫做**纵波**。纵波在介质中传播时，介质发生压缩或扩张形变，固体、液体、气体都具有恢复这种形变的弹性力，因此纵波在固、液、气体中都能够传播。质点振动方向与波的传播方向垂直的波叫横波。横波在介质中传播时，一层介质相对于另一层介质发生平移，即发生切向形变。固体具有恢复这种形变的弹性力，因此能传播横波。气体内不存在切变弹性力，因此，在气体中不能传播机械横波。

波源在弹性介质中振动时，振动将向各个方向传播。沿波的传播方向画一些带箭头的线，称为**波射线**，它表示波的传播方向。波的传播过程也就是振动状态或者说相位的传播过程。沿波的传播方向，各点振动相位依次落后，由振动相位相同的点组成的面称为**波(阵)面或同相(位)面**，最前面的波面称为波前。波面可以有各种形状，波面是平面的波称为**平面波**，波面是球面的波称为**球面波**。在各向同性的介质中，波射线恒与波面垂直。

在均匀各向同性的介质中，如果波源的形状、大小可忽略不计，而将它看成点波源，它将形成球面波。如果球面波的半径足够大，而研究的仅是球面上很小的区域，则这个小区域内波面可近似为平面。

二、波长　波的周期(或频率) 波速

波长、波的周期(或频率)和波速是描述波动的重要物理量。在同一波射线上，两个相邻的、相位差为 2π 的振动质点之间的距离，称为**波长**，用 λ 表示。横波上相邻两个波峰或相邻两个波谷之间的距离都是一个波长；纵波上相邻两个密部或相邻两个疏部之间的距离也是一个波长。波长随介质的不同而改变。波前进一个波长的距离所需要的时间称为波的**周期**，用 T 表示。周期的倒数称为波的**频率**，用 f 表示，即 $f=1/T$，频率也就是单位时间内波传播的完整波的个数。当波源做一次全振动时，沿波线正好传出一个波长，所以，波的周期(或频率)等于波源的振动周期(或频率)。当波在不同的介质中传播时，它的周期(或频率)是不变的。在波动过程中，某一振动状态在单位时间内所传播的距离叫做**波速**，用 u 表示。波速的大小取决于介质的性质，即介质的弹性和密度。在不同的介质中，波速是不同的。

可以证明，固体中的横波和纵波的传播速度分别为

$$u = \sqrt{\frac{N}{\rho}} \quad \text{(横波)}$$

$$u = \sqrt{\frac{Y}{\rho}} \quad \text{(纵波)}$$

式中，N 为固体的切变模量；Y 为介质的弹性模量；ρ 为固体的密度。

在同一固体介质中，纵波速率大于横波速率。

在液体和气体中，纵波的传播速度为

$$u = \sqrt{\frac{K}{\rho}} \quad \text{(纵波)}$$

式中，K 为体积模量，ρ 为密度。

因为在一个周期内波前进一个波长的距离，所以波速、波长及周期的关系为

$$u = \frac{\lambda}{T} \tag{9-1}$$

用频率表示，上式又可写为

$$u = \lambda f \tag{9-2}$$

以上两式是波长、周期(或频率)和波速之间的基本关系式，它们具有普遍意义，对各类波都适用。

例 9-1 一简谐横波沿一弦线传播，已知波源振动的频率为 30Hz，波速为 12m/s，弦上 A、B 两点相距 $l=0.1\text{m}$，波先经过点 A 再传至点 B，求 A、B 两点的相位差。

解 根据式(9-2)，此横波的波长为

$$\lambda = \frac{u}{f} = \frac{12}{30}\text{m} = 0.4\text{m}$$

再由 A、B 两点间的距离 l 求得两点间的波数为

$$N = \frac{l}{\lambda} = \frac{0.1}{0.4} = 0.25$$

由于相距一个波长的两点间的相位差为 2π，故相距 N 个波长的两点间的相位差为

$$\Delta\varphi = N \times 2\pi = 0.25 \times 2\pi = \frac{\pi}{2}$$

即点 A 的相位比点 B 超前 $\pi/2$。

第二节　平面简谐波的波动方程

波动是振动的传播过程。一般说来，介质中各质点的振动是很复杂的，所以由此而产生的波动也是很复杂的。本节只讨论一种最简单、最基本的波，即简谐振动在介质中传播而形成的波，这种波称为简谐波。若简谐波的波面是平面，就称为平面简谐波。平面简谐波同相位面上各质点均做同频率同振幅的简谐振动，因此，只要知道了与波面垂直的任意一条波射线上波的传播规律，就可以知道整个波的传播规律，定量地表达出平面简谐波的规律，就具有特别重要的意义。

下面讨论在无吸收的均匀无限大介质中，沿 Ox 轴正方向传播的平面简谐波，如图 9-1 所示。设坐标原点 O 处质点做简谐振动，其振动方程为

$$y_0 = A\cos\omega t$$

式中，ω 为角频率，A 为振幅。

y_0 为 O 点处质点在 t 时刻离开平衡位置的位移。在 Ox 轴正方向上任取一点 P，P 点距 O 点的距离为 x。由于波的传播速度为 u，所以振动由 O 点传播到 P 点所需的时间为 x/u，即 P 点的振动在时间上总比 O 点的振动落后 x/u，也就是说 P 点处质点在 t 时刻的振动位移就是 O 点处质点在 $\left(t - \dfrac{x}{u}\right)$ 时刻的位移，因此 P 点处质点在 t 时刻的位移为

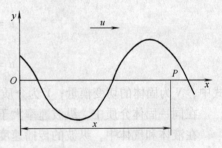

图 9-1　推导波动方程用图

$$y = A\cos\omega\left(t - \frac{x}{u}\right) \tag{9-3}$$

由于 P 点是任意的，因此，式(9-3)给出了波射线上任一点在任一时刻的位移，称为沿 Ox 轴正方向传播的平面简谐波的波动方程。

因为 $\omega = 2\pi/T = 2\pi f$，$u = \lambda/T = \lambda f$，式(9-3)又可写为

$$y = A\cos 2\pi\left(ft - \frac{x}{\lambda}\right) \tag{9-4}$$

或

$$y = A\cos 2\pi\left(\frac{t}{T} - \frac{x}{\lambda}\right) \tag{9-5}$$

如果波沿 Ox 轴负方向传播，则 P 点的振动比 O 点早开始一段时间 x/u。若 O 点振动了 t 时间，则 P 点早已振动了 $\left(t + \dfrac{x}{u}\right)$ 时间，所以 P 点在任一时刻 t 的位移为

$$y = A\cos\omega\left(t + \frac{x}{u}\right) \tag{9-6}$$

式(9-6)即为沿 Ox 轴负方向传播的平面简谐波的波动方程。同样，式(9-6)也可写为以下两种常见的形式

$$y = A\cos 2\pi\left(ft + \frac{x}{\lambda}\right) \tag{9-7}$$

$$y = A\cos 2\pi\left(\frac{t}{T} + \frac{x}{\lambda}\right) \tag{9-8}$$

以上各式中的波动方程，都是假设原点 O 处质点的初相为零。

为了进一步理解波动方程的物理意义，讨论以下几种情况。

（1）当 x 一定，则 y 仅是时间 t 的函数，此时波动方程表示出距离原点为 x 处的给定点在各个不同时刻的位移。以 y 为纵坐标，t 为横坐标，可得对应的 $y\text{-}t$ 曲线，它实际上是给定点的振动曲线，如图 9-2a 所示。若 $x = b$，则式(9-3)变为

$$y = A\cos\omega\left(t - \frac{b}{u}\right)$$

（2）当 t 一定时，则位移 y 仅是 x 的函数，此时波动方程表示出给定时刻各质点的位移 y 的分布情况。以 y 为纵坐标，x 为横坐标，可得如图 9-2b 所示的在给定时刻的 $y\text{-}x$ 曲线，也就是给定时刻的波形曲线。若 $t = c$，则式(9-3)变为

$$y = A\cos\omega\left(c - \frac{x}{u}\right)$$

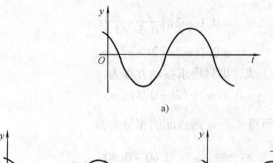

a)

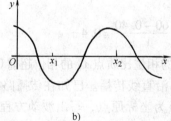

b)

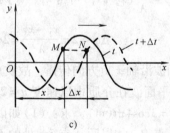

c)

图 9-2　波动方程的物理意义
a）振动曲线　b）波形曲线　c）波的传播

（3）当 x 和 t 都变化时，位移 y 是 x 和 t 的函数，此时波动方程表示波射线上各个不同质点在不同时刻的位移，它描述了波形不断向前推进的情形。设某一时刻 $t = t_1$ 时的波形曲线如图 9-2c 中的实线所示，波射线上某点 M（坐标为 x）的位移为

$$y_M = A\cos\omega\left(t - \frac{x}{u}\right)$$

则经过一段时间 Δt 后，波传播的距离为 $\Delta x = u\Delta t$，此时在波射线上 $x + \Delta x = x + u\Delta t$ 处，点 N 的位移为

$$y_N = A\cos\omega\left(t + \Delta t - \frac{x + u\Delta t}{u}\right)$$

$$= A\cos\omega\left(t - \frac{x}{u}\right) = y_M$$

这说明 t 时刻的波形曲线，在 Δt 时间内沿 x 轴正方向整体往前推进了一段距离 $\Delta x = u\Delta t$，到达图中虚线所示的位置，即 t 时刻，x 处的振动位移在 $t + \Delta t$ 时刻已传播到 $x + u\Delta t$ 处，因此可以看到波形在前进。

如果用相位传播来描述，就是 t 时刻 x 处的相位在 $t + \Delta t$ 时刻已传播到 $x + u\Delta t$ 处，所以当 x 和 t 都变化时，波动方程描述了波形的传播。这也说明波动方程确能定量地表达出波的传播情况。

上面导出的波动方程对横波、纵波都适用，而且对电磁波及其他形式的波也都适用。

例9-2 已知一平面简谐波沿 x 轴负方向传播，设坐标原点 O 处质点的初相 $\varphi = 0$，波的周期 $T = 0.5\text{s}$，波长 $\lambda = 1\text{m}$，波幅 $A = 0.1\text{m}$。(1)试写出此平面波的波动方程；(2)求距原点为 $x = \lambda/2$ 处质点的振动方程；(3)求距原点分别为 $x_1 = 0.40\text{m}$ 与 $x_2 = 0.60\text{m}$ 处两质点的相位差。

解 （1）将题给数据代入式(9-8)，便得所求平面简谐波的波动方程为

$$y = A\cos2\pi\left(\frac{t}{T} + \frac{x}{\lambda}\right)$$

$$= 0.1\cos2\pi\left(\frac{t}{0.5} + \frac{x}{1}\right)$$

$$= 0.1\cos2\pi(2t + x)\ (\text{m})$$

(2)将 $x = \lambda/2 = 0.5\text{m}$ 代入上式，即得所求振动方程

$$y = 0.1\cos2\pi(2t + 0.5)\ (\text{m})$$

(3)由式 $\Delta\varphi = \frac{2\pi}{\lambda}(x_2 - x_1)$ 可得 x_1、x_2 两点间的相位差为

$$\Delta\varphi = 2\pi\frac{x_2 - x_1}{\lambda} = 2\pi\times\frac{0.60 - 0.40}{1} = 0.4\pi$$

考虑到平面波沿轴 x 负方向传播，故质点 x_2 的相位比质点 x_1 的相位超前 0.4π。

例9-3 一平面波在介质中以速度 $u = 20\text{m/s}$ 沿直线传播。已知在传播路径上的某点 A 的振动方程为 $y = 3\cos4\pi t\ (\text{m})$，求：(1)如以 A 点为坐标原点，写出波动方程；(2)逆着波的传播方向有一点 B，如距 A 点5m处的 B 点为坐标原点，写出波动方程。

解 已知 $u = 20\text{m/s}$，$f = 2\text{s}^{-1}$，$\lambda = \frac{u}{f} = \frac{20}{2}\text{m} = 10\text{m}$，$A$ 点的振动方程为

$$y_A = 3\cos4\pi t\ (\text{m})$$

(1)以 A 为原点的波动方程为

$$y_A' = 3\cos4\pi\left(t - \frac{x}{u}\right) = 3\cos\left(4\pi t - 4\pi\frac{x}{20}\right) = 3\cos\left(4\pi t - \frac{\pi}{5}x\right)(\text{m})$$

(2)已知波的传播方向由 B 到 A，故 B 的相位比 A 点超前，其振动方程为

$$y_B = 3\cos4\pi\left(t + \frac{5}{20}\right) = 3\cos(4\pi t + \pi)\ (\text{m})$$

以 B 为原点的波动方程为

$$y'_B = 3\cos\left(4\pi t + \pi - 4\pi\frac{x}{u}\right) = 3\cos\left(4\pi t + \pi - \frac{\pi}{5}x\right)(\text{m})$$

第三节 波的能量 能流密度

一、波的能量

在波动过程中，波源的振动通过弹性介质由近及远地传播出去。介质中的某一部分在波未到达之前是静止的，既无动能，也无势能。在波动到达之后，该处的质点开始振动，具有动能，同时因为该处的介质发生形变而具有势能。所以，波动的过程也就是能量的传播过程。

下面以横波为例，比较波在弹性介质中传播前后的情况。图 9-3a 所示为没有波动时介质中各质元都处于平衡位置的情况，既无动能也无弹性势能；图 9-3b 所示为介质中有波动时的情况，设在某一瞬时，质元 A 正通过平衡位置向上运动，其振动速度最大，故动能最大；其体积和形状与没有波动时相比，变化也最大，故弹性势能也最大。而质元 B 因在最大位移处，振动速度为零，故动能为零；其体积和形状与没有波动时相比，并没有发生变化，故势能也为零。

设有一简谐波在密度为 ρ 的弹性介质（如绳）中传播，在波线上坐标为 x 处取一体积元 dV，其质量 $dm = \rho dV$，在时刻 t 该体积元的位移为

$$y = A\cos\omega\left(t - \frac{x}{u}\right)$$

该体积元的振动速度为

$$v = \frac{\partial y}{\partial t} = -\omega A\sin\omega\left(t - \frac{x}{u}\right)$$

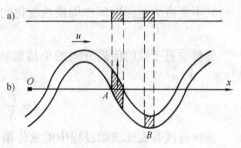

图 9-3 质元的动能和势能

所以，该体积元 dV 的动能为

$$dE_k = \frac{1}{2}dmv^2 = \frac{1}{2}(\rho dV)A^2\omega^2\sin^2\omega\left(t - \frac{x}{u}\right) \tag{9-9}$$

同时，体积元 dV 因发生弹性形变而具有弹性势能。可以证明，此时弹性势能也为

$$dE_p = \frac{1}{2}dmv^2 = \frac{1}{2}(\rho dV)A^2\omega^2\sin^2\omega\left(t - \frac{x}{u}\right) \tag{9-10}$$

上两式表明：在波的传播过程中，弹性介质体积元的动能和势能在任何时刻都是相等的，它们同时最大，同时为零。这和单一的简谐振动系统中，动能和势能相互转换，系统的机械能守恒是不同的。

体积元 dV 的总能量为

$$dE = dE_k + dE_p = (\rho dV)A^2\omega^2\sin^2\omega\left(t - \frac{x}{u}\right) \tag{9-11}$$

式(9-11)表明：弹性介质体积元的总能量随时间 t 做周期性的变化。这说明该体积元与相邻部分不断地有能量交换，在波动的传播过程中，每一体积元不断地从波源方向接受能

量，又不断地向前传递能量。这样，能量就从介质的一部分传到另一部分，所以，波动是能量传播的一种方式。

为了精确地描述波的能量分布，引入波的**能量密度**，即单位体积内的波动能量，用 w 表示，单位为焦·米$^{-3}$（J·m^{-3}）。

$$w = \frac{\mathrm{d}E}{\mathrm{d}V} = \rho A^2 \omega^2 \sin^2 \omega\left(t - \frac{x}{u}\right) \tag{9-12}$$

在某体积元处，波的能量密度是随时间而变化的，能量密度在一个周期内的平均值叫做**平均能量密度**，用 $\overline{w}$ 表示

$$\overline{w} = \frac{1}{T}\int_0^T \rho A^2 \omega^2 \sin^2 \omega\left(t - \frac{x}{u}\right)\mathrm{d}t = \frac{1}{2}\rho A^2 \omega^2 \tag{9-13}$$

式(9-13)表明：波的平均能量密度与振幅的平方成正比，与角频率的平方成正比。这一结论具有普遍意义。

二、能流密度

波的能量随着波形的前进在介质中传播，因此引入能流的概念。单位时间内通过介质中某一截面的能量称为通过该截面的**能流**，用 P 表示，单位为瓦［特］（W）。设面积 S 垂直于波速 u 的方向，在单位时间内体积 Su 内的能量将通过面积 S，所以能流

$$P = Suw$$

式中能流 P 是随时间作周期性变化的，取其平均值称为平均能流，用 $\overline{P}$ 表示。

$$\overline{P} = \overline{Suw}$$

通过垂直于波的传播方向的单位面积上的平均能流称为**能流密度**，用 I 表示，单位为瓦/米^2（W/m^2）。

$$I = \frac{\overline{P}}{S} = \overline{uw} = \frac{1}{2}\rho u A^2 \omega^2 \tag{9-14}$$

能流密度是表征波动过程中能量传播的一个重要物理量，又叫做波的强度。例如，声波的能流密度称为声强，它表示声音的强弱；光波的能流密度称为光强，它表示光的强弱。

如果介质不吸收声能，则通过整个波面的能流称为声功率，它表示了声源的输出功率，即声源每秒钟向外辐射的声能。

第四节　波　的　干　涉

一、波的叠加原理

把两个小石块投入静水中，观察由石块所激起的两列圆形水面波可以发现，当它们彼此交叉穿过又分开后，仍保持原来的特性而各自独立地继续向前传播。乐队演奏或几个人同时说话，各种声音也并不因为彼此在空间相互交叠而改变。大量实验事实都表明，在通常情况下，各波源所激起的波可在同一介质中独立地传播，不改变各自原来的波长、频率和振动方向等，这便是**波的独立传播原理**。正因如此，当各列波在同一介质中传播时，在它们相遇的区域内，介质中任一处质点的振动位移是各列波单独存在时在该点引起的振动位移的矢量

和，这就是**波的叠加原理**。

满足叠加原理的波称为线性波，否则为非线性波。人们通常遇到的波，几乎都是线性波。超音速飞机飞行时所形成的冲击波，强烈的爆炸声，某些大振幅的电磁波则是非线性波。

二、波的干涉现象

一般说来，振幅、频率和相位都不相等的几列波在相遇区域内叠加时，情况是很复杂的。最简单而又最重要的是由频率相同、振动方向相同、相位差恒定或相位相同的两列波的叠加。叠加的结果可使介质中某些地方的振动始终加强，而另一些地方的振动始终减弱或完全相消，这种现象称为**波的干涉**。满足上述条件的波源称为**相干波源**，由它们激起的波称为**相干波**。

图 9-4 所示为两列水波形成的干涉图样，图中的实线和虚线分别代表两列水波在某一时刻的波峰和波谷。

下面从波的叠加原理出发，应用同方向、同频率的振动合成的结论，来分析干涉现象的产生及确定干涉加强和减弱的条件。

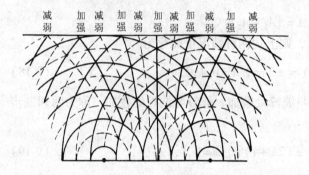

图 9-4 干涉的分析

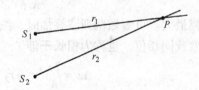

图 9-5 两相干波源发出的波在空间相遇

如图 9-5 所示，设有两个相干波源 S_1、S_2，它们都做同频率的简谐振动，其振动方程分别为

$$y_1 = A_{10}\cos(\omega t + \varphi_1)$$
$$y_2 = A_{20}\cos(\omega t + \varphi_2)$$

式中，ω 为角频率；A_{10}，A_{20} 分别为它们的振幅；φ_1，φ_2 分别为它们的初相。

若两波源发出的这两列波在同一介质中传播，分别经过 r_1、r_2 的距离，并设这两列波到达空间某一点 P 相遇时的振幅分别为 A_1 和 A_2，波长为 λ，则这两列波在 P 点引起的分振动分别为

$$y_1 = A_1\cos\left(\omega t + \varphi_1 - \frac{2\pi r_1}{\lambda}\right)$$
$$y_2 = A_2\cos\left(\omega t + \varphi_2 - \frac{2\pi r_2}{\lambda}\right)$$

这是两个同方向、同频率的简谐振动，可得两相干波在 P 点引起的两分振动的相位差

$$\Delta\varphi = \varphi_2 - \varphi_1 - 2\pi\frac{r_2 - r_1}{\lambda} \tag{9-15}$$

P 点的合振动为这两个分振动的合成，合成的结果仍为简谐振动，即

$$y = y_1 + y_2 = A\cos(\omega t + \varphi)$$

式中，A 为合振动的振幅；φ 为合振动的初相。其中 A 和 φ 分别为

$$A = \sqrt{A_1^2 + A_2^2 + 2A_1A_2\cos\Delta\varphi} \tag{9-16}$$

$$\varphi = \arctan\frac{A_1\sin\left(\varphi_1 - \dfrac{2\pi r_1}{\lambda}\right) + A_2\sin\left(\varphi_2 - \dfrac{2\pi r_2}{\lambda}\right)}{A_1\cos\left(\varphi_1 - \dfrac{2\pi r_1}{\lambda}\right) + A_2\cos\left(\varphi_2 - \dfrac{2\pi r_2}{\lambda}\right)} \tag{9-17}$$

式(9-15)和式(9-16)表明，如果 φ_1、φ_2 恒定，两列波在空间任一点 P 引起的分振动的相位差与时间无关；对空间任一给定的点，合振动的振幅 A 是确定的。对不同的点，合振幅一般是不同的。在满足

$$\Delta\varphi = \varphi_2 - \varphi_1 - 2\pi\frac{r_2 - r_1}{\lambda} = \pm 2k\pi, \quad k = 0,1,2,\cdots$$

的空间各点，合振幅最大，其值为 $A = A_1 + A_2$。而在满足

$$\Delta\varphi = \varphi_2 - \varphi_1 - 2\pi\frac{r_2 - r_1}{\lambda} = \pm(2k+1)\pi, \quad k = 0,1,2,\cdots$$

的空间各点，合振动的振幅最小，其值为 $A = |A_1 - A_2|$。

如果两相干波的初相相同，即 $\varphi_2 = \varphi_1$，则上述两种情况可简化为

$$\Delta\varphi = \frac{2\pi}{\lambda}(r_1 - r_2) = \pm 2k\pi, \quad k = 0,1,2,\cdots \tag{9-18}$$

合振幅最大。可看做两列波叠加时，波峰与波峰处叠加、波谷与波谷处叠加，称为两列波步调一致或同相位，也称为**相长干涉**。

$$\Delta\varphi = \frac{2\pi}{\lambda}(r_1 - r_2) = \pm(2k+1)\pi, \quad k = 0,1,2,\cdots \tag{9-19}$$

合振幅最小。可看做两列波的波峰与波谷叠加，称为步调相反或反相，也称为**相消干涉**。式中，$r_1 - r_2 = \delta$ 即为两相干波从各自的波源到达 P 点时所经过的**波程差**。故上述式(9-18)、式(9-19)的条件又可简化为如下形式，当

$$\delta = r_1 - r_2 = \pm k\lambda, \quad k = 0,1,2,\cdots \tag{9-20}$$

时，即在波程差等于零或为波长整数倍的空间各点，合振动的振幅最大（**相长干涉**）；当

$$\delta = r_1 - r_2 = \pm(2k+1)\frac{\lambda}{2}, \quad k = 0,1,2,\cdots \tag{9-21}$$

时，即在波程差等于半波长的奇数倍的空间各点，合振动的振幅最小（**相消干涉**）。其他各点的振幅则介于最大值和最小值之间。干涉现象是波动所独具的重要特征之一，不仅机械波能产生干涉，电磁波和光波也能产生干涉现象。

发射电磁波的天线在设计中应用了波的干涉理论。在天线阵列中，利用波的干涉，可使波动只在某些方向上加强，从而能进行定向发射。现代战争中的"相控阵"雷达是由许多小雷达排列而成的，只要改变供给各小雷达的电源的相位，就可使合成的雷达束上下左右移动，进行快速扫描，而无需将雷达天线做机械式的转动。相控阵雷达是高效能的弹道导弹防御系统中必不可少的装备。

例 9-4　两个相干的点波源 S_1 和 S_2，如图 9-6 所示，S_1 的初相比 S_2 超前 $\pi/2$，且 S_1 与 S_2

相距 $\lambda/4$。试解释下述现象：在 S_1、S_2 连线上 S_1 的左侧各点呈相消干涉，而在 S_2 的右侧各点则为相长干涉。

解 以 S_1 为坐标原点 O，S_1、S_2 的连线为 x 轴。先讨论 S_1 左侧各点的情况，在 S_1 左侧任取一点 P，坐标为 x，由 S_1、S_2 发出的两个相干波在点 P 的相位差为

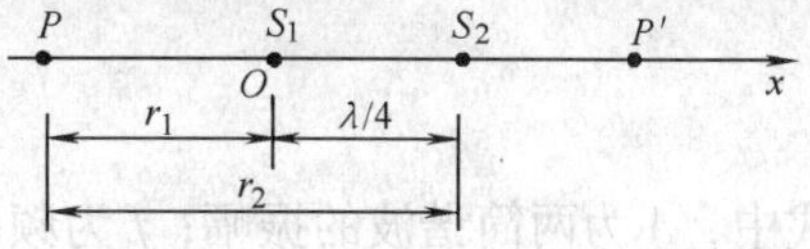

$$\Delta\Phi = \varphi_2 - \varphi_1 + 2\pi\frac{r_1 - r_2}{\lambda}$$

图 9-6 例 9-4 图

由图可见，$r_1 - r_2 = -\lambda/4$，又因为 $\varphi_2 - \varphi_1 = -\pi/2$，故相位差为

$$\Delta\Phi = -\frac{\pi}{2} - \frac{\pi}{2} = -\pi$$

满足合振幅最小的条件，因此在 S_1 左侧各点，两波相消干涉。

再讨论 S_2 右侧各点的情况。在 S_2 右侧任取一点 P'，不难看出，它与两波源之间的波程差为

$$r_1 - r_2 = \frac{\lambda}{4}$$

故两相干波在点 P' 的相位差为

$$\Delta\Phi = -\frac{\pi}{2} + \frac{\pi}{2} = 0$$

满足合振幅最大的条件，因此在 S_2 右侧各点，两波相长干涉。

第五节 驻波与弦乐器

一、驻波

驻波是干涉的特例，图 9-7 是驻波实验的示意图。弦线的一端 A 系在音叉上，另一端通过一滑轮系一砝码，使弦线拉紧。现让音叉振动起来，并调节劈尖 B 至适当的位置，使 AB 具有某一长度时，可以看到 AB 之间的弦线上形成了稳定的振动状态，但各点的振幅不同，有些点始终静止不动，即振幅为零，而另一些点则振动最强，即振幅为最大，这就是**驻波**。弦线上的驻波是怎样形

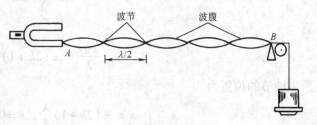

图 9-7 驻波实验

成的呢？当音叉振动时，带动弦线的 A 端振动，由 A 端振动所引起的波沿弦线向右传播，在到达 B 点遇到障碍（劈尖）时产生反射，发射波则沿弦线向左传播。这样，在弦线上，向右传播的入射波和向左传播的反射波干涉的结果，就在弦线上产生了驻波。

驻波是两列振幅和传播速度都相同的相干波，在同一直线上沿相反方向传播时叠加而成的。下面推导驻波方程。

设有两振幅相同、频率相同、初相为零的简谐波，分别沿 Ox 轴正方向和 Ox 轴负方向

传播，它们的波动方程分别为

$$y_1 = A\cos2\pi\left(ft - \frac{x}{\lambda}\right)$$

$$y_2 = A\cos2\pi\left(ft + \frac{x}{\lambda}\right)$$

式中，A 为两简谐波的振幅；f 为频率；λ 为波长。

在两波相遇处各点的位移为两波各自引起的位移的叠加结果，即

$$y = y_1 + y_2 = A\cos2\pi\left(ft - \frac{x}{\lambda}\right) + A\cos2\pi\left(ft + \frac{x}{\lambda}\right)$$

应用三角学关系式，上式可化为

$$y = 2A\cos\frac{2\pi x}{\lambda}\cos2\pi ft \tag{9-22}$$

上式就是驻波方程。从方程中可以看出，$2A\cos\dfrac{2\pi x}{\lambda}$ 与时间无关，它只与 x 有关，即当弦线上形成驻波时，弦线上的各点做振幅为 $\left|2A\cos\dfrac{2\pi x}{\lambda}\right|$、频率为 f 的简谐振动，各点的振幅随着距原点的距离 x 的不同而不同。

为了研究驻波的特征，对式(9-22)做进一步的讨论。

1）因为弦线上各点做振幅为 $\left|2A\cos\dfrac{2\pi x}{\lambda}\right|$ 的简谐振动，所以凡满足 $\cos\dfrac{2\pi x}{\lambda} = 0$ 的那些点，振动的振幅为零，这些点始终静止不动，称为**波节**；而 x 满足 $\left|\cos\dfrac{2\pi x}{\lambda}\right| = 1$ 的那些点，振动的振幅最大，等于 $2A$，这些点振动最强，称为**波腹**；弦线上其余各点的振幅在零与最大值之间。可见，在弦线上形成驻波之后，弦线似乎在做分段振动。

现在来求波节、波腹的位置。因为在波节处

$$\cos\frac{2\pi x}{\lambda} = 0$$

有

$$\frac{2\pi x}{\lambda} = \pm(2k+1)\frac{\pi}{2}$$

所以波节的位置为

$$x = \pm(2k+1)\frac{\lambda}{4}, \quad k = 0, 1, 2, \cdots \tag{9-23}$$

即 x 满足上式的各点，振幅为零。相邻两波节之间的距离为

$$x_{n+1} - x_n = \left[2(n+1)+1\right]\frac{\lambda}{4} - (2n+1)\frac{\lambda}{4} = \frac{\lambda}{2}$$

即相邻两波节之间的距离为半个波长。在波腹处

$$\left|\cos\frac{2\pi x}{\lambda}\right| = 1$$

有

$$\frac{2\pi x}{\lambda} = \pm k\pi$$

所以波腹的位置为

$$x = \pm k\frac{\lambda}{2}, \quad k = 0, 1, 2, \cdots \tag{9-24}$$

相邻两波腹之间的距离为

$$x_{n+1} - x_n = (n+1)\frac{\lambda}{2} - n\frac{\lambda}{2} = \frac{\lambda}{2}$$

即相邻两波腹之间的距离也为半个波长。至于 x 不满足式（9-23）和式（9-24）的各点，其振幅在 0 与 $2A$ 之间。显然，波节与相邻波腹之间的距离为 $\lambda/4$。因此，在驻波实验中，只要测得波节或波腹间的距离，就可以确定波长。

2) 现在考察驻波中各点的相位。由式（9-22）可以看出，弦线上各点振动的相位与 $\cos\frac{2\pi x}{\lambda}$ 的正负有关，凡是使 $\cos\frac{2\pi x}{\lambda}$ 为正的各点的相位都相同，凡是使 $\cos\frac{2\pi x}{\lambda}$ 为负的各点的相位也都相同，并与上述各点的相位相反。由于在波节两边各点，$\cos\frac{2\pi x}{\lambda}$ 有相反的符号，因此波节两边各点振动的相位相反；在两波节之间各点，$\cos\frac{2\pi x}{\lambda}$ 具有相同的符号，因此两波节之间各点的振动相位相同。也就是说，波节两边各点同时沿相反方向达到振动的最大值，又同时沿相反的方向通过平衡位置；而两波节之间各点则沿相同方向达到最大值，又同时沿相同方向通过平衡位置。可见，弦线不仅做分段振动，而且各段作为一个整体，一齐同步振动。所以，在每一时刻，驻波都有一定的波形，但此波形既不左移，也不右移，各点以确定的振幅在各自的平衡位置附近振动，因此称为**驻波**。振动相位逐点传播的波称为行波。

以上讨论了弦上的驻波，但所得到的结论是普遍的，对各种介质中的驻波都适用。

在图 9-7 的实验中，波在固定点 B 反射，在反射处形成波节。如果波在自由端反射，则反射处是波腹。一般情况下，在两种介质分界处形成波节还是波腹，与波的种类、两种介质的性质以及入射角的大小有关。当波从一种弹性介质垂直入射到另一种弹性介质时，如果第一种介质的密度与波速的乘积比第二种介质的小，也即 $\rho_1 u_1 < \rho_2 u_2$，称第一种介质称为**波疏介质**，第二种介质称为**波密介质**。当波从波疏介质传播到波密介质而在分界面反射时，则在反射处出现波节；反之，若波从波密介质传播到波疏介质在界面反射时，则在反射处形成波腹。

在两种介质的分界面上形成波节，说明入射波与反射波在此处的相位相反，反射波在分界面处相位突变了 π，所以波从波疏介质传到波密介质界面反射时，相当于附加（或损失）了半个波长的波程。通常把这种相位突变 π 的现象称为**半波损失**。

应当指出的是，对两端固定的弦线，不是任何频率（或波长）的波都能在弦上形成驻波，只有当弦线长度等于半波长的整数倍时，才能形成驻波。

半波损失问题不仅在机械波反射时存在，在电磁波、光波反射时也存在。

二、弦乐器

利用弦振动产生音符的乐器称为弦乐器，如吉他、琵琶、小提琴、钢琴等。这些乐器上琴弦的两端是固定的，当拨动琴弦时，波沿琴弦在两端固定点之间往返传播，入射波与反射波叠加，在弦上形成驻波。

由于弦的两端是固定的，所以只要形成驻波，两端必是波节，因此，弦长 L 应为半波长 $\lambda/2$ 的整数倍，即

$$L = n\frac{\lambda_n}{2}, \quad n = 1, 2, 3, \cdots$$

根据 $u = f\lambda$ 及上式，可得弦振动的频率为

$$f_n = \frac{u}{\lambda_n} = n\frac{u}{2L}, \quad n = 1, 2, 3, \cdots \tag{9-25}$$

由此可见，并不是任何频率都可以在弦上形成驻波，它必须受到式（9-25）的限制。在弦上可以形成驻波的振动称为弦的固有振动，它们的频率称为弦的固有频率。由式（9-25）可知，弦的固有频率只能取间断值。当 $n = 1$ 时，频率最低，这一频率称为**基频**，其对应的波称为**基波**。当 $n = 2, 3, \cdots$ 时，频率均为基频的整数倍，称为**谐频**，它们对应的波称为**谐波**。当 $n = 2$ 时，称为第一谐波；当 $n = 3$ 时，称为第二谐波；……，如图 9-8 所示。

用手指拨动琴弦而后释放，弦的振动为许多种不同频率的固有振动的叠加。其中基频往往占优势，其振幅比各个谐频的振幅大得多，所以人耳听到的声音就是基频的音调。

根据式（9-25），弦振动频率 f_n 与弦中波速 u 有关，而波速又与弦上的张力有关，因此弦乐器是靠调整弦的松紧程度来调音的。当小提琴或吉他调好音后，按住弦上的不同点，可以改变自由振动的长度 L 从而奏出不同的音符。其他乐器，如竖琴和钢琴，各有许多不同长度和密度的弦，调整其中的每一根弦以产生不同的音符。

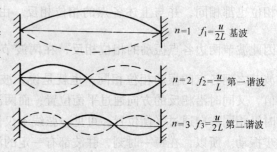

图 9-8　两端固定的弦上的驻波

由于驻波的波形和能量都"不传播"，因此也可以说，驻波并不是一个波动，而是一种特殊形式的振动。

第六节　惠更斯原理　波的衍射

一、惠更斯原理

在弹性介质中，任一点的振动都会引起邻近各点的振动，因而在波的传播中，任何一点都可以看做新的波源。荷兰物理学家惠更斯在建立光的波动学说时，基于上述概念，于 1690 年提出：介质中波到达的各点都可以看做发射子波的波源，在以后任一时刻，这些子波的包迹就是新的波前。这就是著名的**惠更斯原理**。

惠更斯原理对电磁波或机械波都适用，无论介质是均匀的或是非均匀的，各向同性的或是各向异性的。只要知道某一时刻的波前，就可根据惠更斯原理用几何作图的方法画出下一时刻的波面。

下面以球面波和平面波为例，说明惠更斯原理的应用。如图 9-9a 所示，若以 O 为中心的球面波以波速 u 在介质中传播，在时刻 t 的波前是半径为 R_1 的球面 S_1。根据惠更斯原理，

S_1上的各点都可以看成是发射子波的新波源。如果以S_1面上的各点为中心，以$r = u\Delta t$为半径作一些半球形子波，那么，这些子波的包迹S_2即为$t + \Delta t$时刻的新的波面。图9-9b是利用惠更斯原理求平面波的波面。

二、波的衍射

波在传播过程中遇到障碍物时，其传播方向要发生改变，即波能绕过障碍物的边缘继续前进，这种现象称为**波的衍射**。应用惠更斯原理可以定性地解释波的衍射现象。如图9-10所示，平面波到达一宽度与波长相近的缝时，缝上的各点都可以看做发射子波的波源，做出这些子波的包迹即为新的波面。很明显，此时波面已不再是原来那样的平面了，在靠近缝的边缘处，波面弯曲，波的传播方向发生了改变，波绕过了障碍物而向前传播。

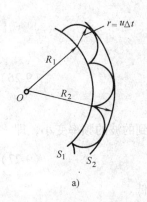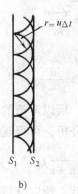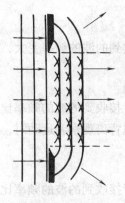

图9-9 用惠更斯原理求波面
　　a）球面波 b）平面波

图9-10 波的衍射

一般说来，任何波动都会发生衍射现象，因此，衍射是波的重要特征之一。实验表明，当缝或障碍物度与通过它们的波的波长差不多时，衍射现象表现的比较明显；反之，如果缝或障碍物等的线度远大于波长时，衍射现象就不显著，此时，波主要表现出直线传播的特征。利用惠更斯原理可以说明波的许多性质，如波在均匀各向同性介质中沿直线传播、波的反射现象和折射现象以及光在传播过程中散射等。

第七节　多普勒效应

当火车、消防车疾驶而来时，其汽笛、警笛的声调明显变高；疾驶而去时，声调则明显低沉下去。由于波源和观察者之间的相对运动，使波的频率产生偏移的现象称为**多普勒效应**。这里所说的观察者包括人和接收器。

下面只讨论观察者相对于介质静止，波源运动的情况。如图9-11所示，设波在介质中的传播速度为u，波源的振动频率为f_0。波源以速度v向观察者运动，图中各波面1，2，3，4是由波源S分别在S_1，S_2，S_3，S_4处产生的。由于波源在单位时间内向前运动了v距离，所以波源在单位时间内所产生的f_0个完整波将分布在$(u - v)$距离之内，因此波源前方的波长将变小为

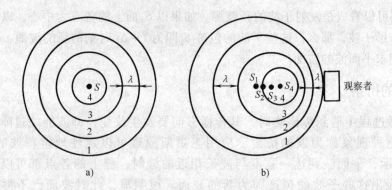

图 9-11　多普勒效应示意图

a）波源不动时波的传播　b）波源运动时波的传播

$$\lambda = \frac{u - v}{f_0}$$

观察者接收到的波的频率变大，即

$$f = \frac{u}{\lambda} = \frac{u}{u - v} f_0 \tag{9-26}$$

这时观察者接收到的波的频率比波源频率高，所以汽笛的声调变高。

当波源背离观察者运动时，通过类似的分析，可得观察者接收到的波的频率变小，即

$$f' = \frac{u}{u + v} f_0 \tag{9-27}$$

这时观察者接收到的波的频率比波源的频率低，所以汽笛的声调变低。

例 9-5　铁轨旁的观测仪器，测得火车开来时汽笛频率为 $f = 2010\,\mathrm{Hz}$，离去时频率为 $f' = 1990\,\mathrm{Hz}$，已知空气中声速 $u = 330\,\mathrm{m/s}$，求汽笛实际频率 f_0 和火车速度 v。

解　汽笛相对于地面的运动速度为 v，由式（9-26）和式（9-27）可得

$$\begin{cases} f = \dfrac{u}{u - v} f_0 \\[2mm] f' = \dfrac{u}{u + v} f_0 \end{cases}$$

所以

$$v = \frac{f - f'}{f + f'} u = \frac{2010 - 1990}{2010 + 1990} \times 330\,\mathrm{m/s} = 1.65\,\mathrm{m/s}$$

$$f_0 = \frac{u - v}{u} f = \frac{330 - 1.65}{330} \times 2010\,\mathrm{Hz} = 2000\,\mathrm{Hz}$$

实际上，不论是声源运动，或是观察者运动，或是两者同时运动，只要两者相互接近，观察者接收到的声波频率就高于声源的频率。如果两者相互远离，观察者接收到的声波频率就低于声源的频率。

利用机械波的多普勒效应可以检查车速、测量流体的速度以及用在报警装置上。例如，多普勒气象雷达就是向云层或降水粒子发射波长为 4～15cm 的雷达波，通过测定反射波的波长来测定云层等相对雷达站的速度，从而大大提高了气象预报的准确度。利用多普勒效应还可通过雷达来跟踪导弹与人造卫星，测出它们在任一时刻相对于雷达的速度。

由于光是某一波段内的电磁波，所以同样也有多普勒效应。电磁波的多普勒效应有着广泛的应用。例如，把来自星球的光谱与地球上相同元素的光谱比较之后发现，星球的光谱几乎都发生红移(当光源与观察者相背运动时，接收到的光波频率小于光源频率称为红移)，由此可以断定，星球都朝着背离地球方向运动，并能由此计算出那些天体的运行速度。这一结果是关于宇宙起源的"大爆炸"学说的重要论据。

* 第八节　声　波　简　介

声波是与人类关系最密切的机械波，频率在 20 ~ 20000Hz 之间的声波能引起人的听觉，称为可闻声波，简称声波。频率低于20Hz 的机械波称为次声波；频率高于20000Hz 的机械波称为超声波，超声波的频率范围大约是$10^4 ~ 10^{14}$Hz。

一、声强级

引起听觉的声波不仅有一定的频率范围，还有一定的声强范围。声波的能流密度称为声强，能够引起听觉的声强约在 $10^{-12} ~ 1$W/m^2 之间。声强太小，不能引起听觉；声强太大，震耳欲聋，只能引起痛觉。由于可闻声波的数量相差悬殊，加之人耳的听觉并不与声强成正比，而近似与声强的对数成正比(还与频率有关)，为此引入声强级的概念。取 $I_0 = 10^{-12}$W/m^2 为基准声强，这相当于人刚能听到的频率为 1000Hz 的声音。声强 I 与基准声强 I_0 之比的常用对数称为声强的**声强级**。声强级是描述声波强弱级别的物理量，用 L_I 表示，即

$$L_I = \lg \frac{I}{I_0} \tag{9-28}$$

声强级的单位为贝尔，符号为 B。由于贝尔的单位太大，通常用贝尔的十分之一，即分贝(dB)做单位，此时声强级的公式为

$$L_I = 10\lg \frac{I}{I_0} \tag{9-29}$$

表 9-1 中列出了一些声音的声强级。

表 9-1　一些声音的声强级

声　源	声强级/dB	感　觉	声　源	声强级/dB	感　觉
听觉起点	0		交通要道	80	吵闹
正常呼吸	10	很静	高音喇叭	90	吵闹
耳边细雨	30	安静	机织车间	110	震耳
阅览室	40	安静	柴油机车	120	震耳
办公室	50	正常	喷气飞机	140	难受
日常交谈	60	正常			

介质中某处同时存在几种不同声波时，该处总声强级一般等于各声强级之和。但是计算声强级时仍应取对数。

二、超声波与次声波

超声波的频率很高，波长很短，衍射现象不明显，具有良好的定向传播特性。此外，其

穿透本领大，在液体、固体中传播时衰减很少。在不透明的固体中能穿透几十米的厚度，这些特性使超声波在技术上得到广泛的应用。

由于超声波功率大而集中，可用于切削、焊接、钻孔、清洗机件，还可用以理疗、美容、处理种子和促进化学反应等。

超声波的定向传播特性可用于探测水中物体，如鱼群、潜艇等，也可用来进行深海探测。海水对电磁波吸收严重，电磁雷达无法使用，声波雷达——声呐成为海洋探测的有力工具。

超声波在杂质或介质分界面上有显著的反射，利用这一特性可以探测工件内部的缺陷。超声波探伤不损伤工件，而且由于穿透力强，可以探测大型工件。在医学上用来探测人体内部的密度，"B超"就是利用超声波来显示人体内部结构图像的。目前超声波探伤向着显像方向发展，用声电元件把声信号变换成电信号，再用显像管显示出像来。

超声波还能引起"空化作用"。超声波在液体中传播时，引起液体疏密的变化，使液体时而受拉，时而受压。液体能耐压，而承受拉力的能力很差。当超声波强度足够大时，液体因承受不住拉力而发生断裂（特别是在含有杂质和气泡的地方），从而产生近于真空或含少量气体的小空穴。在小空穴形成的过程中，由于摩擦产生正、负电荷，紧接着液体受到压缩，这时，这些空穴被压缩直至发生崩溃。在崩溃过程中，空穴内部可达到几千摄氏度的高温，几千乃至上万个标准大气压的高压，同时随着空穴的消失还会产生放电、发光现象。

次声波的特点是在空气中衰减特别少，因而可以传播得很远，可用来探测大规模气象的性质和规律。在海上风暴发生时，常能产生强大的次声波，由于次声波传播速度大于风暴速度，故通常可通过对次声波的探测来预报风暴。还可以利用接收到的被测声源所辐射出的次声波，来探测声源的位置、大小和其他特性，如通过接受核爆炸、火箭发射、火炮或台风所产生的次声波来探测这些声源的有关参数。

次声波的另一特点是对人体有强烈的作用，在军事上可用来生产次声波武器，这是一种所谓的非杀伤性武器。

人们听不到超声波和次声波，但有些动物却可以。例如，飞蛾、蟋蟀可以听到较低频率的超声波，狗可以听到高达38kHz的超声波，老鼠可听到16Hz以下的次声波。因此，在地震等灾害发生之前，一些动物会提前出现异常行为。还有些动物，如蝙蝠等，甚至能发射和接收超声波。

思 考 题

1. 真空中能否传播机械纵波或横波？

2. 有人说："波是振动状态的传播过程，介质中任一点都重复波源的振动，因此，只要掌握波源的振动规律就得到波的规律"，这种说法对吗？

3. 设在介质中有一振源做简谐振动并产生一平面余弦波，问：（1）振动的周期与波动的周期数值是否相同？（2）振动的速度与波动传播的速度数值是否相同？

4. 平面简谐波中某一质点的振动与弹簧振子中质点的简谐振动有什么不同？

5. 根据波速、波长、频率的关系式 $u = \lambda f$，能否用提高频率的方法，来增大波速。

6. 在波动过程中，任一体积内的总能量随时间而变化，试问这与能量守恒定律有矛盾吗？

7. 具备什么条件的两个波源才是相干波源？若其中任一条件不满足，能否观测到干涉现象？为什么？

8. 波的能量与振幅的平方成正比，当两相干波叠加时，在波的相互加强点，合振幅是原来的两倍，波的强度则是原来的四倍，这是否与能量守恒定律相矛盾？

9. 如果波源相对介质的运动速度 v 大于波速 u（例如超音速飞机），那么位于波源前方的静止观察者（或接收器），在波源经过他（或它）之前，能够接收到波信号么？

习 题

一、选择题

1. 频率为4Hz，沿 x 轴正向传播的简谐波，波线上有前后两点，若后一点开始振动落后了0.25s，则前一点的相位比后一点超前（   ）。

A. $\pi/2$；　　　B. π；　　　C. $3\pi/2$；　　　D. 2π。

2. 频率 $f=500$Hz 的简谐机械波，波速 $u=360$m/s，则同一波线上相位差 $\Delta\varphi=\pi/3$ 的两点的距离为（   ）。

A. 0.24m；　　　B. 0.48m；　　　C. 0.36m；　　　D. 0.12m。

3. 两列频率不同的声波在空气中传播，已知频率 $f_1=500$Hz 的声波在波线上相距为 l 的两点的振动相位差为 π，那么频率 $f_2=1000$Hz 的声波在波线上相距为 $\dfrac{l}{2}$ 的两点的相位差为（   ）。

A. $\pi/2$；　　　B. $3\pi/4$；　　　C. π；　　　D. $3\pi/2$。

二、计算题

1. 探测敌潜艇的声呐，向海面下发出的超声波表达式为
$$y=0.2\times10^{-2}\cos(\pi\times10^5 t-220x)\ \text{m}$$
试求：（1）超声波的波幅与频率；（2）在海水中的波速与波长；（3）距波源为8.00m与8.05m的两质点振动的相位差。

2. 波源的振动方程为 $y=3.0\times10^{-2}\cos\dfrac{\pi t}{5}$m，它所激起的平面简谐波以2.0m/s的速度沿一直线传播。求：（1）与波源相距6.0m的一点处质点的振动方程；（2）该处质点与波源的相位差。

3. 已知一列平面简谐波沿 x 轴正向传播，周期 $T=2.5\times10^{-3}$s，波幅 $A=1.0\times10^{-2}$m，波长 $\lambda=1.0$m。设 $t=0$ 时，位于 $x=0$ 处的质点在正方向最大位移处。试写出此简谐波的波动方程。

4. 一平面简谐波的波动方程为 $y=8\times10^{-2}\cos(4\pi t-2\pi x)$m，试问：（1）$x=0.2$m 处的质点在 $t=2.1$s 时的相位是多少？此时该质点的位移和速度分别是多少？（2）该质点的相位值在何时传至0.4m处？

5. 已知沿 x 轴正向传播的平面简谐波的波动方程为 $y=6\times10^{-2}\cos\pi\left(t-\dfrac{x}{2}\right)$m，试画出 $t=6$s 时的波形曲线和 $x=2$m 处质点的振动曲线。

6. 如图9-12所示，从 A、B 发出的两列平面波在点 P 相遇而叠加。已知 A、B 两波源的振动方程分别为 $y_1=0.1\cos2\pi t$ cm，$y_2=0.1\cos(2\pi t+\pi)$ cm，波速均为 $u=20$cm/s，又知

$AP = 40\text{cm}$，$BP = 50\text{cm}$。求：（1）两列波到达点 P 时的相位差；（2）点 P 处质点合振动的振幅。

7. 当特快列车急速驶离车站时，站上测量仪器测得其汽笛的频率由 1200Hz 变为 1000Hz，设当时空气中声速 $u = 330\text{m/s}$，求列车的速度 v。

*8. 如图 9-13 所示的声音干涉仪，可用以演示声波的干涉，也可用以测量声波的波长，其管口 T 置于单一声调的声源之前，声波分 C、D 两股传播到出口 E，其中一股 D 的长度像乐器长号那样，可以伸长缩短。当 D 股从与 C 股等长逐渐拉开到伸长量 $d = 16.0\text{cm}$ 时，在管口 E 处的声音第一次消失。求此声音的波长和频率(已知声速 $u = 334\text{m/s}$)。

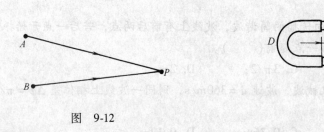

图 9-12　　　　　　　　　　　　　　　　图 9-13

【物理趣闻】

宇宙的起源

用多普勒效应研究宇宙学，导致宇宙膨胀模型的建立。大约从 20 世纪初开始，一些天文学家陆续发现来自河外星系的光谱几乎都有红移现象，越远的星系，其红移越甚，这说明这些星系不断离我们而去，这种运动称为退行。越是远的星系，退行速度越大。这为人们描述了宇宙不断膨胀的图景，膨胀的宇宙是一个极具创新意义的概念。此前，人们一直认为宇宙是静态的，爱因斯坦在研究宇宙学时建立的是一个静止模型，后来他意识到这是一个失误。1929 年，哈勃提出了星系视向退行速度 v 与其离观察者的距离 R 成正比的经验规律

$$v = HR$$

式中，H 叫做哈勃常量。这个关系式后来被称为哈勃定律。当代最伟大的天体物理学家霍金认为：宇宙膨胀的发现，是 20 世纪最伟大的智慧革命之一。

把时间倒推，越往前宇宙就越小，有人认为在过去某一时刻宇宙相聚于一点。1948 年伽莫夫提出了宇宙大爆炸理论，他认为宇宙起源于 150～200 亿年前从一点开始的一场大爆炸。大爆炸后的 10^{-2}s 内，宇宙处于温度高达 10^{11}K 的炽热状态，这时一切分子、原子都不存在，宇宙间充满各种基本粒子。3min 后，温度降至 10^9K，粒子开始结合成轻核。又过了几十万年，温度降至 3000K，出现了稳定的原子，它们组成的气体在引力作用下形成星团，后来凝聚成星系。直到 50 亿年前太阳系形成，47 亿年前诞生了我们的地球。大爆炸理论预言早期大爆炸的辐射至今仍残存在我们的周围，只是由于宇宙膨胀所引起的红移使其温度只有几开(这里所说的温度是指某一辐射的温度)。1965 年贝尔实验室的彭齐亚斯和威尔逊观测到了充满宇宙空间的、温度为 3K 的电磁背景辐射。这是宇宙大爆炸理论的一个强有力实验证明，1978 年彭齐亚斯和威尔逊因此而获得了诺贝尔物理奖。1989 年 11 月宇宙背景探测卫星升空，测得宇宙背景辐射精确地符合 $2.726 \pm 0.010\text{K}$ 的黑体辐射谱。尽管这一宇宙起源学说目前存在许多困难，但已逐步形成了建立在相对论基础上的宇宙标准模型。

根据哈勃常量 H 可以估算宇宙的年龄。假定宇宙膨胀的速度古今相同，由于 H 的含义是一定距离上的退行速度，其倒数 $1/H$ 就是以同样速度倒推回去所需用的时间，它也就是宇宙的年龄。若把计算结果换算为以年为单位，$1/H \approx 1.78 \times 10^{10}$ 年，就是说宇宙的年龄约为 178 亿年。

宇宙的未来

宇宙的未来如何呢？是继续像现今这样永远膨胀下去，还是有一天会收缩呢？要知道，收缩是可能的，因为各星系间有万有引力相互作用着。可以设想万有引力已在减小着星系的退行速度，那就可能有一天退行速度减小到零，而此后由于万有引力作用，星系开始聚拢，宇宙开始收缩，收缩到一定时候会回到一个奇点，于是又一次大爆炸开始。这实际上可能吗？它和宇宙现时的什么特征有关系呢？我们就可以根据现时宇宙的平均密度来预言宇宙的前途。那么，现时宇宙的平均密度是多大呢？

测量与估算现今宇宙的平均密度是个相当复杂而困难的事情。因为对于星系质量，目前还只能通过它们发的光(包括无线电波、X 射线等)来估计，现今估计出的发光物质的密度不超过临界密度的 1/10 或 1/100。因此，除非这些发光物质只占宇宙物质的很小的一部分，例如小于 1/10，否则宇宙将是要永远膨胀下去的。

但是，人们相信，宇宙中除了发光的星体外，一定还有不发光的物质。这些物质包括宇宙尘、黑洞、中微子等(中微子也可能有质量，即使它只有电子质量的 1/105，那它们的总质量就会比所有质子和氦核的质量大)。近年来，天文学家趋向于认为宇宙中主要是不发光的物质。例如，在我们的银河系内就有可能多到 80% 或 90% 的物质是不发光的。如果是这样，宇宙将来就可能收缩。

还有一个线索表明现今宇宙的密度不是太大的，这来自宇宙中氘的丰度。在大自然中，氘总是和氢共存的，例如在地球上的水中，6000 个水分子中就有一个氢原子被氘原子取代。天体物理学家相信氘是在大爆炸初期的核反应中产生的。由理论计算得出当时产生的氘的丰度和当时的宇宙密度有关，从而和膨胀后现今的宇宙的平均密度有关。这样可由现今宇宙中氘的丰度算出现今宇宙的平均密度，结果是最大不超过 $10^{-27} \mathrm{kg/m^3}$，它小于临界密度。如果这一计算是正确的，宇宙将永远膨胀下去。

宇宙将来到底如何，是膨胀还是收缩？目前的数据还不足以完全肯定地回答这一问题，我们只能期望将来的研究。这里需要指出，大爆炸理论虽然得到了重要的观测支持，但也还有不少观测与它给出的结果不符。于是，就有其他宇宙发展理论的提出。原苏联的科学家现旅居美国的林德(Andrei Linde)就提出了"混沌暴涨论"，认为存在一个大宇宙，它由许多不同步发展的宇宙组成。我们所在的这个大约 100 亿光年的宇宙不过是这些众多性质不同的小宇宙之一。宇宙不断发展，人们对它的认识也在不断发展。

【当代物理学研究】

至大和至小的结合

当代物理学有两个热门的前沿领域。一个是研究"至小"的粒子物理学，另一个是研究"至大"的宇宙学，它研究宇宙的起源与演化，其标准模型理论就是上面介绍过的大爆炸理论。这两部分的研究在理论上多处使用了同一的语言。正是这样！先是物理学在粒子领域获得了巨大的成就。后来，大爆炸模型利用粒子理论成功地说明了许多宇宙在演化初期超高能或高能状态时的性状。大爆炸理论的成功又反过来证明了粒子物理理论的正确性。由于在地球上现时人为的超高能状态难以实现，物理学家还期望利用对宇宙早期演化的观测（哈勃太空望远镜就担负着这方面的任务）来验证极高能量下的粒子理论。至大（大到 10^{27} m 以上）和至小（小到 10^{-18} m 以下）领域的理论竟这样奇妙地联系在一起了！

当然，作为研究物质基本结构和运动基本规律的科学的物理学，当代前沿绝不只是在已相衔接的至大和至小的两"端"。在这两"端"之间，还有研究对象的尺度各不相同的许多领域。粗略地说，有研究星系和恒星的起源与演化的天体物理学，有研究地球、山川、大气、海洋的地球物理学，有研究容易观察到的现象的宏观物理学，有研究生物大分子如蛋白质、DNA 等的生物物理学，有研究原子和分子的原子分子物理学等。在这些领域，人类都已获得了丰富的知识，但也都有更多更深入的问题有待探索。人们对自然界的认识是不会有止境的！

有人将当今物理学的研究领域画成了一只口吞自己尾巴的大蟒，如图 9-14 所示，从而形象化地显示了各领域的理论联系。聪明的画家！

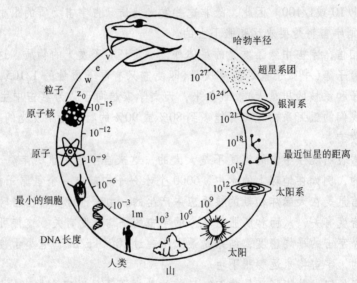

图 9-14 物理学大蟒

第十章 波动光学

光学是一门发展较早的科学，人们最初是从物体成像的研究中形成了光线的概念，并根据光线沿直线传播的现象总结出有关规律，形成了**几何光学**。但是，光线只是用来标示光的传播方向，不能说明光究竟是什么。17世纪时已有两种关于光的本性的学说：一是牛顿所提出的微粒说，认为光是一股微粒流；二是与牛顿同时代的惠更斯所提出的波动说，认为光是机械振动在一种所谓"以太"的特殊媒质中的传播。起初微粒说占统治地位，19世纪以来，随着实验技术的提高，光的干涉、衍射和偏振等实验结果证明，光具有波动性，并且是横波，使光的波动说获得普遍公认。19世纪后半叶，麦克斯韦提出了电磁波理论，并被赫兹的实验所证实，人们才认识到光不是机械波，而是一种电磁波，形成了以电磁波理论为基础的**波动光学**。在19世纪末和20世纪初，当人们研究光与物质的相互作用问题时，又进一步发现了光电效应等新现象，无法用波动光学理论进行解释，只有从光的量子性出发才能说明，即假定光波是有一定质量、能量和动量的**光子流**。而今，人们认识到光具有波动和粒子两方面相互并存的性质，称为**光的二象性**。

本章主要讨论波动光学的内容，着重研究光的干涉、衍射和偏振等现象，并简单介绍一些有关的实际应用。关于光的量子性，将在以后讨论。

第一节　光波及其相干性

一、光的电磁波性质

1865年，麦克斯韦预言并发展了电磁理论，推出电磁波在介质中传播的速度为 $u = \dfrac{1}{\sqrt{\varepsilon\mu}}$，$\varepsilon$、$\mu$ 分别是介质中的介电常数和磁导率。在真空中的传播速度 $u_0 = \dfrac{1}{\sqrt{\varepsilon_0\mu_0}} = c$ 是一常量（ε_0、μ_0 为真空中介电常数和磁导率），且 c 与测得的光速相等，即电磁波在真空中以光速传播，说明光是一种电磁现象。这一理论后被德国物理学家赫兹用实验验证。结合发现电磁波在传播中出现的干涉、衍射、偏振等现象与光波有相似性，从而知道光是波长很短的电磁波。光既是一种电磁波，实际上就是电磁场中电场强度矢量 E 和磁场强度矢量 H 周期性变化的传播，与此同时还伴随着电磁能量（这里即为光能量）的传播。其中引起光效应（即通常对人的眼睛或照相底片等感光器件起作用）的是电场强度矢量 E，磁场强度矢量 H 通常影响甚微。因此，光波可看做 E 矢量的传播。E 矢量称为光矢量。对沿 x 轴传播的平面简谐光波的波函数为

$$E = A\cos 2\pi\left(ft - \frac{x}{\lambda}\right)$$

式中，A 为光矢量的振幅；f 为频率；λ 为波长。

电磁波能量的传播一般用能流密度来描述。人眼的视网膜或物理仪器（感光板、光电管

等)所感受到光的强弱都是由能流密度的大小来决定的。对于电磁波，平均能流密度正比于电场强度振幅 A 的平方，所以，光的强度(即平均能流密度) $\bar{I} \propto A^2$。

在波动光学中，主要是讨论光波所到之处的相对光强度，因而一般只需要计算光波在各处振幅的平方值，而不需要计算各处光强度的绝对值，常常直接写为：$\bar{I} = A^2$。

光波在电磁波谱中的波段是很窄的，其中波长范围为 400～760nm。这一波段的电磁波能引起人们的视觉，故称为可见光。实验表明，眼睛和胶片的感光作用及植物的光合作用都是光波中的电场分量引起的。不同波长的可见光引起人们不同颜色的感觉，其对应关系见表10-1。人眼对不同波长的光感觉的灵敏度也不同，对波长为550nm 左右的黄绿光感觉最为敏感。

表 10-1　可见光的色谱

颜　色	波长/nm	颜　色	波长/nm	颜　色	波长/nm
红	647～760	绿	491～575	紫	400～424
橙	585～647	青	464～591		
黄	575～585	蓝	424～464		

可见光的天然光源主要是太阳，人工光源主要是炽热物体，特别是白炽灯。它们所发射的可见光谱是连续的。气体放电管也可发射可见光，但多为线光谱。例如，在实验室中常用的钠光灯发出的为波长等于 589.3nm 的单色光。激光器发射的激光为不同于上述普通光的特殊光。激光具有一些极其显著的特性，即定向发光、亮度高、单色性好且频率稳定、可以在非常小的时间间隔内以脉冲的方式发光等。近年来，激光已被广泛应用于各种不同的领域。

二、光的相干性

普通光是由光源中原子或分子在吸收了一定的能量被激发到较高的能级后，又自发地跃迁到较低的能级，同时把多余的能量以电磁波的形式发射出来的。每个原子或分子每一次发出的光波只有短短的一列，持续时间约为 10^{-8}s，由于微观粒子行为的偶然性，同一原子或分子在一次发光后，下次发光情况是不确定的，也就是说，一个原子或分子每次发出的光波，其初相位是不确定的。另外，不同的原子或分子的发光是彼此独立、互不相关的。所以同一原子或分子先后发出的各波列之间，以及不同原子或分子发出的一系列波列之间，几乎不可能有相同的振动方向和频率，更不可能有相同的相位或者有恒定的相位差，如图10-1 所示。因此，两个独立的光源或同一光源上不同部分所发出的光一般不是相干光。

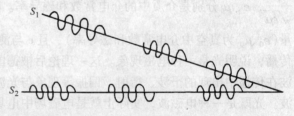

图 10-1　两个独立光源发出的光不是相干光

要利用普通光源的光观察光的干涉，只有把光源的一个微小区域(可看做点光源)发出的单一频率的光波(可以取用某一谱线的光或一般地用滤光器取出单色光)分成两束(或者多束)而使之相遇才可以实现。因为这两束光是由同一个点光源发出的，两束光具有相同的振动和变化，它们可以看做由光源发出的频率相同、振动方向相同、相位差恒定(初相差恒等于零时,振动相位相同)的两束相干光。这种光束的叠加就可以产生稳定的干涉现象。一般把振动方向相同(或有相同振动分量)、频率相同、初相位差恒定的两束光称为相干光。能发出相干光的光源称为相干光源。

很显然,如果两束光光矢量垂直,或两束光频率不相等,或两束光的初相位差不恒定,则两束光的叠加处光强等于两束光的光强之和。这种叠加称为非相干叠加,这两束光称为非相干光。

将光源发出的一束光分为两束相干光一般有两种方法:一种叫做分波阵面法,如双缝干涉、洛埃镜干涉所采用的方法;另一种叫做分振幅法,如薄膜干涉、劈尖干涉等所依据的方法。

上述获得相干光的方法是对普通光源而言的。由于激光器的问世,来自不同激光器的光彼此相干已不难实现了。

第二节 光程和光程差

一、光程

在真空或空气中,光速 c 波长 λ 频率 f 的关系为

$$c = f\lambda$$

当光进入折射率为 n 的介质后,其频率不变,但光速变为 c 的 $1/n$。由上式可知,光在介质中的波长 λ' 要缩短,变为真空中波长的 $1/n$(图 10-2),即

$$\lambda' = \frac{\lambda}{n} \tag{10-1}$$

假设在折射率为 n 的介质中有两个初相位相同的相干光源 S_1 和 S_2,它们发光的角频率为 ω,和介质中某点 P 的距离分别为 r_1 和 r_2(图 10-3),则这两列波在 P 点引起的分振动分别为

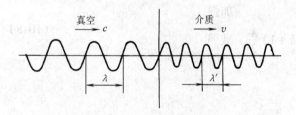

图 10-2 真空与介质中的波长   图 10-3 介质中光的干涉

$$E_1 = A_1 \cos\left(\omega t + \varphi_0 - \frac{2\pi r_1}{\lambda'}\right) \tag{10-2}$$

$$E_2 = A_2 \cos\left(\omega t + \varphi_0 - \frac{2\pi r_2}{\lambda'}\right) \tag{10-3}$$

合振幅的平方或光强为

$$A^2 = I = A_1^2 + A_2^2 + 2A_1 A_2 \cos\Delta\varphi$$

由式(10-2)、式(10-3)可知,两束相干光在点 P 的相位差为

$$\Delta\varphi = 2\pi \frac{r_2 - r_1}{\lambda'} \qquad (10\text{-}4)$$

式(10-4)说明，光在介质中传播时，相位差不但与光在介质中通过的路程有关，还与光在该介质中的波长有关。若光通过几种不同的介质时，相位差的计算是很繁琐的。为讨论问题方便，通常都以光在真空中的波长 λ 来计算相位差，将式(10-1)代入式(10-4)得

$$\Delta\varphi = 2\pi \frac{nr_2 - nr_1}{\lambda} \qquad (10\text{-}5)$$

式中，折射率与几何路程的乘积称为光在介质中通过的**光程**，用 L 表示，$L = nr$。

若一束光连续通过几种介质，则总光程为

$$L = \sum_i n_i r_i$$

光程的意义：设 u 为光在折射率为 n 的介质中传播的速度，则光在此介质中走过几何路程 r 所需时间为 $t = r/u$，在相同的时间内光在真空中所能通过的路程为

$$L = ct = c\frac{r}{u} = nr$$

由此可见，采用光程的概念相当于把某一时间内光在不同介质中所通过的路程折算为同一时间内光在真空中的路程，或者说把牵涉到不同介质时的复杂情形，都变为真空中的情形，其目的就是为了方便地计算相位差。

在式(10-5)中，$nr_2 - nr_1$ 被称为点 P 到光源 S_1、S_2 的**光程差**，常用字母 δ 表示，于是相位差与光程差的关系可表示为

$$\Delta\varphi = \frac{2\pi}{\lambda}\delta \qquad (10\text{-}6)$$

若光在空气中传播，$n \approx 1$，则 $\delta = r_2 - r_1$，两束光的光程差等于几何距离差。

根据波动理论，干涉加强或减弱的条件为

$$\Delta\varphi = \frac{2\pi}{\lambda}\delta = \begin{cases} \pm 2k\pi & \text{加强} \\ \pm(2k+1)\pi & \text{减弱} \end{cases} \qquad (10\text{-}7)$$

或

$$\delta = \begin{cases} \pm k\lambda & \text{加强} \\ \pm(2k+1)\dfrac{\lambda}{2} & \text{减弱} \end{cases} \qquad (10\text{-}8)$$

式中，$k = 0, 1, 2, \cdots$

二、透镜不引起附加的光程差

由几何光学知，平行光束通过透镜后，会聚于焦平面上，成一亮点，如图10-4所示。这是由于在平行光束波前上各点(如 A、B、C、D、E 各点)的相位相同，到达焦平面时相位仍相同，因而相互加强所至。虽然光 AaF 比光 CcF 经过的几何路程长，但由于透镜的折射率大于1，折算成光程两者是相等的，所以，在观察干涉现象时，使用透镜不会引起附加的光程差。

例10-1 用很薄的云母片($n = 1.58$)覆盖在双缝的一条缝上，如图10-5所示。观察到零级明纹由点 O 移到原来的第九级明纹的位置上。已知所用单色光的波长为 $\lambda = 550\text{nm}$，求云母片的厚度 d。

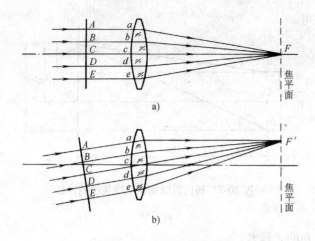

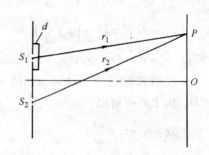

图 10-4 光通过透镜的光程

图 10-5 例 10-1 图

解 按题意，在未覆盖云母片时，屏幕上点 P 处应是第九级明纹，即

$$r_2 - r_1 = 9\lambda \tag{1}$$

覆盖云母片后，点 P 处变为零级明纹，这就意味着由 S_1、S_2 到点 P 的光程差为零。S_1 到点 P 的光程为 $nd + (r_1 - d)$，S_2 到点 P 的光程仍为 r_2，两者之差为零，即

$$r_2 - [nd + (r_1 - d)] = 0 \tag{2}$$

联立(1)、(2)两式，解得云母片的厚度为

$$d = \frac{9\lambda}{n-1} = \frac{9 \times 5.5 \times 10^{-7}}{1.58 - 1} \text{m} = 8.5 \times 10^{-6} \text{m}$$

第三节 杨氏双缝干涉 洛埃镜

一、双缝干涉

杨氏双缝实验是历史上最早利用单一光源获得干涉现象并在光的波动说发展史中有重大意义的典型实验。

如图 10-6 所示，由光源 S 发出的光照射在单缝 S_0 上，在 S_0 前面放置两个相距很近的狭缝 S_1 和 S_2，按惠更斯原理，S_1、S_2 形成两个新的光源。由于 S_1、S_2 是由同一波振面上分离出来的，满足振动方向相同、频率相同、相位差恒定的**相干条件**，故 S_1、S_2 为两个相干光源。这样，由 S_1 和 S_2 发出的光波在空间相遇，将产生干涉现象。若在 S_1、S_2 前面置一屏幕 P，则在 P 上形成图中所示的干涉条纹。

下面分析屏幕上所出现的干涉明暗条纹应满足的条件。如图 10-7 所示，设 S_1、S_2 间的距离为 a，双缝与屏幕 P 间的距离为 D。今在屏幕上任取一点 A，它与 S_1、S_2 的距离分别为 r_1、r_2，则由 S_1、S_2 发出的光到达 A 点的波程差 $\Delta r = r_2 - r_1$。若 O_1 为 S_1、S_2 的中点，O 为屏幕上正对 O_1 的

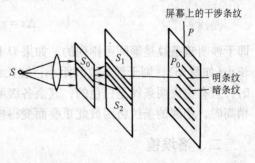

图 10-6 杨氏双缝实验

一点，A 点离 O 点的距离为 x，则从图上可
看出

$$r_1^2 = D^2 + \left(x - \frac{a}{2}\right)^2$$

$$r_2^2 = D^2 + \left(x + \frac{a}{2}\right)^2$$

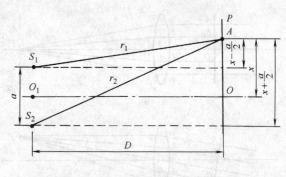

所以 $r_2^2 - r_1^2 = (r_2 - r_1)(r_2 + r_1) = 2ax$

在通常情况下，$D \gg a$，故 $r_2 + r_1 \approx$
$2D$，由上式可解出

图 10-7 杨氏双缝实验干涉条纹的计算

$$\Delta r = r_2 - r_1 = \frac{ax}{D}$$

Δr 即为从缝 S_1、S_2 到达 A 点的两束光的光程差。

从波动理论可知，若入射光的波长为 λ，则当

$$\Delta r = \frac{ax}{D} = \pm k\lambda$$

或者说 $\qquad\qquad x = \pm \frac{D}{a} k\lambda \qquad k = 0, 1, 2, \cdots$ $\qquad\qquad$ (10-9)

时，两束光相互加强（最强），该处为明条纹中心。对于 O 点，$x = 0$，有 $\Delta r = 0$，即 $k = 0$，
因此 O 点为明条纹的中心，这个明条纹叫做中央明条纹。在 O 点两侧，与 $k = 1, 2, \cdots$ 相应
的 x 为 $\pm \frac{D}{a}\lambda$，$\pm \frac{D}{a}2\lambda$，$\cdots$ 处，其光程差 Δr 为 $\pm \lambda$，$\pm 2\lambda$，$\cdots$ 故均为明条纹中心，这些明条
纹分别叫做第一级明条纹、第二级明条纹、$\cdots\cdots$它们对称地分布在中央明条纹的两侧。

A 点为干涉减弱（暗条纹）的条件是当

$$\Delta r = \frac{ax}{D} = \pm (2k + 1)\frac{\lambda}{2}$$

或者 $\qquad\qquad x = \pm \frac{D}{a}(2k + 1)\frac{\lambda}{2} \qquad k = 0, 1, 2, \cdots$ $\qquad\qquad$ (10-10)

时，两束光互相减弱（最弱），该处为暗条纹中心。与 $k = 0, 1, 2, \cdots$ 相对应的 x 为 $\pm \frac{D}{2a}\lambda$，
$\pm \frac{3D}{2a}\lambda$，$\pm \frac{5D}{2a}\lambda$，$\cdots$ 处，均为暗条纹中心。由式(10-9)和式(10-10)可知，明暗条纹是相间
排列的。对不满足这两式的其他点，光强介于最强和最暗之间。

由式(10-9)和式(10-10)可求出两相邻明条纹（或相邻暗条纹）之间的距离 Δx 为

$$\Delta x = x_{k+1} - x_k = \frac{D}{a}\lambda$$

即干涉明暗条纹是等间距排列的。如果 D 和 a 的量值一定，则 Δx 正比于入射光的波长。波
长小（如紫光），则干涉条纹间距小；波长大（如红光），则干涉条纹间距大。当用白光照射
时，只有中央明条纹是白色的，其余各级明条纹呈现相互错开的由紫到红的彩色条纹，级次
稍高时，相邻的条纹将因彼此重叠而变得模糊不清。

二、洛埃镜

洛埃镜实验不但能显示光的干涉现象，而且还能显示光由光疏介质(n 较小)射向光密介

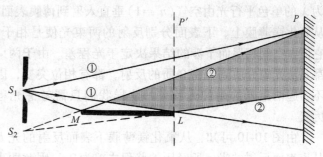

质(n 较大)被反射回来时相位的突变。图 10-8 所示为洛埃镜的实验装置示意图。ML 为一块平面玻璃镜，狭缝 S_1 放在离玻璃镜相当远且靠近 ML 所在平面的地方。S_1 发出的光波一部分直接射到屏幕 P 上，另一部分以接近 $\pi/2$ 的入射角射向平面镜 ML，经平面镜反射到达屏幕（这部分光可视为由虚光源 S_2 发出的）。由

图 10-8　洛埃镜实验简图

于两部分光波是同一波面分割出来的，因而是相干光。在屏幕 P 上两束光相遇的区域可看到明暗相间的干涉条纹。现将屏幕移到 $P'L$ 处，这时屏幕和镜面在 L 点相接触。从 S_1、S_2 发出的光到达 L 点的路程相等，按前述的理论，L 点处应是明条纹，但实验显示此处为暗条纹。这表明两束光在该点的相位相反（相位差为 π）。从 S_1 射到此处的直射光不可能有异常的变化，因此只能认为光从空气射向玻璃又反射回空气时，相位发生了突变（超前或者滞后了 π），相应地反射光少走了（或多走了）半个波长，产生了半波损失。

理论和实验都表明，当光从光疏介质射向光密介质反射时，若入射角接近 $0°$ 或 $\dfrac{\pi}{2}$ 时，反射光有 π 的相位突变，即相当于少走（或多走）半个波长，这一现象称为**半波损失**。当光从光密介质射向光疏介质时，反射光没有**半波损失**。

说明：当光以布儒斯特角从光疏介质射向光密介质时，反射光也有 π 的相位突变。关于布儒斯特角的内容见光的偏振部分。

无论光从光疏介质射向光密介质还是从光密介质射向光疏介质，折射光均无半波损失。

第四节　薄　膜　干　涉

肥皂泡或水面上的油膜在日光照耀下呈现美丽的色彩，这也是一种光的干涉现象，称为**薄膜干涉**。

如图 10-9 所示，一束单色光入射到薄膜上，光波的一部分在上表面上反射，另一部分折射进薄膜后在膜的下表面反射。这两束反射光来自同一束光，因此是相干光。这两束相干光的产生可以看成是入射光的振幅（或能量）分为两部分的结果，故将这种获得相干光的方法称为**分振幅法**。

薄膜干涉的一般情况比较复杂，下面仅讨论平行光垂直入射的情况。

一、平行膜干涉

上、下表面互相平行的薄膜称为**平行膜**。如图 10-10 所示，在折射率为 $n_3 = 1.50$ 的玻璃片上，镀一层很薄的、折射率为 $n_2 = 1.38$ 的氟化镁（MgF_2）薄膜，膜厚为 e，当一束波长

图 10-9　薄膜干涉

为 λ 的单色平行光由空气 $(n_1 \approx 1)$ 垂直入射到薄膜表面时，从氟化镁薄膜上、下表面分别反射的两束光便是相干光。它们在空间相遇而干涉的结果决定于光程差。由于两束光都是从光疏介质到光密介质的反射，都有相位突变，因此不引起两束光的附加光程差，这样我们只需考虑光程的因素。

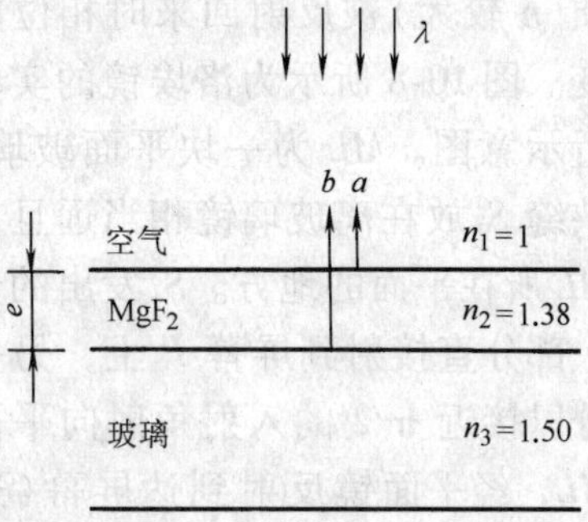

由图 10-10 可知，从氟化镁薄膜下表面反射的光 b 与从上表面反射的光 a 所经历的路程之差为 $2e$，因此两束光的光程差为

$$\delta = 2n_2 e$$

图 10-10　平行膜反射光的干涉

若此光程差恰好为入射光半波长的奇数倍，即

$$2n_2 e = (2k-1)\frac{\lambda}{2} \quad k = 1, 2, 3, \cdots \tag{10-11}$$

则两束反射光为相消干涉，反射光减弱。由能量守恒可知，透射光便相应地增强了。将这种薄膜镀在光学元件的表面上，就可增加该元件的透明度，故将此膜称为**增透膜**。若两束反射光的光程差为入射光波长的整数倍，即

$$2n_2 e = k\lambda \quad k = 1, 2, 3, \cdots \tag{10-12}$$

则两束反射光为相长干涉，反射光增强，透射光相应地减弱，从而达到增加反射的效果，因此，这种膜被称为**增反膜**。

若将图 10-10 中的玻璃换为空气，或只要满足 $n_1 = n_3$，则增透或增反的条件与式（10-11）和式（10-12）相反。

增透膜和增反膜实质上是利用光的干涉效应来改变入射光能量的分配。增反膜是让反射能量增加、透射能量减少；增透膜是使透射能量增加、反射能量减少。

一些较高级的照相机的镜头看上去呈蓝紫色，这便是镀有增透膜的缘故。通常当光垂直入射到两种透明介质的界面上时，反射光强约为 5%，透射光强约为 95%。一般光学仪器有多块透镜，例如有的照相机有 6 个透镜，则有 12 个界面，总的透射光强只有 $0.95^{12} \approx 0.55$，即将有近一半的光强损失掉；潜水艇上使用的潜望镜有 20 个镜片，有 40 个界面，透射光强只有 $0.95^{40} \approx 0.13$，也就是说反射损失近达 90%。此外，由于光在各界面上反复反射产生的杂散光，也会使成像质量变坏，因此，消除或减少光的反射是光学仪器制造中的一个重要问题。

通常人眼或感光材料都是对波长等于 550nm 附近的黄绿光比较灵敏，若控制氟化镁薄膜的厚度，使其正好让波长为 550nm 附近的黄绿光增透，则可使反射损失从 5% 减少到 1.3%。由于其他波长的光不能正好满足反射相消的条件，故增透膜看起来呈蓝紫色。

有时会提出相反的需求，即尽量降低透射率提高反射率。例如，氦氖激光器中的谐振腔反射镜要求对波长为 632.8nm 的光反射率在 98% 以上。这时可以采用镀增反膜的方法来实现。不过，仅靠镀单层膜是不能将反射率提高很多的，要进一步提高反射率，需采用镀多层反射膜工艺。

由图 10-9 可看出，当光源 S 为扩展光源时，从光源发出许多不同入射角的光线，如果

在薄膜上表面 1、2 两条反射光线后面放一透镜，则具有相同入射角的入射光有相同的光程差，它们将在透镜的焦平面上形成同一条条纹，这种干涉称为**等倾干涉**。

例 10-2 在照相机的镜头表面镀一层氟化镁作为增透膜，使波长 $\lambda = 550\text{nm}$ 的黄绿光透射率增强，问膜至少镀多厚？已知氟化镁的折射率 $n_2 = 1.38$，玻璃的折射率 $n_3 = 1.50$，并设光垂直入射。

解 设膜厚为 e，薄膜上、下表面的两束反射光干涉相消的条件为

$$2n_2 e = (2k - 1)\frac{\lambda}{2}$$

由上式可解得膜厚为

$$e = (2k - 1)\frac{\lambda}{4n_2} \quad k = 1, 2, 3, \cdots$$

取 $k = 1$，得薄膜的最小厚度为

$$e_{\min} = \frac{\lambda}{4n_2} = \frac{550}{4 \times 1.38}\text{nm} \approx 100\text{nm}$$

例 10-3 空气中的水平肥皂膜 $(n_2 = 1.33)$ 厚 $e = 320\text{nm}$，如果用白光垂直照射，问肥皂膜呈现什么色彩？

解 由于肥皂膜两侧空气的折射率 n_1 小于肥皂膜的折射率 n_2，所以计算由膜上下两表面反射光的光程差时要考虑半波损失，即

$$\delta = 2n_2 e - \frac{\lambda}{2}$$

由光的干涉加强条件知，当 $\delta = k\lambda$ 时，反射光加强，亦即当

$$\lambda = \frac{2n_2 e}{k + \frac{1}{2}}, \quad k = 0, 1, 2, 3, \cdots$$

时，反射光干涉加强，把 $n_2 = 1.33$，$e = 320\text{nm}$ 代入，得到干涉加强的光波波长分别为

$$k = 0, \quad \lambda_0 = 4n_2 e = 1700\text{nm}$$

$$k = 1, \quad \lambda_1 = \frac{4}{3}n_2 e = \frac{1}{3}\lambda_0 = 567\text{nm}$$

$$k = 2, \quad \lambda_2 = \frac{4}{5}n_2 e = \frac{1}{5}\lambda_0 = 341\text{nm}$$

$$\vdots$$

其中，只有 $\lambda_1 = 567\text{nm}$ 的绿光在可见光的范围内，所以肥皂膜呈现绿色。

二、劈尖的干涉 牛顿环

1. 劈尖的干涉

劈尖是一个尖劈形状的介质膜或空气膜，在上、下两表面之间有一个很小的夹角 θ，称为**楔角**。当光照射到这个两面不平行的薄膜时，在膜的表面就会看到干涉条纹。为简单起见，仅考虑平行光垂直入射的情况。

图 10-11 所示为观察劈尖干涉的实验装置示意图。从单色光源 S 发出的光波经透镜 L 成为平行光束，再经 $45°$ 的半透明平面镜 M 的反射，垂直地照射到一折射率大于 1 的劈尖上。

由显微镜 T 透过平面镜 M 就可观察到劈尖表面的干涉条纹。由于劈形薄膜相对于空气而言是光密介质，入射光在上表面反射时有相位突变，而在下表面反射时没有相位突变，故计算两束反射光的光程差时，要考虑半波损失。因为 θ 角很小，光又是垂直入射，因此在劈尖上厚度为 e 处，上、下两表面反射光的光程差应为

$$\delta = 2ne + \frac{\lambda}{2}$$

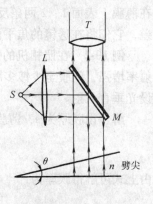

干涉呈现明暗条纹的条件为

$$\delta = 2ne + \frac{\lambda}{2} = \begin{cases} k\lambda & \text{明纹} \\ (2k-1)\dfrac{\lambda}{2} & \text{暗纹} \end{cases} \tag{10-13}$$

图 10-11　劈尖干涉的
实验装置

式中，$k = 1，2，3，\cdots$

由式(10-13)可见，同一级条纹上的各点对应于同一膜厚 e，故这种干涉条纹称为**等厚干涉条纹**。在劈尖表面，对应于同一厚度 e 的点的轨迹，为平行于劈尖棱边的直线，所以劈尖的干涉条纹是一系列平行于棱边的明暗相间的直条纹。在图 10-12 中，虚线表示明纹中心线，实线表示暗纹中心线。在棱边处，尽管 $e = 0$，但由于有半波损失，故为 1 级（$k = 1$）暗条纹。

下面来求两相邻暗条纹的宽度。设 k 级明纹的中心线位于劈尖厚度 e_k 处，$k+1$ 级明纹中心线位于劈尖厚度 e_{k+1} 处。由式(10-13)可知，e_k 和 e_{k+1} 应分别满足以下条件

$$2ne_k + \frac{\lambda}{2} = k\lambda$$

$$2ne_{k+1} + \frac{\lambda}{2} = (k+1)\lambda$$

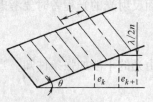

图 10-12　干涉条纹的宽度

将两式相减可得两相邻明纹中心线所在处的劈尖厚度之差，即

$$\Delta e = e_{k+1} - e_k = \frac{\lambda}{2n} \tag{10-14}$$

设两相邻明纹中心线间的距离为 l，由图可知

$$\Delta e = l\sin\theta$$

代入式(10-14)，即得

$$l = \frac{\lambda}{2n\sin\theta} \approx \frac{\lambda}{2n\theta} \tag{10-15}$$

这就是干涉条纹中任意一级暗**条纹的宽度**。同理可求得明纹的宽度与暗纹宽度相同，与级次无关。

例 10-4　如图 10-13 所示，两块平板玻璃，一边叠合在一起，另一边夹一金属丝，使两板间形成一很薄的劈形空气层。现以 $\lambda = 589.3\text{nm}$ 的单色光垂直射到玻璃板上，产生等厚干涉，量得两相邻暗纹间的距离 $l = 5.00\text{mm}$，棱边到金属丝的距离 L 为 5.00cm，求金属丝的直径 d。

解　两相邻暗条纹间的距离即为明纹宽度。因为空气的折射率 $n \approx 1$，故由式(10-15)可得

$$l \approx \frac{\lambda}{2\theta} \qquad\qquad (1)$$

又由图 10-13 中的几何关系有

$$d = L\tan\theta \approx L\theta \qquad\qquad (2)$$

联立(1)、(2)两式可得金属片的直径 d 为

$$d = \frac{L}{l} \cdot \frac{\lambda}{2} = \frac{5.00 \times 10^{-2} \times 589.3 \times 10^{-9}}{2 \times 5.00 \times 10^{-3}} \text{m}$$

$$= 2.95 \times 10^{-6} \text{m}$$

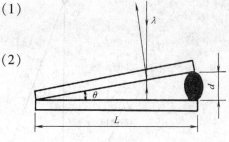

图 10-13　例 10-4 图

劈尖干涉在生产中有很多应用,下面以干涉膨胀仪来加以说明。由劈尖的干涉理论可知,如果将空气劈尖的上表面往上或往下平移 $\lambda/2$ 的距离,则光线在劈尖中往返一次所引起的光程差就要增加或减少一个波长。这时,劈尖表面上每一处的干涉条纹都要发生明-暗-明(或暗-明-暗)的变化,即原来亮的地方变暗又变亮,原来暗的地方变亮又变暗,看起来好像干涉条纹在水平方向移动了一条。数出视场中条纹移过的数目,就可测得劈尖表面移动的距离。干涉膨胀仪就是用这个原理制成的。图 10-14 是它的结构示意图。它有一个用热膨胀系数很小的石英或殷钢制成的套框,里面放置一上表面磨成稍微倾斜的样品,套框顶上放一平板玻璃,这样玻璃和样品之间就构成一空气劈尖。由于套框的热膨胀系数很小,所以可以认为空气劈尖的上表面不会因温度变化而移动。当样品受热膨胀时,劈尖下表面的位置升高,

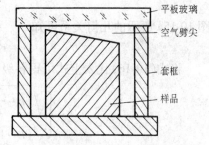

平板玻璃
空气劈尖
套框
样品

图 10-14　干涉膨胀仪结构示意图

使干涉条纹发生移动。测出条纹移动的数目,就可算出样品的升高量,从而求出样品的热膨胀系数。

测量长度的千分尺(螺旋测微器)在直接测量中是最为精密的,可精确到 10^{-2} mm,算上估计数字也就到 10^{-3} mm。采用上述的干涉计量至少可精确到半个波长的量级,约 10^{-4} mm,可估读到 10^{-5} mm,甚至到 10^{-6} mm。可见干涉计量是多么的精确。

2. 牛顿环

牛顿环是牛顿首先观察到并加以描述的等厚干涉现象。它的装置是由一个曲率半径很大的平凸透镜放在一块平面玻璃上构成的,如图 10-15a 所示。透镜和玻璃板之间形成一厚度不均匀的空气层,平行光垂直入射,从空气层的上表面和下表面便分别产生两束反射光。这两束反射光互相干涉,在空气层表面形成等厚干涉条纹。逆着反射光方向观察,看到的条纹形状是以接触点为中心的明暗相间的同心圆环,中心点为一暗点,如图 10-15b 所示。

考虑到从下表面反射的光线有半波损失,故牛顿环的光程差公式为

$$\delta = 2e + \frac{\lambda}{2}$$

干涉形成明暗纹的条件为

$$\delta = 2e + \frac{\lambda}{2} = \begin{cases} k\lambda & \text{明环} \\ (2k-1)\dfrac{\lambda}{2} & \text{暗环} \end{cases} \qquad k = 1, 2, 3, \cdots \qquad (10\text{-}16)$$

为进一步求出各级牛顿环的半径,设半径为 r 的牛顿环所在处的空气层的厚度为 e,由

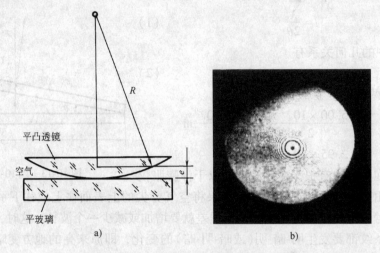

图 10-15　牛顿环

图 10-15a 所示的几何关系可知

$$r^2 = R^2 - (R-e)^2 \approx 2Re$$

将式(10-16)代入上式可得各级明暗环的半径为

$$r = \begin{cases} \sqrt{\left(k-\dfrac{1}{2}\right)R\lambda} & \text{明环} \\ \sqrt{(k-1)R\lambda} & \text{暗环} \end{cases} \qquad k = 1, 2, 3, \cdots \qquad (10\text{-}17)$$

例 10-5　用 He-Ne 激光器的光束($\lambda = 632.8\text{nm}$)照射到牛顿环上，用读数显微镜测得第 k 个暗环的半径为 5.63mm，第 $k+5$ 个暗环的半径为 7.96mm。求曲率半径 R。

解　由式(10-17)可知

$$r_k = \sqrt{(k-1)R\lambda}$$

$$r_{k+5} = \sqrt{(k+4)R\lambda}$$

解此方程组可得

$$R = \frac{r_{k+5}^2 - r_k^2}{5\lambda} = \frac{(7.96^2 - 5.63^2) \times 10^{-6}}{5 \times 632.8 \times 10^{-9}}\text{m} = 10.0\text{m}$$

在实验室中常用牛顿环测定光波的波长或透镜的曲率半径。在工业生产上，特别是在光学冷加工车间，则经常利用牛顿环(俗称光圈)快速检测透镜表面曲率是否合格。如图 10-16 所示，把玻璃验规(表面经过精密加工和测定,用来检验工件质量的样

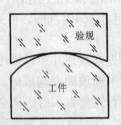

图 10-16　用牛顿环检测透镜

板)覆盖于待测工件上，则可看到牛顿环。看到的环纹越密，说明透镜和样板的差异越大；环纹越疏，说明透镜和样板的差异越小。

第五节　迈克耳逊干涉仪

上面已经指出，劈尖表面的干涉条纹分布取决于在劈尖上、下表面反射的两相干光间的光程差。只要光程差有一微小的变化，即使变化的数量级为波长的十分之一，在视场中也会

观察到干涉条纹的明显移动。迈克耳逊干涉仪就是利用这一原理制成的。它是一种比较典型的干涉仪,是很多近代干涉仪的原型。图 10-17 所示为迈克耳逊干涉仪的结构示意图。M_1 和 M_2 为两块经过精密磨光的平面镜,G_1 和 G_2 是两块平板玻璃,在 G_1 朝着 E 的一面上镀有薄薄的一层银膜,使照在 G_1 上的光一半反射,一半透射。G_1、G_2 与 M_1、M_2 成 45 °角。M_2 是固定的,它的平面位置可由螺钉 V_2 调节,M_1 由螺旋测微计 V_1 控制,可在支承面 T 上做微小移动。来自光源 S 的光,经过透镜 L 后,变成平行光射向 G_1,一部分经 G_1 的薄银层反射后,向 M_1 传播,经 M_1 反射后再穿过 G_1 向 E 处传播(图 10-17 中的光 1);另一部分则透过 G_1 及 G_2,向 M_2 传播,经 M_2 反射后,再穿过 G_2 经 G_1 的银层反射后也向 E 处传播(图 10-17 中的光 2)。显然,到达 E 处的光 1 和光 2 是相干光。G_2 的作用是能使光 1、2 都是三次穿过厚薄相同的平板玻璃,从而避免 1、2 间存在有较大的光程差,因此 G_2 也叫做补偿玻璃。

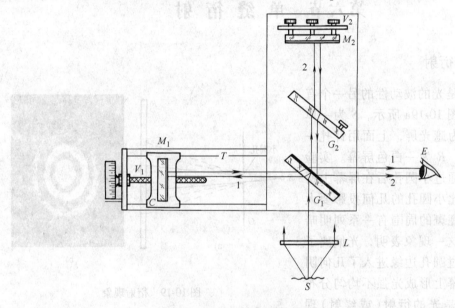

图 10-17 迈克耳逊干涉仪的结构示意图

图 10-18 是迈克耳逊干涉仪的原理图。设想薄银层所形成的 M_2 的虚像是 M_2'。因为虚像 M_2' 和实物 M_2 相对于镀银层的位置是对称的,所以虚像位于 M_1 的附近。来自 M_2 的反射光线 2 可以看做从 M_2' 发出来的。这样相干光 1、2 的光程差,主要是由薄银层到 M_1 和 M_2' 的距离 d_1 和 d_2 的差所决定。如果 M_1 和 M_2 不是严格地相互垂直,那么 M_2' 与 M_1 就不是严格地相互平行,因而两者之间的空气薄层就形成一个劈尖。来自 M_1 和 M_2' 的光线 1、2(可看做 M_1、M_2' 上的反射光线)就类似于上节所述的劈尖两表面上反射的光线,结果在视场中的干涉条纹就是明暗相间的等厚干涉条纹;若 M_1 与 M_2 严格地垂直,则干涉条纹将是一系列同心圆环状的**等倾干涉条纹**。

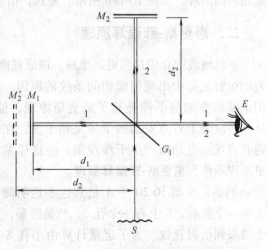

图 10-18 迈克耳逊干涉仪原理图

若入射单色光的波长为 λ，并且在视场中看到的是等厚干涉条纹，则每当调节 M_1 向前或向后平移 $\lambda/2$ 的距离时，按照上一节的劈尖干涉理论，就可看到干涉条纹平移过一条。数一数在视场中移过的条纹数目 Δn，就可算出 M_1 移动的距离 Δd（以光波的波长计）

$$\Delta d = \Delta n \frac{\lambda}{2}$$

由上式可知，用已知波长的光波可测量长度；反之，也可从移动的长度来测定光波的波长。

除迈克耳逊干涉仪外，还有根据不同要求而设计的干涉仪，如测定表面光洁度的显微干涉仪；精确测定气体或液体折射率的折射干涉仪等。

第六节 单 缝 衍 射

一、光的衍射

衍射现象是光的波动性的另一个有力的证据。如图 10-19a 所示，S 为一单色点光源，G 为遮光屏，上面用针扎一个很小的圆孔，R 为一白色屏幕。实验发现，单色光通过小圆孔后在屏幕上所产生的亮斑，比小圆孔的几何投影要大得多，并且在亮斑的周围有一系列明暗相间的圆环。这一现象表明，光偏离了直线传播而绕过圆孔边缘进入了几何阴影内，并在屏幕上形成光强不均匀分布的现象，这就是**光的衍射**（或绕射）现

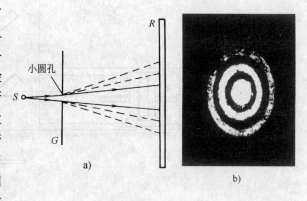

图 10-19　衍射现象

象。如果将遮光屏换成一个与圆孔大小差不多的小圆板，在屏上看到的是围绕中心亮斑的明暗相间的圆环，如图 10-19b 所示。显然，衍射现象已不能用光的直线传播理论来解释了。

二、惠更斯-菲涅耳原理

在机械波中介绍过惠更斯原理，该原理能够解释波绕过障碍物传播的现象，但不能说明光的衍射现象中出现明暗相间条纹的原因。菲涅耳用子波的叠加与干涉补充了惠更斯原理，他指出：从同一波面上各点发出的子波是相干波，在空间相遇时将互相叠加而产生干涉现象。经这样发展的惠更斯原理称为**惠更斯-菲涅耳原理**。

例如，在图 10-20 中 A 是到达不透明障碍物 R 上的一个波前，R 上有一个孔 S，P 是屏幕，从屏幕上可看到衍射花纹。为了定量计算由小孔 S 处的波面所发出的光波传播到屏幕上给定点 C 处的光强度，

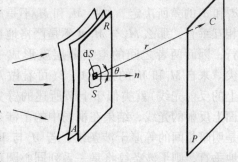

图 10-20　惠更斯-菲涅耳原理的应用

根据惠更斯-菲涅耳原理，把到达小孔 S 处的波前分成很多面积元 dS，每一面积元都是子波波源，计算这些面积元发出的子波在 C 点引起的光振动的总和，就可得到 C 处的光强度。但这个叠加是一个非常复杂的积分问题。

三、两类衍射

根据光源、衍射屏及观察屏之间的距离，可将光的衍射分为两类。当光源和观察屏（或两者之一）与衍射屏之间的距离为有限远时称为**菲涅耳衍射**。如图 10-19 所示的不用透镜而直接观察到的衍射现象。现实中观察到的多数情况属于菲涅耳衍射。衍射现象中另一种特殊情况即当光源和观察屏与衍射屏之间的距离为无限远时的衍射，称为**夫琅禾费衍射**。在实际工作中通常利用透镜观察夫琅禾费衍射。如图 10-21 所示，利用透镜 L_1 把入射光变为平行光束，再利用透镜 L_2 将各子波会聚到位于透镜 L_2 的焦平面处的屏幕上，形成衍射图样，这类衍射称在实际工作中用得最多，故本书只讨论这种衍射。

四、单缝的夫琅禾费衍射

图 10-21 为单缝的夫琅禾费衍射实验装置示意图。S 为单色点光源，位于薄透镜 L_1 的焦点上，K 为一水平放置狭缝，屏幕 R 位于透镜 L_2 的焦平面处。其光路图如图 10-22 所示。

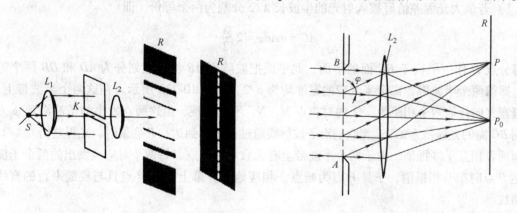

图 10-21　单缝衍射实验　　　　　　图 10-22　单缝衍射实验的光路图

由图可见，当平行光垂直投射到狭缝时，缝平面即为波阵面。根据惠更斯-菲涅耳原理，波阵面上每一点都是发射子波的波源，所发出的子波向各个方向传播，由于光传到单缝时，波阵面在 AB 方向受到限制，衍射现象发生在 AB 方向。我们用子波射线与入射光线之间的夹角 φ 来表示子波传播的方向，即子波射线的方向。夹角 φ 通常称为子波的**衍射角**。

先看衍射角 $\varphi = 0$ 的方向上所有子波的叠加情况。由于这个方向与透镜 L_2 的主光轴平行，故所有子波通过透镜后将会聚于主焦点 P_0 处。因为透镜不会引起光程差，所以从波阵面 AB 面上所有到达 P_0 处的子波相位相同相互叠加干涉加强，此处为一平行于狭缝的亮纹，称为**中央明纹**。

再看在衍射角为 φ 的方向上，沿这一方向传播的子波通过透镜后会聚于副焦点 P。由于这些子波到达点 P 的光程各不相同，所以它们叠加的结果可能加强，也可能减弱。下面用一种菲涅耳提出的半波带法来计算子波的叠加结果。

过狭缝上的点 B 作一垂直于子波射线的平面 BC，如图 10-23a 所示，由于从 BC 上各点沿各条射线抵达 P 点的光程都相等，所以由波阵面 AB 上各点到点 P 的光程差就等于由 AB 面各点到 BC 面对应点的光程差。其中，分别从狭缝边缘 A、B 两点发出的两个子波的光程差 AC 为最大。设缝宽 $AB = a$，由图可见

$$AC = a\sin\varphi$$

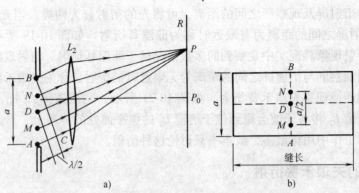

图 10-23　菲涅耳提半波带法

1）若最大光程差恰好被入射光的半波长 $\lambda/2$ 分割为两个等份，即

$$AC = a\sin\varphi = 2\frac{\lambda}{2}$$

过等分点 D 作一平行于 BC 面的平面，此平面把波阵面 AB 相应地划分为 AD 和 DB 两个等份，即得两个半波带，每个半波带的宽度均为 $a/2$，如图 10-23b 所示。在这两个半波带上，沿缝宽方向任取两个相距为 $a/2$ 的对应点 M、N，不难发现，由这两点发出的子波沿角 φ 方向到 BC 面的光程差为 $\lambda/2$。当它们沿子波射线通过透镜 L_2 到达点 P 会聚时，光程差仍为 $\lambda/2$，因而两者相互干涉抵消。由于两个半波带上有无数对对应点，每两个对应点发出的两个子波到达 P 点时都互相抵消，于是 P 点为暗点。相应地在屏幕上通过 P 点且与狭缝平行的直线为暗纹。

2）若最大光程差恰被入射光的半波长 $\lambda/2$ 分割为三等份，即

$$AC = a\sin\varphi = 3\frac{\lambda}{2}$$

这时 AC 上有两个等分点，过等分点可作两个平行于 BC 面的平面，相应地波阵面 AB 被分为三个半波带。如上所述，相邻的两个半波带发出的子波在 P 点将全部抵消，剩下的第三个半波带发出的子波在 P 点相干叠加形成亮点，在屏幕上便出现一条通过 P 点且与狭缝平行的亮纹。

3）仿照以上思路可知：最大光程差恰被入射光的半波长 $\lambda/2$ 分割为偶数个等份时，屏幕上与此衍射角相对应的位置为暗纹；最大光程差恰被入射光的半波长 $\lambda/2$ 分割为奇数个等份时，屏幕上与此衍射角相对应的位置为明纹；若对应于某个衍射角 φ，最大光程差不能被半波长分割为整数个等份时，则屏幕上与之对应的 P 点既非暗点也非亮点，在过点 P 且平行于狭缝的直线上，光强介于最明与最暗之间。

综上所述，屏幕上光强的分布完全取决于缝的宽度和衍射角的大小，当

$$\begin{cases} \varphi = 0 & \text{中央明纹} \\ a\sin\varphi = \begin{cases} \pm(2j+1)\dfrac{\lambda}{2} & \text{各级明纹} \\ \pm j\lambda & \text{各级暗纹} \end{cases} \end{cases} \tag{10-18}$$

式中，$j = 1，2，3，\cdots$为各级衍射条纹的级次，级次越高，相应的衍射角越大；对于每个j值，角φ可取正负两个值，表明各级衍射条纹对称地分布在中央明纹的两侧。

下面讨论单缝衍射时条纹的亮度和宽度。由实验可知，在各级明纹中，中央明纹最亮，其他明纹的亮度随着级次的增大而迅速减小。这是因为明纹的级次越高，所对应的衍射角越大，最大光程差也越大，于是波阵面 AB 分得的半波带也越多，每个半波带的面积也就越小。这样，从最后未被抵消的半波带上发出的光波的能量也就越少，因而所形成的明纹越暗。明纹的宽度为两相邻的暗纹中心线之间的距离。如图 10-24 所示，以中央明纹的中心为坐标原点 O，向上建立坐标轴 x，设某级条纹的坐标为 x，由图可知

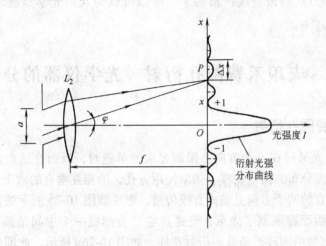

图 10-24　单缝衍射条纹的亮度和宽度

$$x = f\tan\varphi$$

式中，f 为透镜 L_2 的焦距。

一般地，$f \gg x$，即 φ 角很小，故上式可写为

$$x \approx f\sin\varphi \tag{10-19}$$

将式（10-18）代入式（10-19），可得各级衍射条纹在屏幕上的位置

$$x = \begin{cases} 0 & \text{中央明纹} \\ \pm(2j+1)\dfrac{\lambda}{2a}f & \text{各级明纹} \\ \pm j\dfrac{\lambda}{a}f & \text{各级暗纹} \end{cases} \tag{10-20}$$

式中，$j = 1，2，3，\cdots$

由式（10-20）可知，中央明条纹的宽度即正负一级暗纹之间的距离为

$$\Delta x_0 = \frac{\lambda}{a}f - \left(-\frac{\lambda}{a}f\right) = 2\frac{\lambda}{a}f \tag{10-21}$$

其他明条纹的宽度为

$$\Delta x = x_{j+1} - x_j = (j+1)\frac{\lambda}{a}f - j\frac{\lambda}{a}f = \frac{\lambda}{a}f \qquad (10\text{-}22)$$

可见，各级明纹的宽度与条纹的级次无关，是等宽条纹；中央明纹的宽度为其他各级明纹宽度的 2 倍。

由式(10-22)还可知：①当缝宽 a 一定时，各级条纹的宽度 Δx 因波长而异，且 Δx 正比于 λ。因此如果用白光来做单缝衍射实验，不同波长的各色光所形成的衍射条纹的位置及其宽度将各不相同，中央明条纹位置仍在中央，颜色仍为白色，其他各级明纹因 λ 不同位置相互错开并呈现由紫到红的色彩；②当波长 λ 给定时，Δx 与缝宽 a 成正比。即缝宽 a 越小，条纹拉得越开，衍射现象越显著，缝宽 a 越大，衍射现象越不明显，若 $a \gg \lambda$，则 $\Delta x \rightarrow 0$，条纹都向中央明纹靠近而拥挤在一起，形成一条亮线，这条亮线就是光经过透镜后形成的几何像，这时就可认为光是按直线传播的了，所以可认为几何光学是波动光学在 $\frac{\lambda}{a} \rightarrow 0$ 的极限。

第七节　夫琅禾费圆孔衍射　光学仪器的分辨本领

一、夫琅禾费圆孔衍射

上节已经看到光通过在一个方向上限制光束的单缝时，反而在这个方向上偏离直线传播，展宽成一定强度分布的衍射花样。如果使用方孔，沿相互垂直的两个方向限制光束，则光线就在此相互垂直的两个方向上偏离直线传播，形成如图 10-25 所示的衍射花样。如果障碍物是圆孔，则在四面都限制了光束，光通过它后会形成一个中间是圆形亮斑(称为**爱里斑**)，外围是亮暗交替的圆环形条纹的衍射花样，如图 10-26a 所示。此即为**夫琅禾费圆孔衍射**，其强度分布曲线如图 10-26b 所示。其中第一个强度极小值在

$$\sin\varphi = 1.22\frac{\lambda}{d} \qquad (10\text{-}23)$$

式中，d 为圆孔直径；λ 为入射光波长。

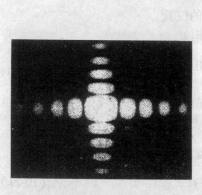

图 10-25　方孔衍射花样

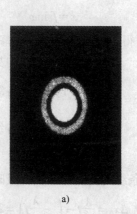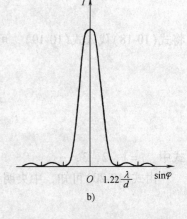

图 10-26　夫琅禾费圆孔衍射

考虑到衍射角 φ 很小，$\Delta\varphi \approx \sin\varphi$，中央亮斑的半角宽度也可表示为

$$\Delta\varphi = 1.22\frac{\lambda}{d} \tag{10-24}$$

中央亮斑集中了绝大部分衍射光的能量。

二、光学仪器的分辨本领

成像光学仪器都有限制光束的孔径。望远镜、显微镜限制光束的孔径是物镜的边框，限制进入人眼光束的孔径是瞳孔。物光通过光学仪器成像时，由于衍射作用，物点所成的像不是点状像点，而是一个爱里斑。一个复杂的物可以看成是许多不同亮度的物点组成。通过光学仪器看一个物，看到的是每个物点的爱里斑的组合，这些爱里斑的强度叠加会使得物的清晰度受到限制。

考虑有两个物点，如图 10-27 所示，当这两个物点对光学仪器所张的角度 φ（角距离）大于爱里斑的半角宽度时，两个爱里斑没有重叠，显然它们是可分辨的；当两个物点的角距离小于爱里斑的半角宽度时，两个爱里斑重叠，分辨不出是一个像点还是两个像点；若两个物点的角距离正好等于爱里斑的半角宽度，即 $\varphi = 1.22(\lambda/d)$ 时，一个爱里斑的中心恰好落在另一个爱里斑的第一暗纹上，它们的合成强度对大多数人来说恰好能分辨出是两个亮斑，如图 10-27a 中间的图所示。通常以此作为恰能分辨的判据，称为**瑞利判据**。因此，对于孔径为 d 成像光学仪器（如显微镜和望远镜等），它的**最小分辨角**为

$$\varphi_{min} = 1.22\frac{\lambda}{d} \tag{10-25}$$

φ_{min} 的倒数称为**分辨率**或**分辨本领**。

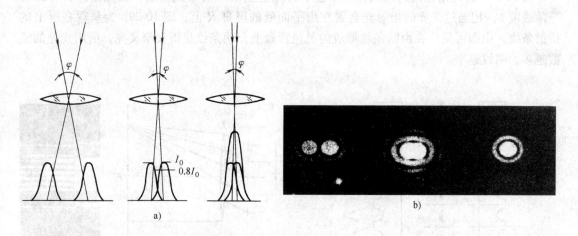

图 10-27 可分辨、恰好分辨和不可分辨

当明亮照明时，人眼瞳孔的直径约为 2mm，取波长 $\lambda = 550nm$，代入上式，可知人眼的最小分辨角 $\varphi_{min} \approx 1'$，这表示人眼刚好能分辨距离 25cm 远处相距 0.1mm 的两个发光点，这与视网膜上感光细胞分布的密度惊人的一致。

助视光学仪器具有一定的放大率，可以帮助人眼更好地分辨物体的细节。但光学仪器在放大像点距离的同时，也放大了物的爱里斑，光学仪器原来不能分辨的物体，放得再大，仍

然不能分辨。要提高光学仪器分辨细节的能力，应从提高仪器的分辨本领，减小其最小分辨角着手。由式(10-25)可知：最小分辨角与仪器的孔径光阑及入射光的波长有关。提高望远镜分辨本领的措施是增大物镜的口径；而提高显微镜的分辨本领则是采用较短波长的光束来照明。例如，在生物研究中常用紫外光显微镜以进一步提高分辨率。电子显微镜则用加速的电子束来代替光束，根据量子理论，微观粒子具有波粒二象性，一束在150V电压下加速的电子束相当于波长于0.1nm的波，用它来照射物体可大大提高分辨本领，甚至能看到分子或原子。

第八节 光栅衍射

一、衍射光栅

由大量等宽且等间隔的平行狭缝构成的光学元件称为**光栅**，它是一种具有空间周期性结构的衍射屏。例如，在一块透明平板上均匀地刻画出一系列等宽等间隔的平行线，就成为平面光栅，入射光只能在未刻的透明部分通过，在刻痕上因漫反射而不能通过。这种光栅实际上相当于由等宽等间隔的平行狭缝组成，如图10-28所示。这些来自各平行狭缝的光波是来自同一光源的，因而是相干的。它们形成了多缝干涉。

光栅可以是透射式的，也可以是反射式的，如图10-28所示。

设光栅中每条缝的宽度为 a，刻痕宽度为 b，$a+b$ 通常称为**光栅常数**，它是光栅的一个重要参数。实际的光栅，在1cm的宽度内要刻数千条刻痕，即光栅常数约为 $10^{-5} \sim 10^{-6}$ m 的数量级。

图10-29a为光栅光路的截面图。单色平行光垂直地照射在光栅上，在光栅的另一面置一薄透镜 L，把通过光栅的衍射光会聚在焦平面处的屏幕 R 上，图10-29b为呈现在屏上的衍射条纹。由图可见，在由暗条纹形成的黑色背景上，明条纹显得又窄又亮，所用光栅的缝数越多，明纹越窄。

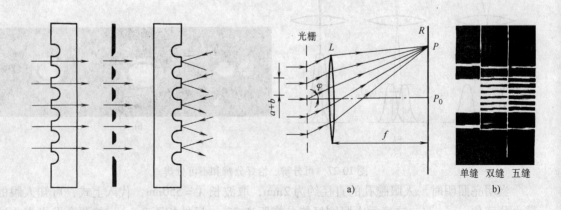

图10-28 光栅剖面   图10-29 光栅衍射的光路图

二、衍射条纹及成因

当用单色平行光照射整个光栅时，光栅上每个狭缝都要产生单缝衍射。由于单缝衍射条纹的位置仅取决于衍射角的大小，故光栅上每条狭缝的衍射图样完全重合，如图 10-30a 所示。这样，不同狭缝所发出的子波在屏上相互叠加，便产生光栅衍射条纹。无疑，凡是单缝衍射图样中光强为零处，叠加后光强仍为零；在单缝衍射中光强不为零处，其相干叠加的结果取决于各狭缝的子波之间的光程差。也就是说，在单缝衍射的各级明纹中，还要叠加，进一步产生干涉条纹即**光栅衍射条纹**。因此，光栅衍射是单缝衍射和缝间干涉的总效果。

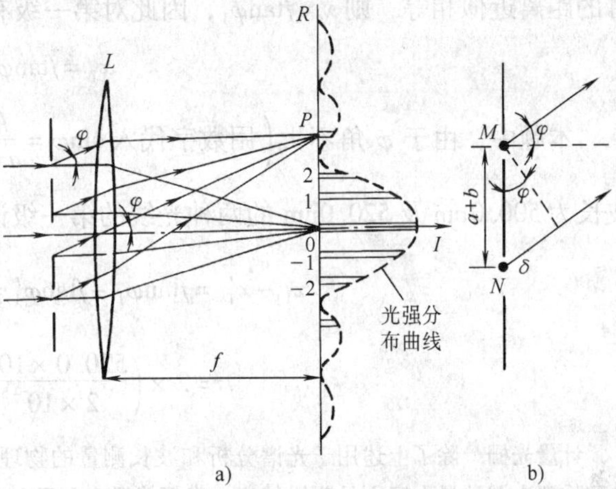

图 10-30b 为光栅上任意两个相邻的

图 10-30 光栅衍射的成因

狭缝，在每个狭缝处的波阵面上都要发射出无数个子波，为了讨论狭缝间子波的干涉，在两缝中任取两个相距为 $a+b$ 的对应点 M、N。它们所发出的沿角 φ 方向的两条子波射线到达屏幕上 P 点时的光程差为 $\delta = (a+b)\sin\varphi$。当此式满足

$$(a+b)\sin\varphi = \pm k\lambda \quad (k = 0,1,2,\cdots) \tag{10-26}$$

时，两个子波互相加强。同理，光栅上其他缝发出的子波在此方向叠加也都是加强的，因此点 P 形成明纹（又称主极大条纹）。光栅狭缝数目越多，透过的能量越大，衍射条纹就越亮。式(10-26)称为**光栅方程**，式中 k 为各级明纹的级次，正负号表明各级明纹在零级明纹的两侧对称分布。

由光栅方程可知：当波长 λ 给定时，光栅常数 $a+b$ 越小，各级明条纹所对应的衍射角 φ 越大，因此条纹分得越开。当光栅常数给定时，波长 λ 越大，其各级亮纹所对应的衍射角 φ 越大；反之，波长越小，各级明纹所对应的衍射角越小。因此，用白光照射光栅时，除零级明纹外，其他各级明纹均变为彩色光谱，称为**光栅光谱**。利用衍射光栅制成的分光仪常用于测定物质光谱的精细结构，它是现代物理和工程技术中研究物质结构的主要仪器。

例 10-6 波长为 500.0nm 及 520.0nm 的两束相干光照射于光栅常数为 0.002cm 的衍射光栅上，在光栅后面用焦距为 2m 的透镜把光线会聚在屏幕上。求这两种光线的第一级光谱线间的距离。

解 根据光栅公式 $(a+b)\sin\varphi = \pm k\lambda$，有

$$\sin\varphi = \frac{\pm k\lambda}{a+b}$$

第一级光谱中，$k=1$，因此相应的衍射角 φ_1 满足下式

$$\sin\varphi_1 = \frac{\lambda}{a+b}$$

设 x 为谱线与中央条纹间的距离(如图 10-29 中的 PP_0),f 为透镜的焦距,与光栅到屏幕的距离近似相等,则 $x = f\tan\varphi_1$,因此对第一级有

$$x_1 = f\tan\varphi_1$$

本题中,由于 φ 角不大$\left(\text{用数字代入 } \sin\varphi = \dfrac{k\lambda}{a+b} \text{中即可算出}\right)$,所以 $\sin\varphi \approx \tan\varphi$。因此,波长为 500.0nm 及 520.0nm 的两种光线的第一级谱线间的距离为

$$x_1 - x_1' = f\tan\varphi_1 - f\tan\varphi_1' = f\left(\frac{\lambda}{a+b} - \frac{\lambda'}{a+b}\right)$$

$$= 2 \times \left(\frac{520.0 \times 10^{-9}}{2 \times 10^{-5}} - \frac{500.0 \times 10^{-9}}{2 \times 10^{-5}}\right) = 2 \times 10^{-3} \text{m}$$

计量光栅　除了上述用于光谱分析和波长测量的物理光栅外,在数控技术上还常用到一种计量光栅。它和物理光栅的最大区别是刻线较粗,光栅常数(工程上称为栅距)较大,约为 $10^{-5} \sim 10^{-4}$m。由于其光栅常数远远大于可见光的波长,故光通过它时,衍射现象已不明显,可直接用光的直线传播规律去分析它。

如图 10-31 所示,将两片栅距为 W 的平行光栅重叠放置在一起并使其栅线成一很小的夹角 θ。当用光照时,因两栅线相交处光透不过,其他地方则有光透过,故在 θ 角平分线的垂直方向上显现出一些比栅距宽得多的明暗相间的条纹,这就是叠栅条纹。由于 θ 角很小,所以叠栅条纹的间距 $B \approx W/\theta$。当两光栅在垂直于栅线方向上相对移动一个栅距 W 时,叠栅条纹向上(或向下)移动一个纹距 B。由于 $B \gg W$,所以叠栅条纹具有位移扩大作用。若在光栅的两侧平行于栅线上下相距 $B/4$ 处排列两组光电发射接收对管,就可以做成高精度位移传感器,用于检测直线位移时,分辨率可达 $0.1\mu\text{m}$。

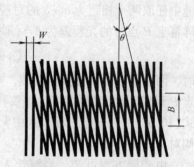

图 10-31　叠栅条纹

X 射线是高速电子撞击物体时产生的一种波长在纳米级的电磁波,它也可以产生干涉、衍射现象。但是用普通的光学光栅是观察不到 X 射线的衍射现象的。这是因为光学光栅的光栅常数为 $10^{-5} \sim 10^{-6}$m 的数量级,远远大于 X 射线的波长。只有当光栅常数与 X 射线的波长相当时,才能观察到 X 射线的衍射现象,但是现在还刻不出这样的光栅。

晶体是由按一定的点阵在空间做周期性排列的原子构成的,晶体中相邻原子之间的距离约为 10^{-10}m 的数量级,与 X 射线波长的数量级相同。因此,晶体作为 X 射线的衍射光栅是很合适的,只是晶体点阵结构与普通光学光栅不同,是三维光栅,衍射要复杂得多。

图 10-32 为观察 X 射线衍射的两种不同方法及所得的衍射光斑。通过这些衍射花样,就可推测晶体的内部结构。

X 射线衍射主要用于研究晶体的结构和测定 X 射线的波长。最初用在比较简单的无机晶体上,后来非常成功地用于生物分子结构的研究,如蛋白质和核酸。20 世纪 50 年代研究血红素,发现它是由一万个原子组成有螺旋形状的四条链,还得出它得到氧和失去氧时形状是如何变化的;另一重大成果是 1953 年科学家利用 X 射线衍射发现脱氧核糖核酸(DNA)的双螺旋结构。

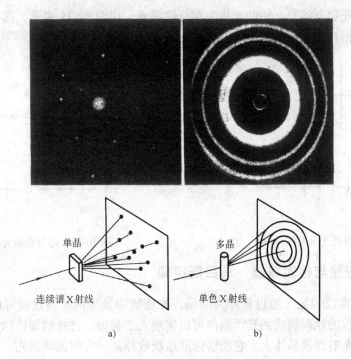

图 10-32　X 射线衍射

第九节　光 的 偏 振

一、自然光和偏振光

光的干涉和衍射现象揭示了光的波动性，这一节就要进一步证实光的横波性。

光波是横波，指的是光波的电场矢量和磁场矢量与波的传播方向垂直。纵波的振动方向与波的传播方向一致，因此纵波具有轴对称性，即从垂直波传播方向的各个方向去观察纵波，情况是完全一样的。而横波振动方向对于传播方向的轴来说不具备对称性，这种不对称性就叫做**偏振**。只有横波才具有偏振的性质。

如果光的振动方向始终在一个平面内称为**线偏振光**或**平面偏振光**，振动方向和传播方向决定的平面称为**振动面**。图 10-33 是线偏振光的图示，10-33a 图表示线偏振光的振动面与纸面一致，10-33b 图表示线偏振光的振动面与纸面垂直。

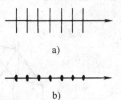

图 10-33　线偏振光的图示

实际光源发出的光波不是线偏振光。前面曾指出原子或分子发出的光波不是无限长的连绵不断的简谐波，而是些断断续续的波列。每一个波列持续的时间在 10^{-8} s 以下，波列之间没有固定的相位关系，即每一波列的初相位是无规律分布的。不仅如此，每一波列的振动方向也是完全无规律的，没有哪一个方向的振动更占优势，这种光称为自然光，用图 10-34 表示。图 10-34a 表示的是一束垂直纸面射出的自然光，任何方向的振幅都相同。它还可以用图 10-34b 、c、d 来表示，即用任意两个相互垂直且等幅的振动表示。

介于线偏振光和自然光之间的光称为**部分偏振光**,用图 10-35 表示。部分偏振光可以看成两个振动方向相互垂直、振幅不等的线偏振光。

图 10-34 自然光及其图示   图 10-35 部分偏振光及其图示

二、起偏振器与检偏振器 马吕斯定律

将自然光转换成偏振光的过程称为起偏。光传播中发生的某些过程可以产生起偏的作用。根据这些过程的原理制成的光学器件可以实现人工起偏,这样的器件称为**起偏器**。有一些晶体,当自然光射到该晶体上,它能够强烈地吸收掉某一方向振动的光,而与之垂直方向振动的光,强度可几乎不变地通过,这种性质称为**二向色性**。如图 10-36 所示,自然光通过电气石后变为线偏振光,因此电气石是一个天然的起偏振器。透过起偏振器的线偏振光的振动方向称为它的**偏振化方向**或**透光方向**。

天然的电气石晶体很小,透光截面不大。现在常用的是人工制成的大面积起偏器,叫做**偏振片**。它是将一些具有二向色性的微小有机晶粒沉淀在塑料膜内,将膜经一定方向拉伸而成。自然光透过偏振片后,出射光的振动方向与偏振片的偏振化方向相平行,且光强减为一半。

设一束振幅为 E_0 的线偏振光射到偏振片上,其振动方向与偏振片的偏振化方向成 θ 角。将此偏振光沿偏振片的偏振化方向和垂直偏振化方向正交分解,如图 10-37 所示。因垂直于偏振化方向的分量被偏振片所吸收,故透射的仅为沿偏振化方向的光,其振幅为 $E = E_0\cos\theta$。注意到光强与振幅的平方成正比,故线偏振光通过偏振片后,出射光的光强与入射光的光强满足

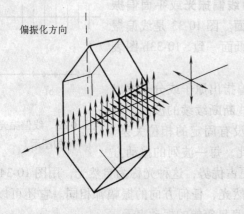

图 10-36 电气石的二向色性

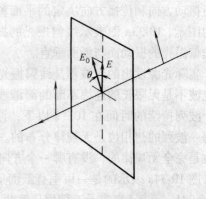

图 10-37 马吕斯定律

$$I = I_0 \cos^2\theta \qquad\qquad (10\text{-}27)$$

式(10-27)所表示的规律称为**马吕斯定律**。式中，I 为透射线偏振光的强度；I_0 为入射线偏振光的强度；θ 为入射线偏振光的振动方向和偏振片的偏振化方向之间的夹角。

显然，振动方向平行于偏振化方向的线偏振光通过偏振片后，出射光的光强不变；而振动方向垂直于偏振化方向的线偏振光通过偏振片后，将被偏振片全部吸收，没有光透出，此现象称为**消光**。

一般情况下，人的眼睛不能辨别透射光是自然光还是偏振光。要检验透射光是不是偏振光，可在偏振片 P_1 的透射光路中再放入一块偏振片 P_2，如图 10-38 所示。以光的传播方向为轴将偏振片 P_2 旋转一周，可以观察到透过 P_2 的光强有两次明、两次暗的变化。偏振片 P_2 称为检偏器。当 P_1 与 P_2 的偏振化方向互相平行时，透过 P_2 的光强最大；当 P_2 与 P_1 的偏振化方向相互垂直时透过 P_2 的光强为零。这个实验表明透过偏振片 P_1 的光为线偏振光。偏振片既可做起偏器，又可做检偏器。

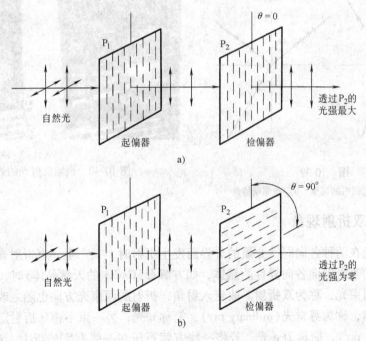

图 10-38 起偏器与检偏器

三、反射和折射时的偏振

自然光在两种透明介质的分界面上反射和折射时，一般情况反射光和折射光都是部分偏振光。用偏振片来检验，反射光中垂直入射面的成分较大，折射光中振动方向在入射面内的成分较大，如图 10-39a 所示。反射光和折射光的偏振化程度与入射角有关，实验表明，当入射角 i_B 满足

$$\tan i_B = \frac{n_2}{n_1}$$

时，反射光为线偏振光，其振动方向与入射面垂直，而折射光仍为部分偏振光。显然此时入射角和折射角之和为 90°。角 i_B 称为**布儒斯特角**或**起偏角**，如图 10-39b 所示。

利用反射和折射时的偏振现象可制成起偏振器。利用反射光的起偏器需要调节入射角等于布儒斯特角。由于一次折射时折射光仍为部分偏振光，故利用折射光的起偏器还需要采用玻璃片堆多次折射来提高折射光的偏振度。

一个利用反射偏振的实际例子是照相机用的**偏光镜**。当拍摄玻璃橱窗内的物品或在沙滩上逆光拍摄景物时，常常由于强烈的反射杂光使景物眩晕不清。这些反射光都是部分反射光，垂直入射面的成分较强。这时可在在照相机的镜头上加一偏光镜，偏光镜实际就是一块偏振片，调节偏光镜的偏振化方向与入射面平行，就可有效地消除或减弱反射光，使成像清晰、柔和、层次丰富。图 10-40 是拍摄临街窗户的两幅图片，左图没用偏光镜，右图用了偏光镜，效果大不相同。

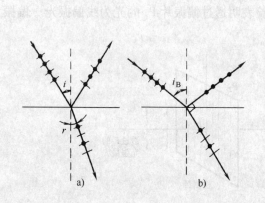

图 10-39

a）反射和折射时的偏振 b）布儒斯特角

图 10-40 消除反射光的效果对比

四、光的双折射现象

一束自然光在两种各向同性介质的分界面发生折射时，只产生一束折射光，其传播方向遵从折射定律。当光射向各向异性的晶体，如方解石（$CaCO_3$的天然晶体）时，将分裂成沿不同方向折射的两束光，称为**双折射**。改变入射角，折射的两束光方向也随之改变，其中一束恒遵循折射定律，称为**寻常光**（ordinary ray），简称 o 光；另一束不遵从折射定律，称为**非常光**（extraordinary ray），简称为 e 光。若将一块方解石压在一张有字的纸上，透过方解石看，字是双的，如图 10-41a 所示，这就是光的双折射现象引起的。

图 10-41 光的双折射现象

实验证明，在双折射现象中，o 光和 e 光都是线偏振光，且振动方向互相垂直。o 光的折射率 n_o 是一常数，而 e 光的折射率 n_e 除随入射角的变化而变化外，还与晶体所受的应力有关，不是一个常数。

某些各向同性的非晶介质，如玻璃、塑料、环氧树脂等在受到一定的压缩或拉伸时，也会发生双折射现象。其折射率差 $(n_o - n_e)$ 正比于应力。

*第十节　全息照相原理

全息照相术于 1948 年提出并实现，但其真正的发展和广泛的应用则是在 20 世纪 60 年代激光器发明之后。它所用到的原理就是波的干涉和衍射原理。

光是一种电磁波，要完整地描述它需要三个物理量——振幅、频率和相位。**振幅**反映光的强弱，**频率**表征颜色，**相位**则标示光在传播过程中各点的位置及振动状态。普通照相包括拍摄电影和电视都是根据几何光学的成像原理借助于透镜系统，使三维立体的景物成像于二维的感光底片或屏幕上。在底片或屏幕上，人们无法判断物上各点的纵深位置，也就是说普通照相缺乏立体感。这是由于普通照相的相片并没有把物光波的全部信息记录下来的缘故。像片中的卤化银只对光强敏感（彩片对颜色也较敏感），即只对光波的振幅作出反应，而对光波的相位不起作用，因此普通照相损失了物光波的相位信息，其主要表现就是缺乏立体感，物上被遮挡的部分不会成像在底片上。

全息照相的记录介质仍是普通的感光片，要想让它记录光的全部信息需要采取措施把物光波的相位分布转换为强度分布加以记录。

一、物光波的记录

物光波记录的光路结构如图 10-42 所示。从激光器发出的光束，通过分光镜分成强度大致相等的两束，分别通过扩束镜扩束，一束经反射镜反射后直接照射到记录介质上，该光束称为**参考光束**；另一束经反射镜投射到物体上，经物体反射（或透射）以后再照射到记录介质上，此光束称为**物光束**。参考光束和物光束来自同一激光光源，是相干性很好、相干长度很长的相干光，所以它们在记录介质上干涉叠加形成细密且复杂的亮暗分布的干涉条纹，并使记录介质感光，通过显影、定影，在记录介质上就形成了相应的干涉图样，如图 10-43 所

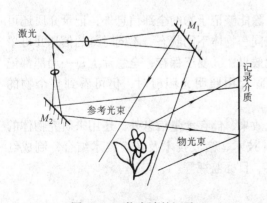

图 10-42　物光波的记录

图 10-43　全息照片

示。这样得到的胶片就是**全息照片**。全息照片记录的不是物像,而是物体的全部信息图。干涉图样的明暗对比度(称为反差)反映了物光的振幅信息,而干涉图样中条纹的走向、疏密和形状则含有物光波的相位信息。

要理解全息照片上的干涉图样是怎样记录物体的振幅和相位的,可用杨氏双缝实验来说明。假定双缝中的一条缝固定,并且用强度恒定的光照明它;此外再假定照明另一条缝的光强能够变化,而且它的位置亦能相对于固定缝变化,这样就相当于固定缝提供参考光束,而可动的缝提供物光(实际照相时,可动缝就是被光照射的物体本身)。如前面的杨氏双缝实验中所知:这样的装置将会在屏上形成一组平行条纹。若两条缝用同等照度照明,则观察到的是明暗相间的条纹,条纹的反差最大;假如不是用同等照度的光照明,则观察到的明暗条纹不很分明,即条纹的反差减小了。另一方面,假如物缝的位置变化了,则条纹的图样也将发生变化。这就说明干涉图样的反差和形状的确记录了物光的振幅和相位,并且图样中的任何一点都包含着物光的所有信息。

二、物光波的重现

物光波的重现是一个衍射过程。用一束与参考光束相同的激光光束(称为**照明光束**)照射全息底片,如图 10-44 所示,全息底片上细密复杂的干涉条纹就好像是一块复杂的光栅,照明光束照射在此复杂的光栅上会发生衍射,除了中间直射的零级光外,在两边还分别有 ±1 级衍射光。其中一束重现了**物光波**,它包含了原来物光波振幅和相位分布的所有信息,因此当人眼对着此光束观看时,就可以在原来的位置看到逼真的原物的像,若从不同的角度观察,会看到原物的不同侧面,立体感很强。

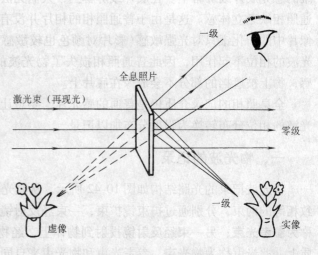

图 10-44 物光波的重现

三、全息照相的特点和应用

全息照相有很多重要的特点:①**信息量大**,除能够记录物的全部信息外,记录介质还可以多次曝光,即在同一张胶片上记录不同物体或同一物体不同状态、不同时刻的信息并可单独再现;②**立体感强**,可以大大改善人们的视觉效果;③**易于保存**,全息片上每一局部都记录有物的全部信息,即使全息片打碎了,每一碎片用照明光照射时,仍可看到整个物的形象。

全息照相有着广泛的应用:除用来改善视觉效果、储存大量信息外,还用来研究物体的微小变形,微小振动或高速运动现象,若与红外技术、微波技术及超声技术结合,制成红外、微波及超声全息照相术,则可用于军事侦察、目标监视等。

思 考 题

1. 在双缝实验中，如果作下列调节，干涉条纹将发生什么变化？

(1) 使两缝间的距离逐渐增大；

(2) 保持双缝间距不变，使双缝与屏幕的距离变大。

2. 窗玻璃是一块平行透明介质，但在通常的荧光照射下，为什么观察不到干涉现象？若将两块刚破裂的玻璃片对接好后，在缝隙处会看到形状无规则的彩色条纹，试解释这种现象。

3. 铁丝框沾上肥皂水后会形成一层很薄的肥皂膜，将它竖直放置着会看到有水平的彩色光带逐渐向下移动，同时条纹间距逐渐地增大，经过一定的时间，在薄膜上部就出现了黑斑，并且黑斑区域很快地增大，以后薄膜就破裂了。试说明这种现象。

4. 用能量守恒定律解释增透膜的增透原理。

5. 波长为 λ 的单色光在折射率为 n 的均匀介质中自点 A 传播到点 B，相位改变了 3π。问 A、B 两点间的光程是多少？几何路程是多少？

6. 观察劈尖干涉时，在下列情况下，等厚干涉条纹将如何变化？

(1) 上表面相对于下表面做上下平行移动；

(2) 楔角增大或减小；

(3) 用波长不同的光照射。

7. 从透射光的一侧观察牛顿环，图样有何不同？为什么？

8. 由迈克尔逊干涉仪理解干涉计量的精度。

9. 试分析下述情况下夫琅禾费单缝衍射图样的变化。

(1) 单缝的缝宽增大；

(2) 整个装置放入水中。

10. 干涉现象和衍射现象有什么区别？有什么联系？

11. 单缝宽度较大时，为何看不到衍射现象？日常生活中，声波的衍射为什么比光波的衍射显著？

12. 若光源发出的光波由两种单色光组成，用什么办法将它们分开？

13. 对波长一定的入射光，当光栅做如下变化时，衍射图样分别怎样变化？

(1) 缝数增加、光栅常数不变；

(2) 缝间的间距减小、缝宽不变。

14. 分析光栅衍射中同时满足 $(a+b)\sin\varphi = \pm k\lambda$ 和 $a\sin\varphi = 2k(\lambda/2)$ 两条件的子波的干涉情况(此为光栅衍射中的缺级现象)。

15. 在实验室中用照相机把单色光的双缝干涉图样、单缝衍射图样和多缝衍射(光栅衍射)图样拍摄下来，怎样根据照片区别开它们？

16. 用偏振片可对光束的光强进行调节，试提出方案并说明道理。

习 题

一、选择题

1. 由两个不同光源发出的两束白光，在叠加区域不会产生干涉现象，这是因为(   )。

A. 白光是由很多不同波长的光组成的；

B. 两个光源发射的光的强度不同；

C. 这两个光源是不相干光源；

D. 由于两个不同光源的光不能有相同的频率。

*2. 用劈形膜干涉检验工件的表面。当波长为λ的单色光垂直入射时，观察到的干涉条纹如图10-45所示。每一条纹弯曲部分的顶点恰与左邻的直线部分的连线相切。由此推定，工件表面(   )。

A. 有一凸棱，高λ/2；   B. 有一凸棱，高λ/4；

B. 有一凹槽，深λ/4；   D. 有一凹槽，深λ/2。

3. 在单缝夫琅禾费衍射实验中，若将单缝向上移动，则(   )。

A. 衍射图样上移；   B. 衍射图样下移；

C. 衍射图样不变。

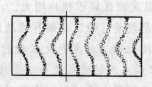

*4. 两偏振片前后紧贴着挡在一只亮着的手电筒前，此时没有光通过。当其中一片绕光轴转动180°时，将观察到(   )。

图 10-45

A. 透过的光强增强，然后又减少到零；

B. 光强在整个过程中都逐渐增强；

C. 光强增强，然后减弱，最后又增强；

D. 光强增强、减弱，又再次增强、减弱。

二、计算题

1. 用厚度 $e = 0.200$mm 的透明薄膜挡住双缝中的一缝，则零级明纹移到了原来的10级明纹处。已知单色光的波长为589.3nm，求该薄膜的折射率。

2. 测量不透明薄膜的厚度时，可将薄膜一端加工成劈尖状，再在其上盖一块平板玻璃，便形成一个空气劈尖，如图10-46所示。若用 $\lambda = 500$nm 的绿光垂直照射到玻璃板上，共观察到20条明纹，且其右边边缘为明纹，求膜厚为多少？

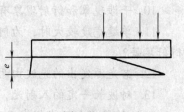

3. 在牛顿环实验中，当透镜与玻璃之间充以某种液体时，第10个明环的直径由 1.4×10^{-2}m 变为 1.27×10^{-2}m，求此液体的折射率。

图 10-46

4. 在白光形成的单缝衍射条纹中，某波长的光的第三级明条纹和红色光($\lambda = 630$nm)的第二级明条纹相重合，求该光波的波长。

*5. 利用光栅测定波长的一种方法是：用钠光($\lambda = 589.3$nm)垂直照射在一衍射光栅上，测得第二级谱线的偏角为 10°11′；而当另一未知波长的单色光照射时，它的第一级谱线的衍射角为4°42′。求此单色光的波长是多少？

6. 用一个每毫米有500条缝的衍射光栅观察钠光谱线($\lambda = 589.3$nm)，问平行光垂直入射时，最多能观察到几级谱线？

7. 每厘米刻有4000条刻痕的光栅，被氢原子发出的波长为 $\lambda_1 = 656.0$nm 和 $\lambda_2 = 410.0$nm 的光垂直照射，试求出这两条光线第二级谱线的角距离为多少？

*8. 用布儒斯特定律可以测定介质的折射率，今测得某介质的起偏角为58°，求介质的折射率(光从空气射入介质)。

*9. 当两偏振片的偏振化方向由相交30°角变成45°时，透射光的光强变化多少？

【科学家介绍】

菲涅耳

菲涅耳

菲涅耳(Augustin Jean Fresnel, 1788—1827)，法国工程师，物理学家。于1788年5月10日出生在法国的布罗利耶。他自幼体弱多病，智力发展较迟，对语言研究也不擅长。但读书时，他的数学才智却备受教师注意。在9岁时，菲涅耳开始显露出了非凡的技术才能，他依据科学原理制成了一种玩具枪、弓和箭。16岁时就进入巴黎工业学校学习，然后又转到了土木工程学校。之后在政府里担任一名工程师，在法国各省修建道路和桥梁。就是在这个时期，菲涅耳开始把研究光的性质作为一种业余爱好并且依靠微薄的收入维持着自己的科学研究工作，只是到了1823年才得到承认被选入法国科学院，用于科学研究上的债务才得以偿清，但他的健康已受到很大损害。1824年菲涅耳因大出血而不得不终止了一切科学活动。1825年他被选为英国皇家学会会员。1827年7月14日他因患肺病，在阿夫赖城逝世。在他只有39岁的短暂一生中，菲涅耳对经典光学的波动理论作出了卓越的贡献。

菲涅耳对波动光学的建立与发展所做出的贡献主要有以下几方面：

(1) 提出了光的衍射理论。他以惠更斯原理和干涉原理为基础，用新的定量形式提出了惠更斯-菲涅耳原理。他的实验具有很强的直观性、明确性，很多现在仍然研究的实验和使用的光学元件都冠以菲涅耳的姓氏，如菲涅耳波带片、菲涅耳棱镜、菲涅耳圆孔衍射等。

(2) 总结了偏振光理论。他与阿喇戈一起研究了偏振光的干涉，肯定了光是横波(1821)；他发现了圆偏振光和椭圆偏振光(1823)，用波动说解释了偏振面的旋转。

(3) 推导出菲涅耳公式。1821年，菲涅耳以光是横波为依据，又根据能量守恒定律及其他假设推导出了著名的菲涅耳公式。利用菲涅耳公式，不但可以准确地计算光在折射、反射过程中的能量分配问题，解释由于光的折射、反射引起的偏振现象，而且还可以用来解释反射光的半波损失以及光由光密介质射向光疏介质时的全反射现象。

菲涅耳之所以获得成功，很大程度上是与他谦虚而事实求是的品格、创新且不迷信于权威的精神分不开的。

1815年，菲涅耳向法国科学院提交了关于光的衍射的第一份研究报告，这时他还不知道托马斯·杨关于衍射的论文。正当菲涅耳为证实光的波动性这一成果感到欣喜的时候，他意外地从朋友那里得知，自己所取得的这些成果，有相当一部分的内容托马斯·杨在13年前就已经发现了，只是他的论文没有引起学术界足够的重视，而菲涅耳的工作由于比杨的更为详细和定量化、易于理解，所以更易为人们所接受。经历了一番思想上的痛苦与失落，襟怀坦荡的菲涅耳还是决定给杨写一封信。在这封信中，他写道："当一个人以为他已经做出了某种发现的时候，如果他得知另外一个人已经在他以前有了这种发现，他不会不感到遗憾。我坦白地向您承认，先生，当阿啦戈向我讲明，在我向研究院提出的论文中所描述的那些观察结果中，只有很少一些是真正的新发现时，我曾极度懊丧。如果有什么使我感到安慰的话，那就是我有机会认识一位伟大的科学家，他以大量的重要发现而丰富了物理学库。与此同时，所发生的一切使我对所研究的这一理论的正确性更加充满信心。"后来，菲涅耳还将自己的论文赠送给杨，并在公开的场合宣布杨的优先权。菲涅耳就是这样谦虚而实事求是，在他看来，没有什么比追求真理更为重要。随后，杨在13年前的试验和论文也得到了学术界应有的重视，同时也肯定了菲涅耳的工作。就是这样，菲涅耳以非凡的成就和高贵的品质赢得了至高无上的荣誉，成为光学史上与牛顿、惠更斯齐名的科学家。不同于牛顿与胡克学术上的争论，这段有关发现优先权的故事，也成为物理学史上的美谈。

光既有波动性，又具有粒子性，如今这早已是众所周知的事实。可是在光学发展之初，光所具有的这种波粒二象性却由于两个学派的争论而处于对立之中。当时人们对光的本性还没有统一的认识，归纳起来大致有两种学说，一种是以牛顿为代表的微粒说，一种是以惠更斯为代表的波动说。牛顿的微粒说，是基于经典理论的观点，主要是根据光的直线传播特性，认为光是一种微粒流，这种观点较好地解释了光的折射和反射定律。惠更斯是光的微粒说的反对者，他创立了光的波动说。1690年他在《论光》一书中形象地写道："光同声一样，是以球形波面传播的，这种波同把石子投在平静的水面上激起的水波相似。"当时这两派学者争论得非常激烈，彼此互不相容。1817年，法国科学院决定把光的衍射理论作为1819年悬赏征文的课题。主持这项活动的著名科学家毕奥和泊松都是微粒说的积极拥护者，他们的本意是通过这次悬赏征文，鼓励用微粒理论解释衍射现象，以期微粒说取得决定性的胜利。然而，出乎意料的是，不知名的学者菲涅耳以严谨的数学推理，从光的横波观点出发，圆满地解释了光的偏振现象，并用半波带方法定量地计算了圆孔、圆板等形状的障碍物所产生的衍射图样，结果与实验非常一致，取得了很大成功，使评委会大为惊讶。之后，主持悬赏征文活动的泊松运用菲涅耳的方程推导圆盘衍射，得到了一个令人惊讶的结果：如果这些方程是正确的，那么当把一个小圆盘放在光束中时，在阴影中间将会出现一个亮斑。泊松认为这是不可想象的荒谬结论。于是就声称驳倒了光的波动说理论。这差点使得菲涅耳的论文中途夭折。但菲涅耳的同事、评委之一的阿喇戈在关键时刻坚持要进行实验检测，结果发现真的有一个亮点如同奇迹一般地出现在圆盘阴影的正中心，位置亮度和理论符合得相当完美。这一事实轰动了法国科学院，菲涅耳当之无愧地荣获了这一届的科学奖，后来人们戏剧性称这个亮点为"泊松亮斑"。菲涅耳的研究成果，标志着光学进入了一个新时期，在牛顿物理学中打开了第一个缺口，为此他被人们称为"物理光学的缔造者"。

*第十一章 狭义相对论基础

以牛顿运动定律为基础的经典力学解决了宏观低速物体的运动规律，一直以来，对科学和技术的发展起着巨大的推动作用。但在 19 世纪末，随着人们对光学和电磁理论的深入研究，又深刻地暴露了经典力学的局限性，对于速度接近光速的宏观物体的运动，如原子、电子等微观粒子的运动，都无法用经典力学来解释，从而在 20 世纪初，导致了相对论力学和量子力学的诞生。

狭义相对论改变了多年来形成的有关时间、空间和运动的观念，提出了新的时空观，建立了高速运动物体的力学规律，揭示了质量和能量的内在联系。相对论是 20 世纪物理学最伟大的成就之一，已成为许多基础科学和现代工程技术的理论基础，在宇宙星体、基本粒子、原子能等研究领域中，都运用了相对论力学。本章介绍狭义相对论基础。

第一节 牛顿的绝对时空观和伽利略变换

力学是研究物体的运动的。物体的运动就是它的位置随时间的变化。为了定量研究这种变化，必须选定适当的参考系，而力学概念，如速度、加速度等，以及力学规律都是对一定的参考系才有意义的。在处理实际问题时，可以选用不同的参考系。相对于任一参考系分析研究物体的运动时，都要应用基本力学定律。这里就出现了这样的问题：对于不同的参考系，基本力学定律和形式是完全一样的吗？

运动既然是物体位置随时间的变化，那么，无论是运动的描述或是运动定律的说明，都离不开长度和时间的测量。因此，与上述问题紧密联系而又更根本的问题是：相对于不同的参考系，长度和时间的测量结果是一样的吗？

物理学对于这些根本问题的解答，经历了从牛顿到相对论的发展。下面首先说明牛顿力学是怎样理解这些问题的，然后再着重介绍狭义相对论的基本内容。

对于上面的第一个问题，牛顿力学的回答是干脆的：对于任何的基本定律——牛顿定律，其形式都是一样的。因此，在任何惯性系中观察，同一力学现象将按同样的形式发生和演变。这个结论叫做**牛顿相对性原理**或**力学相对性原理**(也叫做伽利略不变性)。这个思想首先是伽利略表述的。在宣扬哥白尼的日心说时，为了解释地球表观上的静止，他曾以大船作比喻，生动地指出：在"以任何速度前进，只要运动是匀速的，同时也不这样那样摆动"的大船舱内，观察各种力学现象，如人的跳跃、抛物、水滴的下落、烟的上升、鱼的游动、甚至蝴蝶的飞行等，你会发现，它们都会和船静止不动时一样发生。人们并不能从这些现象来判断大船是否在运动。只有打开窗向外看，当看到岸上灯塔的位置相对于船不断地在变化时，才能判定船相对于地面是在运动，并由此确定航速。只能确定两个惯性系的相对运动速度，谈论某一惯性系的绝对运动(或绝对静止)是没有意义的。这是力学相对性原理的一个重要结论。

关于空间和时间问题，牛顿用的是绝对空间和绝对时间概念。所谓绝对空间是指长度的量度与参考系无关，绝对时间是指时间的量度和参考系无关。这就是说，同样两点间的距离或同样的前后两个事件之间的时间，无论在哪个惯性系中测量都是一样的。

为了进一步研究不同参照系中物体的运动规律，下面研究在牛顿力学范围内，同一质点在两个惯性系中的坐标、速度和加速度的对应关系。

设有两个相对做匀速直线运动的惯性坐标系 K 和 K'，如图 11-1 所示，各对应坐标轴都互相平行。K' 系相对于 K 系以速度 v 沿 Ox 轴的正方向运动，而且假设开始 $t_0 = t'_0 = 0$ 时，坐标系 K 和 K' 的原点重合在一起。经典力学认为经时间 t 后，质点 P 在这两个参照系中的坐标有如下对应关系

$$\begin{cases} x' = x - vt \\ y' = y \\ z' = z \\ t' = t \end{cases} \quad (11\text{-}1)$$

或

$$\begin{cases} x = x' + vt \\ y = y' \\ z = z' \\ t = t' \end{cases} \quad (11\text{-}2)$$

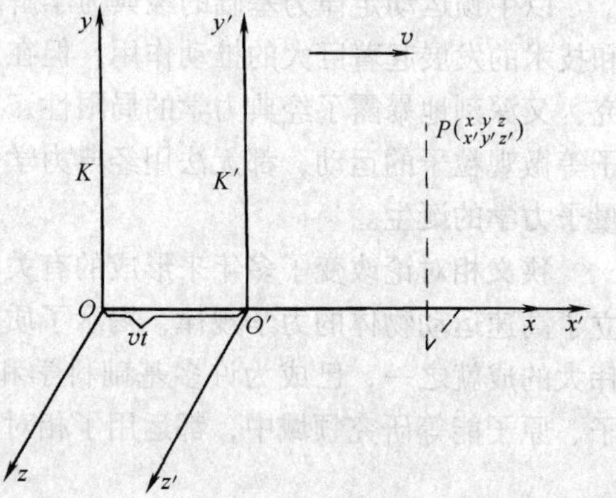

图 11-1　惯性坐标系

经典力学认为，在两个惯性参照系中，空间的量度是绝对的，它不随进行量度的参照系而变化。在图 11-1 中，P 点与 $y'O'z'$ 平面的距离，由 K' 系来量度时为 x'；若在 K 系中量度时，则为 P 点与 yOz 平面的距离 x 减去两平面间的距离 vt。也就是说由 K 系和 K' 系来量度一物体的长度时，所得的量值是相等的。

在经典力学中，把时间的量度也看做绝对的，也不随量度的参照系不同而变化。在 K 系和 K' 系中有 $t = t'$。

式(11-1)和式(11-2)确定了两惯性系之间物理量的变换表达式，这就是**伽利略坐标变换式**。它集中反映了经典力学的时空观。

把两式中的前三式对时间求一阶导数，即得经典力学中的速度变换关系

$$\begin{cases} u'_x = u_x - v \\ u'_y = u_y \\ u'_z = u_z \end{cases} \quad (11\text{-}3)$$

或

$$\begin{cases} u_x = u'_x + v \\ u_y = u'_y \\ u_z = u'_z \end{cases} \quad (11\text{-}4)$$

式中，u_x 是在 K 系测出的质点某时刻的速度；u'_x 是在 K' 系测出的质点速度。

把式(11-3)再对时间求导，可得到两惯性系间加速度的关系，由于 v 与时间无关，则

$$\begin{cases} a'_x = a_x \\ a'_y = a_y \\ a'_z = a_z \end{cases} \quad (11\text{-}5)$$

式(11-5)说明，同一质点的加速度在不同的惯性系中测得的结果是一样的。经典力学中认为质点的质量是一与运动状态无关的恒量，因而不受参照系的影响，所以牛顿运动定律的形式也是相同的

$$F = ma = ma' = F'$$

(11-6)

即对于任意的惯性系，牛顿力学的规律具有相同的形式。

由以上讨论可见，在牛顿经典力学中，人们把空间和时间看做彼此独立的，即认为时间间隔和空间如一物体的长度在各惯性系看来都是相同的，不因一个惯性系相对另一个惯性系运动而变。这种把时间、空间与运动彼此分离的观点即所谓的绝对时空观。牛顿力学就是以绝对时空观为基础发展起来的。牛顿本人曾说过"绝对空间就其本性而言，与外界任何事物无关，而永远是相同的和不动的"。现在我们知道对于速度远小于光速的低速物体运动，牛顿力学规律是正确的。在与光速可以比拟的高速运动中必须代之以相对论的时空观，这就是下节要讨论的内容。

第二节 狭义相对论的两个假设 洛伦兹变换

一、爱因斯坦的两个基本假设

经典力学绝对的时空观，是建立在大量的观察和实验基础上的，人们接受起来比较自然，在一般力学现象中，理论与实际符合得也很好。但在分析电磁场理论时，却发现这些规律对不同的惯性系，并不具有相同的形式，而只对其中特殊的"静止系"是正确的。19世纪末，有人曾想象电磁波是在一种特殊的充满整个宇宙的静止介质——"以太"中传播的。若把"以太"作为绝对静止的惯性系，则只要测定 K' 惯性系相对于这个静止系运动的速度，就可获得 K' 系相对绝对静止空间的绝对速度。

根据这一设想，历史上许多物理学家设计了各式各样的实验，企图通过运动坐标系中所发生的光或电磁学的现象找出一种测定绝对速度的方法来，其中最有名的是1887年的迈克耳逊—莫雷实验，他们用足够精确的干涉仪在不同的情况下、不同的季节进行反复的测量，但是所有实验均以失败告终。

爱因斯坦于1905年摒弃了以太假设和伽利略变换，从一个完全崭新的角度出发，提出了狭义相对论的两条基本假设。

1. 相对性原理

物理定律在所有惯性系中都是相同的，即所有的惯性参照系都是等价的。按照这一假设可知，描述物理现象的物理定律，对所有惯性参照系都应有相同的形式，在任一惯性系中所做的任何实验，包括光学实验，都不能确定该惯性系的绝对运动。这说明运动的描写只有相对的意义，而绝对静止的参照系是不存在的。

2. 光速不变原理

所测得的真空中光速在任一惯性系中是完全相同的不变量。光速的近代测定值为 $c = (299792458 \pm 1.2) \text{m/s}$。

爱因斯坦关于狭义相对论的两条基本假设构成了狭义相对论的基础，对近代物理学的发展做出了不可磨灭的贡献。应当指出，它与牛顿的绝对时空观是相矛盾的。例如，对一切惯

性系，光速都是相同的，这与伽利略速度变换公式相矛盾。光相对于地球以速度 c 传播，从相对于地球以速度 v 运动着的船上看，按光速不变原理，光仍是以速度 c 传播。但按伽利略变换，当光的传播方向与船的运动方向一致时，则从船上测得的光速应为 $c-v$，而当光的传播方向与船的运动方向相反时，则从船上测得的光速则应为 $c+v$。

此外，光速不变的假说还否定了绝对时间的概念，在不同的参照系中，时间的流逝是不相同的。假设有一车厢以速度 v 运动，在车厢的正中间有一灯，灯亮时，光将同时向车厢两端的 A 和 B 传去，那么从地面上静止参照系 K 和随车厢一起运动的参照系 K' 来看，光到达 A 和 B 的先后顺序怎样？对参照系 K' 来说，由光速不变原理得，光向 A 和 B 传播的速度相同，因此，光应同时到达 A 和 B。可是对参照系 K 来说，因为车厢的后部 A 端以速度 v 向光接近，而车厢的前部 B 端以速度 v 离开光，所以光到达 A 端要比到达 B 端早一些。既然由灯发出的光到达 A 和到达 B 这两个事件的同时性与所取的参照系有关，那么就不应当有与参照系无关的绝对时间，绝对时间的概念是不正确的。

二、洛伦兹变换式

设两个惯性坐标系 K 和 K' 如图 11-2 所示，K' 系以速度 v 沿 x 轴正向运动，当两系的原点 O 和 O' 重合时开始计时。分别静止于系 K 和 K' 中的观察者都用相对于自己静止的尺和钟观察记录空间任意点 P 发生的时空坐标，K' 系中观察者记录为 (x',y',z',t')，K 系中观察者记录为 (x,y,z,t)，那么由狭义相对论的相对性原理和光速不变原理，可得出空间任意点 P 在两个惯性系 K 和 K' 中的时空坐标变换，具有如下关系式

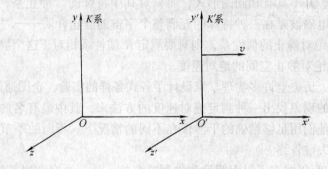

图 11-2　洛伦兹变换

$$\begin{cases} x' = \dfrac{x-vt}{\sqrt{1-\left(\dfrac{v}{c}\right)^2}} \\ y' = y \\ z' = z \\ t' = \dfrac{t-\dfrac{v}{c^2}x}{\sqrt{1-\left(\dfrac{v}{c}\right)^2}} \end{cases} \tag{11-7}$$

或

$$\begin{cases} x = \dfrac{x' + vt'}{\sqrt{1 - \left(\dfrac{v}{c}\right)^2}} \\[4mm] y = y' \\[2mm] z = z' \\[2mm] t = \dfrac{t' + \dfrac{v}{c^2}x'}{\sqrt{1 - \left(\dfrac{v}{c}\right)^2}} \end{cases} \tag{11-8}$$

　　这个新的变换式称为**洛伦兹变换式**（在此不再给出变换式的推导过程）。这是因为早在爱因斯坦之前，1904 年洛伦兹在研究高速运动电荷的电磁规律时，提出了同样的变换关系式，故而得名。但是洛伦兹对变换式并没有做出正确的解释，爱因斯坦则是根据狭义相对论的两条基本原理得出的这些变换式的。洛伦兹变换式表明：时间和空间不是彼此独立的，相对论的时空是互相联系的，和运动速度也是不可分的。

　　当物体的运动速度 v 远小于光速 c 时，洛伦兹变换就近似成为伽利略变换。所以牛顿力学只是相对论力学的一个特例，只有运动物体的速度 v 远小于光速 c 时才是正确的。

　　由洛伦兹变换式也可看出，变换式仅仅在 $v < c$ 的条件下有意义，即不同惯性系彼此间的相对速度不可能超过真空中的光速 c，光速是运动的极限，也是能量和信息传输的上限，这是由相对论得到的一个重要结论。

三、相对速度变换

　　利用洛伦兹坐标变换式可以得到洛伦兹速度变换式。同样设一质点对 K' 系的速度为 (u'_x, u'_y, u'_z)，而对 K 系的速度为 (u_x, u_y, u_z)，它们之间的关系可由速度定义和洛伦兹变换求得

$$\begin{cases} u'_x = \dfrac{u_x - v}{1 - \dfrac{v}{c^2}u_x} \\[5mm] u'_y = \dfrac{u_y \sqrt{1 - \left(\dfrac{v}{c}\right)^2}}{1 - \dfrac{v}{c^2}u_x} \\[5mm] u'_z = \dfrac{u_z \sqrt{1 - \left(\dfrac{v}{c}\right)^2}}{1 - \dfrac{v}{c^2}u_x} \end{cases} \tag{11-9}$$

或

$$\begin{cases} u_x = \dfrac{u'_x + v}{1 + \dfrac{v}{c^2}u'_x} \\[3em] u_y = \dfrac{u'_y \sqrt{1 - \left(\dfrac{v}{c}\right)^2}}{1 + \dfrac{v}{c^2}u'_x} \\[3em] u_z = \dfrac{u'_z \sqrt{1 - \left(\dfrac{v}{c}\right)^2}}{1 + \dfrac{v}{c^2}u'_x} \end{cases} \tag{11-10}$$

由式(11-10)与式(11-4)相比较，可以看出，相对论力学的速度变换式与经典力学中的速度变换式不同，但在速度 v 远小于光速 c 的情况下，两式一样。

例 11-1 设 K' 系相对 K 系沿 x 方向以速度 v 做匀速直线运动，现在 K' 系中沿正方向发射一光脉冲，问在 K 系中测得的光速是多少？

解 由题意知 $u'_x = c$，要求 u_x，由洛伦兹速度变换式得

$$u_x = \frac{u'_x + v}{1 + \dfrac{v}{c^2}u'_x} = \frac{c + v}{1 + \dfrac{vc}{c^2}} = c$$

这个结论符合光速不变原理。

第三节 相对论时空观

下面从洛伦兹变换出发，讨论狭义相对论新的时空观。与经典力学的绝对时空观不同，狭义相对论认为空间、时间的量度是相对的。本节将讨论狭义相对论的长度和时间，以此帮助大家体会狭义相对论时空观的含义。

一、长度的收缩

在经典力学中，两点之间的距离或物体的长度是不随参照系而变化的，是绝对的，与观察者的运动无关。而在狭义相对论中，同一物体的长度，在不同的惯性系中却有不同的测量结果。

同样如上节所示，有两个惯性坐标系 K 和 K'，K' 系以速度 v 沿 x 轴正向运动。现设一物体沿 x' 轴放置，相对于 K' 系静止不动，因而相对于 K 系来说，这物体以 v 沿 x 正向运动。现在来比较这一物体的长度分别在 K' 系和 K 系来看是否相同。

对于 K' 系来说，由于物体相对静止，测它的长度并不困难，只要分别记下物体两端的坐标 x'_2 和 x'_1，这两个坐标的差值

$$l' = x'_2 - x'_1$$

就是物体在 K' 系中(沿 x' 方向)的长度。

对 K 系来说，物体在运动，情况要复杂些，必须同时记下这运动物体两端的坐标 x_2 和 x_1，物体在 K 系中的长度 l(沿 x 轴)等于两坐标之差，即

$$l = x_2 - x_1$$

式中 x_2 和 x_1 是以 K 系中的时钟为准同一时刻 t 记录下来的。

由洛伦兹变换式

$$x_2' = \frac{x_2 - vt}{\sqrt{1-\left(\frac{v}{c}\right)^2}}, \quad x_1' = \frac{x_1 - vt}{\sqrt{1-\left(\frac{v}{c}\right)^2}}$$

于是

$$l = l'\sqrt{1-\left(\frac{v}{c}\right)^2} \tag{11-11}$$

从式(11-11)可以看出 $l < l'$。上式表明，如果有一物体相对于 K 系运动，而相对于 K' 系静止不动，则这物体在 K 系中测得的长度比在 K' 系中测得的长度要短。即**相对物体运动的坐标系中测物体的长度变短**，这称为洛伦兹收缩。

反过来，若一把尺相对 K 系静止而相对 K' 系运动，同样从 K' 系看来此尺要比在 K 系中的长度缩短。尺的长度与相对什么惯性系有关，即长度是相对的而不是绝对的。至于垂直于相对速度方向的长度则是不变的，因为在洛伦兹变换中 $y = y'$，$z = z'$。

在经典物理学中长度是绝对的，与参照系的运动无关。而在狭义相对论中，同一物体在不同的参照系中测量所得的长度不同。物体相对观察者静止时，其长度的测量值最大，而当它相对于观察者以速度 v 运动时，在运动方向上物体长度的测量值只有原长的 $\sqrt{1-\left(\frac{v}{c}\right)^2}$ 倍。可以看出，对于相对运动比光速慢得多的参照系来说，长度近似地为一绝对量，有 $l' = l$。

二、时间的延缓

如同长度不是绝对的那样，时间间隔也不是绝对的。设在 K' 系中的某固定点 x' 处发生一事件，设 K' 系中有一只静止的钟，此钟记录这个事件的开始时刻为 t_1'，终了时刻为 t_2'。对 K' 系的钟来说，事件所经历的时间间隔是

$$\Delta t' = t_2' - t_1'$$

但对 K 系中的钟来说，此事开始时刻为 t_1，终了时刻为 t_2，由洛伦兹变换可得

$$t_2 = \frac{t_2' + \frac{v}{c^2}x'}{\sqrt{1-\left(\frac{v}{c}\right)^2}}, \quad t_1 = \frac{t_1' + \frac{v}{c^2}x'}{\sqrt{1-\left(\frac{v}{c}\right)^2}}$$

K 系中的钟记录的时间间隔是

$$\Delta t = t_2 - t_1 = \frac{t_2' + \frac{v}{c^2}x'}{\sqrt{1-\left(\frac{v}{c}\right)^2}} - \frac{t_1' + \frac{v}{c^2}x'}{\sqrt{1-\left(\frac{v}{c}\right)^2}} = \frac{t_2' - t_1'}{\sqrt{1-\left(\frac{v}{c}\right)^2}} = \frac{\Delta t'}{\sqrt{1-\left(\frac{v}{c}\right)^2}} \tag{11-12}$$

由式(11-12)可以看出，$\Delta t > \Delta t'$，即在 K' 系中记录的某一地点发生的事件的时间间隔 $\Delta t'$，小于由 K 系记录该事件的时间间隔，即从运动的坐标系中所测得事件经历的时间间隔

比相对静止的坐标系所测得的时间要短。换句话说，K 系的钟记录 K' 系内某一地点发生的事件的时间间隔，比 K' 系的钟所记录的时间间隔要长，由于 K' 系是以速度 v 沿 x 轴方向相对 K 系运动，因此可以说，运动着的钟走慢了，这就是时间延缓效应。同样，从 K' 系看 K 系的钟，也认为运动着的 K 系的钟走慢了。

在经典物理学中，发生两个事件的时间间隔是绝对量，而在狭义相对论中，发生同样两事件的时间间隔是相对的，它与参照系有关。只有在运动速度远小于光速时，一个事件所经历的时间间隔近似地为一绝对量。

时钟变慢已为大量实验所证实。例如，在实验室中产生一种叫 μ 介子的不稳定粒子，在静止参考系中观察，平均固有寿命 τ_0 约为 2×10^{-6}s；在大气上层宇宙射线中的 μ 介子速度可达 $0.998c = 2.994 \times 10^8$m/s，如果 μ 介子的固有寿命不变，则它通过的距离只有 $l_0 = v\tau_0 = (2.994 \times 10^8 \times 2 \times 10^{-6})$m ≈ 600m，不可能到达地面的实验室。但如按时间延缓公式计算，相对地面的观察者，宇宙射线中的 μ 介子的"运动寿命"

$$\tau = \frac{\tau_0}{\sqrt{1 - \dfrac{v^2}{c^2}}} = \frac{2 \times 10^{-6}}{\sqrt{1 - (0.998)^2}}\text{s} = 3.17 \times 10^{-5}\text{s}$$

在这段时间内通过的距离

$$l = v\tau = (0.998c \times 3.17 \times 10^{-5})\text{m} = 9500\text{m}$$

可见是很容易达到地面，与实验观测结果相符。

综上所述，狭义相对论指出了时间和空间的量度与参照系的选择有关。时间与空间是相互联系的，不存在孤立的时间，也不存在孤立的空间。时间与空间之间的相互联系，进一步反映了时空性质，以及与物质运动有着不可分割的联系，这是符合辩证唯物主义的基本观点的。所以说，狭义相对论的时空观为辩证唯物主义世界观提供了有力的论据。

第四节　相对论力学简介

一、相对论动力学的基本方程

在经典力学中，物体的质量不依赖于质点运动的速度，为一常量。但是在相对论中，如同长度和时间依赖于物体运动速度那样，质量也不是常量，它也随运动速度而变化。爱因斯坦证明，物体的质量 m 是随速度而变的，二者有如下关系

$$m = \frac{m_0}{\sqrt{1 - \left(\dfrac{v}{c}\right)^2}} \tag{11-13}$$

这个关系式通常称为**质量与速度关系式**。式中，m_0 是物体在相对静止的惯性系中测出的质量，称为**静止质量**；m 是物体相对观察惯性系有速度 v 时的质量，称为**相对论性质量**或**动质量**。式(11-13)表明，在一般情况下，如同时间和空间的量度一样，质量的量度也是随观察者和物体之间的相对速度而变化的。然而当运动物体的速度远小于光速时，相对论性质量 m 与静质量 m_0 就没有多大差别了，因此在经典力学中可以认为物体质量是不变的绝对量。

在经典力学中，牛顿第二定律表述为

$$F = ma = \frac{\mathrm{d}(mv)}{\mathrm{d}t}$$

当物体高速运动时，物体质量随速度变化，把式（11-13）代入上式，所以在狭义相对论中牛顿第二定律的表达式为

$$F = \frac{\mathrm{d}(mv)}{\mathrm{d}t} = \frac{\mathrm{d}}{\mathrm{d}t}\left(\frac{m_0 v}{\sqrt{1-\left(\frac{v}{c}\right)^2}} \right) \tag{11-14}$$

这就是**相对论力学的基本方程**，它对洛伦兹变换是一个不变式。可见，只有在低速运动情形即 $v \ll c$ 时，相对论力学基本方程才能化为牛顿运动方程。

二、质量和能量的关系

由相对论力学的基本方程出发，可以得到相对论中另一个重要关系式——质量与能量关系式。

如同在经典力学那样，元功仍定义为 $\mathrm{d}A = F \cdot \mathrm{d}s$。一质点在变力作用下，沿任意路径由静止开始运动，当质点的速率为 v 时，它具有的动能等于此变力所做的功。于是有

$$E_k = \int_0^s F \cdot \mathrm{d}s = \int_0^s F \cdot \frac{\mathrm{d}s}{\mathrm{d}t}\mathrm{d}t = \int_0^v F \cdot v\,\mathrm{d}t \tag{11-15}$$

式中，$v = \frac{\mathrm{d}s}{\mathrm{d}t}$，积分路径为质点从静止出发到达速率 v 所经过的路径。

由计算可得 $F \cdot v$ 的表达式（在此不再给出推导）为

$$F \cdot v = c^2 \frac{\mathrm{d}m}{\mathrm{d}t}$$

把上式代入式（11-15），可得质点的动能为

$$E_k = \int_{m_0}^m c^2 \frac{\mathrm{d}m}{\mathrm{d}t}\mathrm{d}t = \int_{m_0}^m c^2\,\mathrm{d}m$$

$$E_k = c^2(m - m_0) \tag{11-16}$$

式中，m_0 为质点静止时的质量，m 为质点以速率 v 运动时的质量。

这个方程是物体动能的相对论表达式，即**质点的动能等于 c^2 乘以质点的动质量与其静质量之差**。

这就是相对论的质点动能公式，似乎与经典力学的动能表达式 $\frac{1}{2}mv^2$ 不符，但在 $v \ll c$ 的情况下，将上式按级数展开，有

$$E_k = m_0 c^2\left[\left(1 - \frac{v^2}{c^2}\right)^{-\frac{1}{2}} - 1 \right]$$

$$= m_0 c^2\left[\left(1 + \frac{1}{2}\frac{v^2}{c^2} + \frac{3}{8}\frac{v^4}{c^4} + \cdots\right) - 1 \right]$$

有 $E_k \approx \frac{1}{2}mv^2$，即牛顿力学的动能公式。

把动能公式（11-16）展开，得 $E_k = mc^2 - m_0 c^2$，爱因斯坦把 $m_0 c^2$ 称为物体的静止能量，

把 mc^2 称为**物体的总能量**，并分别用 E_0 和 E 表示，则有

$$E = E_k + E_0$$

公式

$$E = mc^2 \tag{11-17}$$

称为**爱因斯坦质能关系式**。这是相对论的另一个重要的结论，它具有重要的意义。该式指出，质量和能量这两个重要的物理量之间有着密切的联系，即使物体静止时，它本身也蕴藏着很大的能量。如 1kg 的物体包含的静止能量有 9×10^{16}J，而汽油的燃烧值只有 4.6×10^7J。核能的释放和应用就是相对论质能关系的一个重要验证，也是质能关系的重大应用。如果一个系统的质量发生变化，则这时能量必有相应的变化，并且

$$\Delta E = \Delta mc^2 \tag{11-18}$$

在日常现象中，能量的变化一般不大，所以我们不易觉察到相应质量的变化。但在研究核反应时，实验却完全验证了质能关系式。

例 11-2 太阳向四周空间辐射能量，每秒钟相应的质量亏损若为 4.5×10^9kg，求(1)太阳辐射的功率；(2)一年内太阳相应的静止质量亏损为多少？

解 （1）由质量能量关系式知，每秒太阳辐射能量为

$$\Delta E = \Delta mc^2 = 4.5 \times 10^9 kg \times (3 \times 10^8 m/s)^2 = 4.05 \times 10^{26} J$$

即太阳辐射功率为 4.05×10^{26}W。

（2）一年内太阳相应的质量损失为

$$\Delta m = (365 \times 24 \times 60 \times 60 \times 4.5 \times 10^9) kg = 1.4 \times 10^{17} kg$$

可见，一年内太阳辐射的能量和相应的静止质量亏损是多么巨大啊！

三、动量与能量的关系

相对论中动量 p、静能量 E_0 和总能量 E 之间的关系非常有用，下面来导出其关系。

由前述可知，质点的总能量和动量可由下列公式表示

$$E = \frac{m_0 c^2}{\sqrt{1 - \left(\dfrac{v}{c}\right)^2}}$$

$$p = \frac{m_0 v}{\sqrt{1 - \left(\dfrac{v}{c}\right)^2}}$$

消去 v，可得 $(mc^2)^2 = (m_0 c^2)^2 + m^2 v^2 c^2$，又由于 $p = mv$，$E_0 = m_0 c^2$ 和 $E = mc^2$，所以上式可写成

$$E^2 = E_0^2 + p^2 c^2 \tag{11-19}$$

这就是相对论中的**动量与能量的重要关系式**。若把它用到光电效应现象中的光子上去，因为光子的静止质量为零，其能量为 $E = h\nu$，则可得光子的动量为

$$p = \frac{E}{c} = \frac{h\nu}{c}$$

光子的质量为

$$m = \frac{E}{c^2} = \frac{h\nu}{c^2}$$

因为光子有质量，所以光子经过一个大星体附近，会因受星球的引力而使光线弯曲，这一点已为天文观察所证实。光子有动量，所以光射到物体表面会产生光压，这也为实验证实。在太阳系中彗星扫帚形的形成就是太阳光光压作用的结果。

前面介绍了狭义相对论的时空观和相对论力学的一些重要结论。在整个物理学的发展史中，狭义相对论具有深远的意义，它把牛顿力学中认为互不相关的空间和时间，结合成为一种统一的运动物质的存在形式。与经典物理学相比，狭义相对论更客观、更真实地反映了自然的规律。目前，不但已经被大量的实验事实所证实，而且成为研究宇宙星体、基本粒子和工程物理等问题的基础。

思 考 题

1. 在宇宙飞船上，有人拿一个立方形物体，若飞船以接近光速的速度背离地球飞行，分别从地球上和飞船上观察此物体，他们观察到物体的形状是一样的吗？

2. 两个观察者分别处于惯性系 K 和惯性系 K' 内，在这两惯性系中各有一根分别与 K 系和 K' 系相对静止的米尺，而且两米尺均沿 $x\,x'$ 轴放置。这两个观察者从测量中发现，在另一个惯性系中的米尺总比自己惯性系中的米尺要短些，为什么？

3. 火箭上的人看地球上的米尺长度收缩，则地球上的人看火箭上的米尺是否伸长呢？

4. 在 K 系中的观察者看来两件事是同时发生的，对 K' 系的观察者来说这两件事也一定是同时的吗？两块表经过校对，一块带入火箭，一块留在地面，火箭上的人观察舱内一物理过程共 1 小时，而地球上的人观察此过程等于 1 小时吗？大于还是小于 1 小时？

5. 在相对论中能不能认为粒子的动能就等于 $\frac{1}{2}mv^2$？

6. 如果一粒子的质量为其静质量的 1000 倍，那么该粒子必须以多大的速率运动？（以光速表示）

习 题

1. 在 K 系中测得两个事件的时间、坐标分别为：$x_1 = 6 \times 10^4$m，$y_1 = 0$，$z_1 = 0$，$t_1 = 2 \times 10^{-4}$s；$x_2 = 12 \times 10^4$m，$y_2 = 0$，$z_2 = 0$，$t_2 = 1 \times 10^{-4}$s。如果 K' 系测得这两个事件同时发生，求 K' 相对于 K 的速度是多少（求 v/c）？

2. 若从一惯性系中测得宇宙飞船的长度为其静止长度的一半，试问宇宙飞船相对此惯性系的速度为多少？（以光速表示）

3. π^+ 介子是一不稳定粒子，平均寿命是 2.6×10^{-8}s（在它自己参照系中测得）。(1)如果此粒子相对于实验室以 $0.8c$ 的速度运动，那么实验室坐标系中测得的 π^+ 介子平均寿命为多长？(2)π^+ 介子在衰变前运动了多长距离？

4. 设电子相对 K' 系有沿 x 方向的速度 $u' = 0.8c$，而 K' 系相对 K 系沿 x 方向的速度 $v = 0.5c$，试问在 K 系中测量电子的速度应为多大？

5. 在实验室中测得电子质量为 $3m_0$（m_0 为电子的静止质量），求电子速度是多少？

6. 一粒子的动能等于它的静止能量时，它的速率是多少？

【科学家介绍】

爱 因 斯 坦

爱因斯坦(*Albert Einstein*,1879—1955 年),犹太人,1879 年出生于德国符腾堡的乌尔姆市。智育发展很迟,小学和中学学习成绩都较差。1896 年进入瑞士苏黎世工业大学学习并于 1900 年毕业。大学期间在学习上就表现出"离经叛道"的性格,颇受教授们责难。毕业后即失业。1902 年到瑞士专利局工作,直到 1909 年开始当教授,他早期一系列最有创造性的具有历史意义的研究工作,如相对论的创立等,都是在专利局工作时利用业余时间进行的。从 1914 年起,任德国威廉皇家学会物理研究所所长兼柏林大学教授。由于希特勒法西斯的迫害,他于 1933 年到美国定居,任普林斯顿高级研究院研究员,直到 1955 年逝世。

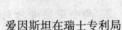

爱因斯坦在瑞士专利局

爱因斯坦的主要科学成就有以下几方面:

(1) 创立了狭义相对论。他在 1905 年发表了题为《论动体的电动力学》的论文(载于德国《物理学杂志》第 4 篇,17 卷,1905 年),完整地提出了狭义相对论,揭示了空间和时间的联系,引起了物理学的革命。同年又提出了质能相当关系,在理论上为原子能时代开辟了道路。

(2) 发展了量子理论。他在 1905 年同一本杂志上发表了题为《关于光的产生和转化的一个启发性观点》的论文,提出了光的量子论。正是由于这篇论文的观点使他获得了 1921 年的诺贝尔物理学奖。以后他又陆续发表文章提出受激辐射理论(1916 年)并发展了量子统计理论(1924 年)。前者成为 20 世纪 60 年代崛起的激光技术的理论基础。

(3) 建立了广义相对论。他在 1915 年建立了广义相对论,揭示了空间、时间、物质、运动的统一性,几何学和物理学的统一性,解释了引力的本质,从而为现代天体物理学和宇宙学的发展打下了重要的基础。

此外,他对布朗运动的研究(1905 年)曾为气体动理论的最后胜利做出了贡献。他还开创了现代宇宙学,他努力探索的统一场论的思想,指出了现代物理学发展的一个重要方向。20 世纪 60 至 70 年代在这方面已取得了可喜的成果。

爱因斯坦所以能取得这样伟大的科学成就,归因于他的勤奋、刻苦的工作态度与求实、严谨的科学作风,更重要的应归因于他那对一切传统和现成的知识所采取的独立的批判精神。他不因循守旧,别人都认为一目了然的结论,他会觉得大有问题,于是深入研究,非彻底搞清楚不可。他不迷信权威,敢于离经叛道,敢于创新。他提出科学假设的胆略之大,令人惊奇,但这些假设又都是他的科学作风和创新精神的结晶。除了他的非凡的科学理论贡献之外,这种伟大革新家的革命精神也是他对人类提供的一份宝贵的遗产。

爱因斯坦的精神境界高尚。在巨大的荣誉面前,他从不把自己的成就全部归功于自己,总是强调前人的工作为他创造了条件。例如,关于相对论的创立,他曾讲过:"我想到的是牛顿给我们的物体运动和引力的理论,以及法拉第和麦克斯韦借以把物理学放到新基础上的电磁场概念。相对论实在可以说是对麦克斯韦和洛伦兹的伟大构思了最后一笔。"他还谦逊地说:"我们在这里并没有革命行动,而不过是一条可以回溯几世纪的路线的自然继续。"

爱因斯坦不但对自己的科学成就这么看，而且对人与人的一般关系也有类似的看法。他曾说过："人是为别人而生存的。""人只有献身于社会，才能找出那实际上是短暂而有风险的生命的意义。""一个获得成功的人，从他的同胞那里所取得的总无可比拟地超过他对他们所做的贡献。然而看一个人的价值，应当看他贡献什么，而不应当看他取得什么。"

爱因斯坦是这样说，也是这样做的。在他的一生中，除了孜孜不倦地从事科学研究外，他还积极参加正义的社会斗争。他旗帜鲜明地反对德国法西斯政权和它发动的侵略战争。战后，在美国他又积极参加了反对扩军备战政策和保卫民主权利的斗争。

爱因斯坦于 1922 年年底赴日本讲学的来回旅途中，曾两次在上海停留。第一次，北京大学曾邀请他讲学，但正式邀请信为邮程所阻，他以为邀请已被取消而未能成功。第二次适逢元旦，他曾作了一次有关相对论的演讲。巧合的是，正是在上海他得到了瑞典领事的关于他获得了 1921 年诺贝尔物理奖的正式通知。

【物理趣闻】

黑　洞

在太阳系内爱因斯坦广义相对论效应是非常小的，牛顿理论和爱因斯坦理论的差别只有用非常精密的仪器才能测出来。为了发现明显的广义相对论效应，必须在宇宙中寻找引力特别强的地方。现代宇宙学指出，引力特别强的地方是黑洞。从理论上讲，黑洞是星体演化的"最后"阶段，这时星体由于其自身的质量的相互吸引而塌缩成体积"无限小"而密度"无限大"的奇态。在这种状态下星体只表现为非常强的引力场。任何物质，不管是电子、质子、原子、太空船等，一旦进入黑洞就永远不可能再逃出了。甚至连光子也没有逃出黑洞的希望，因此在外面看不见黑洞，这也是它被叫做黑洞的原因。

现在天文学家认为有些星体就是黑洞，其中最出名的是天鹅座 X-1，它是天鹅座内一个强 X 射线源。天文学家经过分析认为天鹅 X-1 是一对双星，它由两个星组成。一个是通常的发光星体，它有 30 倍于太阳的质量。另一个猜想就是黑洞，它大约有 10 倍于太阳的质量，而直径小于 300km。这两个星体相距很近，都绕着共同的质心运动，周期大约是 5.6 天。黑洞不断地从亮星拉出物质，这些物质先是绕着黑洞旋转，在进入黑洞前要被黑洞的强大引力加速，并且由于被压缩而发热，温度可高达 1 亿度。在这样高温下的物质中粒子发生碰撞时就能向外发射 X 射线，这就是地面上观察到的 X 射线。一旦这些物质进入单向壁，就什么也不能再向外发射了。因此，黑洞是黑的，但是它周围的物质由于发射 X 光而发亮。有些天文学家认为我们的银河系以及河外星系中可能存在许多黑洞，但在地球上能用我们的仪器看到的黑洞只有那些类似上面所述的双星系统。孤立的黑洞都隐藏在宇宙空间，它们是看不见的，只能通过它们的引力来检测它们。

* 第十二章 量子物理基础

17世纪至19世纪这段时期里研究的物理，统称为经典物理学。它包括牛顿力学、热力学和麦克斯韦电磁场理论（包括光学）等内容。19世纪末期经典物理学已发展到相当完善的阶段。当时许多物理学家都认为物理规律已基本上被揭露出来，今后的任务只是把物理学的基本定律应用到各种具体问题上，并用来说明新的实验事实而已。正当物理学家们为经典物理学的成就感到满意时，一些新的实验事实却给经典物理学以有力的冲击。当时英国著名的物理学家开尔文形象地称之为"在物理学晴朗天空上存在两朵令人不安的愁云"。这两朵愁云，一朵是迈克耳逊-莫雷实验否定了绝对参照系的存在，另一朵是人们用经典物理原理去说明热辐射现象时，出现了所谓的"紫外光灾难"。这些新的实验结果用经典物理理论无法加以正确解释，从而使经典物理学处于非常困难的境地。正是这两朵愁云掀起了物理学的深刻革命，前者导致了狭义相对论的诞生，后者产生了量子理论，从而开拓了新一代的物理学，造就了20世纪科学技术的繁荣，深远地影响了人类文化的各个方面。

量子理论起始于对黑体辐射规律的研究。为了说明黑体辐射的实验规律，普朗克不得不首次作出不连续的能量子的假设。随着对光电效应、氢原子光谱和康普顿效应的研究，量子概念逐步发展并深入人心，随后，德布罗意提出实物粒子的波动性并被实验证实，从而开始了量子物理的新篇章，在微观粒子波粒二象性基础上建立起量子力学。从此，广阔的物理研究领域又蓬勃发展起来，原子物理、原子核物理、固体物理、粒子物理相继诞生并壮大，推动了其他科学技术的迅猛发展。

本章按照量子理论的发展历史，从经典物理遇到的不可克服的困难开始，简要阐述量子概念的引入、形成和发展。

第一节 黑体辐射 普朗克的量子假说

一、热辐射 绝对黑体

所有的物体在任何温度下都向周围发射电磁波，所辐射的能量称为辐射能。在单位时间内辐射能量的多少以及辐射能按波长的分布都与温度有关。在室温下物体在单位时间内辐射的能量很少，辐射能主要分布在波长较长的区域，随着温度的升高，单位时间内辐射的能量增加，辐射能中的短波成分比例增加。例如，对于金属和碳，当温度低于800K时，绝大部分辐射能分布在红外的长波区域，肉眼看不到，可用专门的仪器测定。当温度自800K逐渐升高时，一方面辐射的总能量增加，另一方面波长中短波的成分逐渐增加，看到物体由暗红色逐渐变为白色。物体由其温度决定的电磁辐射称为**热辐射**。设在单位时间内、从单位面积上发射出来的波长在 $\lambda \sim \lambda + \mathrm{d}\lambda$ 间隔内的辐射能量为 $\mathrm{d}E_\lambda$，则 $\mathrm{d}E_\lambda$ 应和波长间隔 $\mathrm{d}\lambda$ 成正比，即

$$\mathrm{d}E_\lambda = e(\lambda, T)\mathrm{d}\lambda \tag{12-1}$$

式中，$e(\lambda,T)$ 为比例系数，它随物体的温度 T 和所取定的波长 λ 而变，是 T 和 λ 的函数，称为某物体的**单色辐射出射度**（简称**单色辐出度**）。单位为瓦/米^2（W/m^2）。

物体单位时间从单位面积上所发射的各种波长电磁波能量的总和，称为物体的辐射出射度。用 $E(T)$ 表示。$E(T)$ 只是温度的函数，单位为瓦/米^2（W/m^2）。

在温度 T 一定时，物体的 $E(T)$ 和 $e(\lambda,T)$ 的关系为

$$E(T) = \sum_{\lambda=0}^{\lambda=\infty} \mathrm{d}E(\lambda,T) = \int_0^\infty \mathrm{d}E(\lambda,T) = \int_0^\infty e(\lambda,T)\mathrm{d}\lambda \tag{12-2}$$

当辐射能照射到某一不透明物体的表面上时，一部分能量被物体所吸收，另一部分能量则从表面上反射出去（如果物体是透明的，还有一部分能量被透射过去）。被吸收的能量与入射总能量的比值称为该物体的**吸收比**，用 $\alpha(\lambda,T)$ 表示，它也是随物体的温度和入射辐射能的波长而变化，并且还与物体的性质有关。

物体辐射电磁波的同时，也在吸收照射到其表面上的电磁波。理论和实验均表明，物体的辐射本领大，吸收本领也大，反之亦然。当物体的温度不再变化而处于辐射热平衡状态时，物体的辐射和吸收达到平衡。

1860 年，基尔霍夫从理论上推得，当辐射达到热平衡时，物体的单色辐出度 $e(\lambda,T)$ 与 $\alpha(\lambda,T)$ 的比和物体的性质无关，只是温度和波长的普适函数。

若物体在任何温度下能够吸收辐射其上的全部电磁能而不反射也不透射，即吸收比等于 1，则这类物体称为**绝对黑体**，简称**黑体**。

黑体是一理想模型，是为了研究问题方便而引入的。在自然界中，绝对黑体是不存在的，即使是吸收本领最大的煤烟，对电磁波的吸收比也不过 0.95。但是，可以用下述方法得到非常近似的黑体。取一不透明的封闭空腔，在空腔壁上开一小孔 O，如图 12-1 所示，当外界辐射进入小孔后，将在空腔内多次反射，每次反射时器壁都要吸收一部分能量，因此辐射几乎全部被器壁吸收，小孔空腔的吸收比为 1，可看做绝对黑体。如果将空腔加热，那么从小孔发射出的辐射也和绝对黑体的辐射几乎一样。

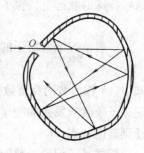

图 12-1 绝对黑体的模型

二、黑体的辐射规律

因为黑体的吸收比等于 1，由基尔霍夫理论知道，要了解一般物体的辐射性质，必须首先知道黑体的单色辐出度函数，确定黑体的单色辐出度曾是热辐射研究的中心问题。

通过实验测定的黑体的单色辐出度随波长的变化关系如图 12-2 所示。

从图中可看出：

（1）曲线下面的面积就是辐射出射度，随着温度升高，总辐射本领急剧增加。经斯特藩（J. Stefan）和玻耳兹曼（L. Boltzmann）仔细分析和理论计算得知，黑体的辐射出射度与绝对温度的四次方成正比，即

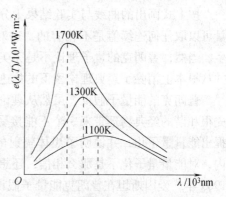

图 12-2 黑体辐射实验曲线

$$E(T) = \sigma T^4 \qquad (12\text{-}3)$$

σ 为一普适常数，其值为 $5.670 \times 10^{-8} \mathrm{W}/(\mathrm{m}^2 \cdot \mathrm{K}^4)$，称为斯特藩-玻尔兹曼常数。

（2）每一条曲线都有一个辐射极大值，随着温度升高，单色辐出度极大值的波长向短波方向移动。维恩（W. Wien）找到黑体绝对温度 T 时 $e(\lambda, T)$ 峰值对应的波长 λ_{m} 之间的关系为

$$\lambda_{\mathrm{m}} T = b \qquad (12\text{-}4)$$

式中常数 $b = 2.898 \times 10^{-3} \mathrm{m} \cdot \mathrm{K}$，称为维恩常数，与温度无关。

这两条定律在实际中可用来测定温度，如测定星体和高炉的温度。

为了从理论上得出符合实验曲线的单色辐出度，1896 年，维恩从经典物理学理论导出了维恩公式，此公式对应的曲线与实验曲线在短波波段符合得很好，而在长波波段有明显的差异，曾被称为"红外灾难"。1900—1905 年，瑞利和金斯由经典物理学理论导出了瑞利-金斯公式，此公式绘制的曲线在长波波段与实验符合得很好，而在短波波段有明显的差异，这就是历史上所说的"紫外灾难"。以上"灾难"说明经典理论具有一定的缺陷。

三、普朗克的量子假说

1900 年，德国物理学家普朗克（M. Planck）为了得到与实验结果相一致的公式，不得不作出了与经典物理格格不入的能量子假设：黑体腔壁的原子、分子可看做带电的线性谐振子，它们能够与周围的电磁场交换能量，频率为 ν 的谐振子只可能处于某些特殊的状态，在这些特殊的状态上，振子的能量是最小能量的整数倍，即

$$0, h\nu, 2h\nu, 3h\nu, \cdots, nh\nu$$

一般情况下，振子的能量可写成

$$E = nh\nu$$

式中，h 称为普朗克常数，数值为 $h = 6.626176 \times 10^{-34} \mathrm{J} \cdot \mathrm{s}$，$n$ 为整数，称为量子数。这就是说振子吸收或发射的能量是量子化的。在发射或吸收能量的同时，谐振子从这些状态之一跃迁到其他状态。

根据量子假设，普朗克推得的绝对黑体的辐射公式——普朗克公式为

$$e(\lambda, T) = \frac{2\pi h c^2}{\lambda^5} \frac{1}{\mathrm{e}^{\frac{hc}{k\lambda T}} - 1} \qquad (12\text{-}5)$$

式中，λ 和 T 分别是波长和热力学温度；$k = 1.381 \times 10^{-23} \mathrm{J} \cdot \mathrm{K}^{-1}$ 为玻尔兹曼常数；c 为光速。

按上式画出的曲线与实验结果十分吻合。普朗克的能量子假设与经典物理中谐振子的能量可以取任何连续值是不相容的，这对经典物理学是重大突破，从此促使了量子物理的诞生。当然，普朗克的量子理论不是完美无缺的，后由量子统计理论补充了普朗克的量子理论并从根本上消除了经典理论留下的痕迹。

普朗克的能量子假设，虽然从理论上得出了与实验相一致的黑体辐射频谱分布，但给原先很和谐的经典物理带来一个不能接受的新概念——**能量量子化**。因此，在 1900 年普朗克提出能量量子化，并说明了黑体辐射的频谱分布以后，许多物理学家，包括普朗克本人在内，对能量量子化不是那么相信，还想在经典理论中找出路。当然，这些都是徒劳的。直到 1905 年，爱因斯坦在普朗克能量子假设的基础上，提出光量子概念，从而正确地解释了光电效应之后，普朗克的能量子假设才冲破经典物理的束缚，为人们所接受。

第二节 光电效应 爱因斯坦光子理论

一、光电效应

在光照射下，电子从金属表面逸出的现象称为**光电效应**。光电效应最早是在 1887 年赫兹做电磁波实验时首先发现的。他偶尔发现受光照射的接收回路的间隙间更容易产生火花，这是细致观察实验现象的收获，但他没有继续研究下去。19 世纪末 20 世纪初人们对它做了一些更加深入的研究。

研究光电效应的实验装置如图 12-3 所示。阴极 K 和阳极 A 被封闭在真空管中，在此两级之间加一电压，用来加速或减速释放出来的电子。光通过石英窗照射到阴极 K 上，在光的作用下，电子从阴极逸出，并受电场加速而形成电流，这种电流称为**光电流**。

1. 饱和电流

当光的频率大于某一值时，在一定光强的照射下，随着所加电压增大，光电流趋于饱和值，如图 12-4 所示。实验表明，饱和电流与光强成正比，即单位时间内因光照射由阴极发出的电子数与入射光强成正比。

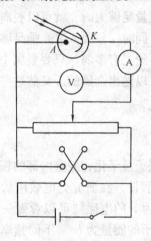

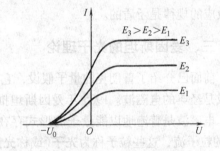

图 12-3 光电效应实验示意图 　　　　　图 12-4 光电效应的伏安曲线

2. 遏止电压

如果将反向开关拨向另一端，光电管的两极间形成电子的减速电场。实验表明，反向电压较小时，仍有光电流，这说明仍有从阴极发出具有一定初动能的电子，可以克服减速电场到达阳极。当反向电压增大到一定数值 U_0 时，光电流减小到零。U_0 称为**遏止电压**。这表明此时逸出金属的具有最大初动能的电子也不能达到阳极。实验还表明，遏止电压与光强无关，不同光强下的伏安特性曲线交于横轴同一点。遏止电压的存在意味着金属表面因光照而释放的光电子有一定的初速度上限，且满足

$$\frac{1}{2}mv_m^2 = eU_0 \tag{12-6}$$

实验结果说明，光电子的最大初动能与光强无关。

3. 截止频率(红限)

改变入射光的频率 ν，遏止电压 U_0 随之改变，并且遏止电压与入射光的频率呈线性关系，如图 12-5 所示。ν 减小时，U_0 随之减小；

当频率减小到某一频率 ν_0 时，U_0 减小到零。这表明光电效应存在**截止频率** ν_0。

当入射光的频率小于 ν_0 时，不管光强有多大，光电效应都不会发生。ν_0 又称为**红限**。不同金属的红限不同，但 U_0-ν 直线的斜率相同。

4. 弛豫时间

当频率超过截止频率的入射光照射到阴极上，无论光强多么微弱，几乎照射的同时就产生光电效应，说明光电效应的弛豫时间非常短，不超过 10^{-9}s。

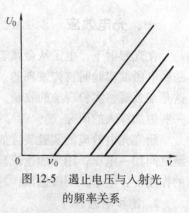

图 12-5　遏止电压与入射光的频率关系

二、光的波动说遇到的困难

上述的实验规律是不能用光的波动说来解释的。按照光的波动说，当光照射在金属上时，构成光波的电磁场使金属内部的电子做受迫振动，其振幅应和光波振幅成正比。这些做受迫振动的电子可从入射光中连续吸收能量，当电子的能量足够大时，就可以脱离金属而成为光电子。因此，光的初动能应随入射光强增大而增大，同时，只要入射光强足够强就应释放电子，不应存在截止频率。另外，按照光的波动说，不论光有多弱，只要金属中电子吸收光波能量的时间长一些，积累到足够的能量后，电子总可以逸出金属的。显然这些结论与光电效应的规律是矛盾的。

三、爱因斯坦的光子理论

前面已介绍了普朗克的量子假设，它只是把腔壁的振子量子化，腔壁内部的辐射场仍然看成是经典的电磁波。1905 年爱因斯坦推广了普朗克的假设，在研究光电效应后进一步提出：电磁波是普遍地以能量子的形式存在的。一束频率为 ν 的电磁波可以看做一群能量为 $h\nu$ 的粒子流，这些粒子称为**光子**(或称**光量子**)，单个光子的能量为 $h\nu$。不同频率的光子具有不同的能量。光的强度决定于单位时间内通过单位面积的光子数。

根据爱因斯坦的光子理论，当频率为 ν 的光照射到金属上，金属内的某个电子全部吸收一个光子的能量后，一部分能量消耗于电子逸出表面所需做的功，另一部分能量转换为电子的动能。依据能量守恒定律可得

$$h\nu = A + \frac{1}{2}mv^2 \tag{12-7}$$

式中，$h\nu$ 为光子的能量；A 为电子逸出金属表面所需的最小能量，称为金属的逸出功；$\frac{1}{2}mv^2$ 为电子的初动能。

式(12-7)称为**爱因斯坦光电效应方程**。它可以成功地解释光电效应的规律。由光电效应方程可知，当光与电子直接作用时，电子吸收一个光子的全部能量。

1）若照射光频率大于截止频率，即 $h\nu > A$，电子从光子获得的能量大于逸出功，则电

子能逸出金属；电子逸出金属的最大初动能可由式(12-7)计算。若照射光频率小于截止频率，即 $h\nu < A$，电子从光子获得的能量小于逸出功，则电子不能逸出金属；$\nu_0 = A/h$ 就是光电效应的截止频率。这表明光电子的初动能与入射光的频率呈线性关系，与光强无关。

2）由光电效应方程说明遏止电压与频率成正比。

3）电子是吸收光子的全部能量，不需要积累能量的时间，自然是瞬时发生的。

4）光强大时，能量密度大，包含的光子数多，照射金属时产生的光电子多，因而饱和电流大，即饱和电流与光强成正比。

至此，原先经典理论无法解释的光电效应现象在爱因斯坦光子理论的假设下得到了圆满的解释。不仅如此，通过康普顿(A. H. Compton)后来对 X 射线散射的研究，进一步证明了光的量子性。同时，这使我们对光的本性在认识上又有了一次飞跃，即某一频率的光束，是由一些能量相同的光子所构成的光子流。在光电效应中，当电子吸收光子时，它吸收光子的全部能量，而不能只吸收其一部分。光子与电子一样，也是物质的基本单元。

根据狭义相对论中物质的质量和能量的关系 $\varepsilon = mc^2$，考虑到频率为 ν 的光，其中每一光子具有的能量为

$$\varepsilon = h\nu \tag{12-8}$$

故可给出光子的质量 m 为

$$m = \frac{\varepsilon}{c^2} = \frac{h\nu}{c^2} \tag{12-9}$$

这一数值为有限值。但根据狭义相对论中质量和速率的关系

$$m = \frac{m_0}{\sqrt{1 - \frac{v_2}{c_2}}}$$

对光子来说，它的速度就是光速。所以要使上式有意义，必须假定光子的"静止质量 m_0"为零。这一结论并不自相矛盾，因为与光子相对静止的参照系是不存在的。

因为光子具有一定的质量和速度，所以光子的动量为

$$p = mc = \frac{h\nu}{c} = \frac{h}{\lambda} \tag{12-10}$$

光子具有动量，直接说明了光压力存在的事实。实际上，在 1899 年，列别捷夫就观察并测量了光压力，证明理论和实验相符合。式(12-8)、式(12-9)、式(12-10)左侧是描述光子粒子性的物理量(能量、质量、动量)，式的右边则是描述光子波性的物理量(频率、波长)。因此光既是波又是粒子的光的波粒二象性被确立。爱因斯坦因此获得了 1921 年的诺贝尔物理学奖。

总的来说，光在传播过程中，从它的干涉、衍射和偏振现象看，明显地表现出光具有波动性；而在光电效应等现象中，当光和物体相互作用时，表现为具有质量、动量和能量的光的微粒性。因此光具有波动和粒子两重性质，即**光具有波粒二象性**。

第三节　氢原子光谱　玻尔的氢原子理论

一、氢原子光谱

量子论是在说明氢原子光谱的结构中进一步发展起来的。原子光谱是一种重要的原子现

象，它提供有关原子结构的丰富信息。自从19世纪中叶有了分光仪，人们便开始了关于光谱的研究，并积累了大量观测资料。实验发现，各种液体、固体物质发出的光是各种波长的连续光谱；但气体发出的光谱大都是频率离散的线状光谱，而且同种物质的谱线完全相同，不同物质的气体光谱不同。

氢原子是原子结构中最简单的一个原子，很早以前人们就对它发出的光谱进行了研究。

1885年，英国人巴耳末（J. J. Balmer）首先将已观测到的4条氢原子光谱线的波长用经验公式表示为

$$\lambda = B\frac{n^2}{n^2-4} \tag{12-11}$$

式中，B 为恒量，其值为 364.57nm；n 为一些整数。

当 $n=3$，4，5，6 时，上式分别给出4条氢光谱线 H_α，H_β，H_γ，H_δ 的波长值。1890年瑞典物理学家里德伯（J. R. Rydberg）将式（12-11）改写为用波数表示的形式

$$\frac{1}{\lambda} = \tilde\nu = R_H\left(\frac{1}{2^2}-\frac{1}{n^2}\right) \quad n=3，4，5，6，\cdots \tag{12-12}$$

式中，$\tilde\nu = 1/\lambda$ 称为波数；$R_H = 1.0967758\times10^7 m^{-1} = 4/B$，称为**里德伯常数**。由此公式给出的一系列谱线叫做**巴耳末线系**。图12-6为实际拍摄到的氢原子光谱巴耳末线系。

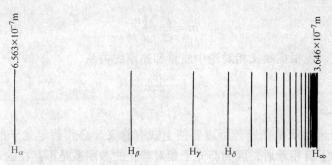

图 12-6　氢原子光谱巴耳末线系

后来，人们又相继发现，若将式（12-12）中的 2^2 分别用 1^2，3^2，4^2，5^2 替代，算出的波长与由实验测出的氢原子在紫外区、可见光、红外区光谱的谱线波长相符合。因此，式（12-12）反映了氢原子光谱的规律性。可将此式写为普适公式

$$\frac{1}{\lambda} = \tilde\nu = R_H\left(\frac{1}{m^2}-\frac{1}{n^2}\right) \quad n>m \tag{12-13}$$

此式称为**广义巴耳末公式**。m 为1、2、3、4、5，对应着不同的线系。

二、玻尔氢原子理论

上述氢原子光谱的实验规律与经典电磁理论发生了尖锐的矛盾。1913年玻尔（N. Bohr）提出一个解释氢原子光谱的理论，它以下述三个基本假设为基础。

1. 量子化条件

在电子绕核运动的所有轨道中，只有在电子的角动量等于 $h/(2\pi)$ 的整数倍的那些轨道上，运动才是稳定的，即

$$mvr = n\hbar，\quad n=1，2，3，\cdots \tag{12-14}$$

式中，$\hbar = \dfrac{h}{2\pi}$称为约化普朗克常数，n 称为主量子数。

2. 定态假设

电子在上述假设所许可的任一轨道上运动时，原子具有一定的能量 E_n，不辐射也不吸收能量，处在稳定的状态，简称为定态。

3. 跃迁假设

只有当原子从具有较高能量 E_n 的定态跃迁到较低能量 E_m 的定态时，才能发射一个光子，其频率 ν 满足

$$h\nu = E_n - E_m \tag{12-15}$$

反之，原子在较低能量 E_m 的定态，吸收频率为 ν 的光子，跃迁到较高能量 E_n 的定态。

由原子的核式结构可知，氢原子中电子绕核做圆周运动，电子所受的向心力就是原子核对电子的库仑力，故运动方程为

$$\frac{1}{4\pi\varepsilon_0} \frac{e^2}{r^2} = m\frac{v^2}{r} \tag{12-16}$$

式中，r 为电子绕核的轨道半径；e 为电子电荷的绝对值；m 为电子质量；v 为电子速率。

由式（12-14）和式（12-16）可解出氢原子容许的定态的电子轨道半径为

$$r_n = \frac{4\pi\varepsilon_0 \hbar^2}{me^2} \cdot n^2 \quad n = 1, 2, 3, \cdots \tag{12-17}$$

式（12-17）表明，氢原子中定态的电子绕核运动的轨道半径是量子化的，其中 $n=1$ 的轨道半径最小，为

$$r_1 = \frac{4\pi\varepsilon_0 \hbar^2}{me^2} = 5.2917706 \times 10^{-11}\mathrm{m} = 0.0529\mathrm{nm}$$

r_1 称为**玻尔第一轨道半径**，它反映了氢原子正常情形下的大小。

电子在某一定态轨道上运动时，原子系统的总能量为

$$E = E_k + E_p = \frac{1}{2}mv^2 - \frac{e^2}{4\pi\varepsilon_0 r} \tag{12-18}$$

将式（12-14）及（12-17）代入上式，得

$$E_n = -\frac{me^4}{2(4\pi\varepsilon_0)^2 \hbar^2} \cdot \frac{1}{n^2} \quad n = 1, 2, 3, \cdots \tag{12-19}$$

其中最低的定态能量为

$$E_1 = -\frac{me^4}{2(4\pi\varepsilon_0)^2 \hbar^2} \approx -13.6\mathrm{eV}$$

此定态称为**基态**。这意味着欲把氢原子中处于基态的电子分离出来而成为自由电子，外界需提供 13.6eV 的能量，故这一能量称为氢原子的**电离能**。

对于量子数为 $n = 2, 3, 4, \cdots$ 的各个定态，氢原子的能量分别为 $E_2 = E_1/4$，$E_3 = E_1/9$，$E_4 = E_1/16$，$\cdots$，称为**激发态**。由此可见，原子的能量只能取 E_1，E_2，E_3，$\cdots$ 等一系列不连续的值，而介于这些能量之间的其他值是不存在的，即原子的**能量是量子化的**。由于原子能量的高低像一级一级的阶梯，形成分立的序列，故常把这种能量数值称为**能级**。

在正常状态下，氢原子处于基态。当它受到激发而接受外界提供的能量时，便跳到较高的能级 E_n，即从基态跃迁到激发态。处于激发态的原子会自发地跃迁到基态或其他能量较

低的激发态 E_m，与此同时，原子发射一个能量为 $h\nu = E_n - E_m$ 的光子。光子的波数为

$$\frac{1}{\lambda} = \tilde{\nu} = \frac{\nu}{c} = \frac{E_m - E_n}{hc}$$

式中，c 为光速。将式(12-19)代入上式，得

$$\frac{1}{\lambda} = \tilde{\nu} = \frac{me^4}{4\pi(4\pi\varepsilon_0)^2\hbar^3 c}\left(\frac{1}{m^2} - \frac{1}{n^2}\right) \tag{12-20}$$

比较式(12-20)和式(12-13)，两式形式完全相同。将各基本常数代入，可算得式(12-20)括号前的系数为 $1.097373\ 1 \times 10^7 \text{m}^{-1}$，这个由理论算出的值与前述由实验测得的里德伯常数值基本一致。

综上所述，玻尔理论成功地解释了氢原子光谱规律，它在一定程度上反映了原子内部结构的规律性。他所提出的定态、量子化等基本概念为量子理论奠定了基础。玻尔因其量子理论于 1922 年获得诺贝尔物理学奖。

但是，玻尔理论也有其局限性，当把它应用到比氢原子更复杂的原子时，就不能得出正确的结果。这是因为玻尔一方面把微观粒子看做经典力学中的质点，用轨道等概念来描述其运动，并采用经典力学定律计算电子轨道；另一方面他又人为地假定一些量子条件来限制电子的运动，因此，玻尔理论实际上是经典理论和量子化概念的混合物，因而是半经典的量子论。

第四节　实物粒子的波粒二象性

一、德布罗意物质波假设

德布罗意(L. V. de Broglie，法国物理学家)受普朗克的能量子假设和爱因斯坦的光子概念及光的波粒二象性的启发，他指出："整个世纪以来，在光的理论上，比起波动的研究方法来，是过于忽视了粒子的研究方法；在物质粒子的理论上，是否发生了相反的错误？是不是我们把粒子的图像想得太多，而过分忽视了波的图像呢？"出于这种考虑，德布罗意于 1923 年提出一个大胆的假说(当时并没有任何实验事实支持这一假说)：一切实物粒子(如电子、质子、中子、原子等微观粒子)也都具有波粒二象性。这个假说指出，实物粒子不仅具有粒子性，也具有某种波(不是电磁波)的性质。实物粒子也会表现出波的衍射与干涉的特性，并可测出这种波的波长。这种波被称为**德布罗意波**，后来被称为物质波，其波长称为德布罗意波长。德布罗意的假说中还把爱因斯坦对于光的二象性的描述移植到实物粒子上来，提出动量 $p = mv$ 的实物粒子的波长 λ 为

$$\lambda = \frac{h}{mv} = \frac{h}{p} \tag{12-21}$$

而且，对实物粒子，其德布罗意波的频率 ν 与粒子能量 E 之间的关系为

$$\nu = \frac{E}{h} \tag{12-22}$$

以上两式反映了实物粒子的波粒二象性。每个方程的右边含有反映粒子性的物理量(p 和 E)，而左边含有反映波性的物理量(λ 和 ν)。

由于电子、质子等实物粒子常以很高的速度运动，所以其质量 m 与速度 v 有关，应按爱因斯坦的相对论公式 $m = \dfrac{m_0}{\sqrt{1 - \dfrac{v^2}{c^2}}}$ 来计算。当 $v \ll c$ 时，可将 m_0 作为粒子的质量代入式 (12-21) 计算。

例 12-1 计算静止质量 $m_0 = 9.1 \times 10^{-31}\,\mathrm{kg}$，速度 $v = 6.0 \times 10^6\,\mathrm{m/s}$ 的电子的德布罗意波长。

解 本题中电子的速率远小于光速，所以可忽略相对论效应，以 m_0 直接代入式中求解。

$$\lambda = \frac{h}{m_0 v} = \frac{6.63 \times 10^{-34}}{9.1 \times 10^{-31} \times 6.0 \times 10^6}\,\mathrm{m} = 1.2 \times 10^{-10}\,\mathrm{m} = 0.12\,\mathrm{nm}$$

上题的结果说明电子的德布罗意波长与 X 光的波长相近，约为晶体中原子间距的数量级。将这样的电子束射到晶体上，应能看到像 X 射线射向晶体时一样出现的衍射现象。

对于运动的宏观物体，如果也用德布罗意假说讨论其波动性，可以看到由于宏观物体的动量总是很大的，故波动性极为微弱，可不予考虑。例如，以 300m/s 的速率运动着的质量为 0.010kg 的子弹头，可求出其德布罗意波长为 $2.2 \times 10^{-34}\,\mathrm{m}$。对于这样短的波长的波，目前用任何实验都不能观察到其波动性。因此，用经典的粒子运动规律描述宏观物体的运动是相当准确的。

二、电子衍射实验

德布罗意波假说虽然非常的合理，但如果没有实验证明则很难为人们所接受。1927 年，美国物理学家戴维逊（C. J. Davisson）和革末（L. S. Germer）以及英国物理学家汤姆逊（G. P. Thomson）用实验验证了物质波的存在。

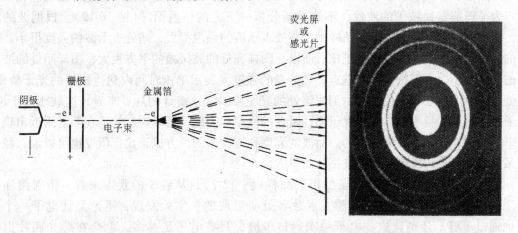

图 12-7 电子衍射实验示意图

汤姆逊的电子衍射如图 12-7 所示。在真空中，用经 20 ~ 60000V 电势差加速的电子束射向厚度为 10nm 数量级的金属箔，在荧光屏或感光片上形成一组同心圆环图样，即电子衍射图样。这很像类似条件下的 X 光衍射图样，故这个实验是德布罗意物质波假说所预言的电子衍射的"证据"。根据圆环的直径可以算出这一衍射现象中波的波长，计算结果表明，这正是入射电子的德布罗意波长。

电子衍射实验不仅为实物粒子的波动性提供了第一个肯定的实验证据，从而使德布罗意假说具有了理论的高度，而且为物质表面结构研究提供了极重要的新的工具。德布罗意因为首先提出电子的波动性而获得1929年的诺贝尔物理学奖。戴维森和汤姆逊也因在实验上发现晶体对电子的衍射而共同获得了1937年的诺贝尔奖。

电子的波动性的一项实际应用是电子显微镜。在电子显微镜中电子被很高的电压加速后，获得很大的动能，根据式(12-21)，这时电子的波长很短，从而大大地提高了电子显微镜的分辨本领。

例 12-2 求静止电子经20000V电势差加速后的德布罗意波长。

解 静止电子经电势差 U 加速后获得的动能为

$$\frac{1}{2}mv^2 = eU$$

将 $p = mv$ 代入上式，可得

$$p = \sqrt{2meU}$$

根据式(12-21)得

$$\lambda = \frac{h}{\sqrt{2meU}}$$

$$= \frac{6.63 \times 10^{-34}}{\sqrt{2 \times 9.11 \times 10^{-31} \times 1.60 \times 10^{-19} \times 20000}} \text{m}$$

$$= 8.68 \times 10^{-12} \text{m} = 8.68 \times 10^{-3} \text{nm}$$

三、德布罗意波的统计解释

既然电子、质子、中子、原子等微观粒子具有波动性，那么如何理解这种波动性呢？

为了理解实物粒子的波性，不妨重新分析一下光的衍射图样(图10-19)。根据波的观点，光是一种电磁波，在衍射图样中，亮处表示波的强度很大，暗处表示波的强度很小。而波的强度与波的振幅的平方成正比，所以，图样亮处的波振幅的平方很大，图样暗处的波振幅的平方很小。而根据光子的观点，某处光的强度大表示单位时间内到达该处的光子数多，某处光的强度小表示单位时间内到达该处的光子数少。从统计的观点来看，这就相当于说，光子到达亮处的概率要远大于光子到达暗处的概率。因此，可以说，粒子在某处附近出现的概率是与该处波的强度成正比的。而波的强度和波振幅的平方成正比，所以也可以说，粒子在某处附近出现的概率与该处波振幅的平方成正比。

现在用上述观点来分析电子的衍射图样(图12-7)，从粒子的观点来看，衍射图样的出现是由于电子不均匀地射向感光底片各处所形成的。实验发现，不论是让电子一个一个地通过单缝，还是让这些电子一次通过单缝，只要电子足够多，就会在感光底片上得到相同的单缝衍射图样。感光片上不同处电子疏密不同，这表示电子射到各处的概率是不同的，电子密集的地方概率大，电子稀疏的地方概率小。而从波动的观点来看，电子密集的地方表示波的强度大，电子稀疏的地方表示波的强度小，所以某处附近电子出现的概率就反映了在该处德布罗意波的强度。对于电子是如此，对于其他微观粒子也是如此。普遍地说，在某处德布罗意波的振幅平方是与粒子在该处邻近出现的概率成正比的。这就是**德布罗意波的统计解释**。

应该指出，德布罗意波与经典物理中研究的波是截然不同的。例如，机械波是机械振动在空间的传播，而德布罗意波则是对微观粒子运动的统计描述，它的振幅平方表达了粒子出现的概率。因此绝不能把微观粒子的波动性，机械地理解为经典物理中的波。

第五节　不确定关系

在经典力学中，宏观物体在任何时刻都有完全确定的位置、动量、能量等，对于微观粒子，由于其显著的波动性，就不能用经典的方法描述其粒子性，而描述它的某些成对的物理量不可能同时具有确定的量值。如坐标和动量、能量和时间等，对其中一个量确定的越准确，另一个量的不确定度就越大。轨道的概念将不再适用。下面通过电子的单缝衍射实验对此作一说明。

设有一束电子射向缝宽为 a 的狭缝后，将在缝宽的方向上扩展开来，与单色光的衍射一样，在缝后的感光底片上形成衍射图样，如图 12-8 所示。图中单缝宽度方向取为坐标轴 x 方向。设在进入单缝之前电子的动量为 p_x，且 $p_x = 0$（电子垂直入射），这时电子的坐标 x 可取任意值，但在单缝处，电子的 x 坐标显然不能取任意值，通过单缝的电子在 x 方向上的位置坐标只能是单缝所在处所限定的值，即 $\Delta x = a$，这称之为电子坐标的不确定度。由于电子的衍射，单缝处的电子在 x 方向的动量分量 p_x 不再全都是零，必定有 $p_x \neq 0$ 的电子，即在单缝宽度方向扩展开来向各方向运动的电子。利用观察屏上电子落点扩展的范围可以估计在单缝处电子的 p_x 量值的范围。如果只考虑一级衍射图样，则电子被限制在一级最小的衍射角范围内。根据单色光的单缝衍射中央明条纹的半角宽度公式，有 $\sin\varphi = \lambda/\Delta x$。因此，在 x 轴方向上电子动量的不确定量为

$$\Delta p_x = p\sin\varphi = p\,\frac{\lambda}{\Delta x}$$

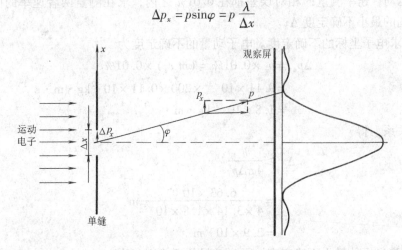

图 12-8　用电子衍射说明不确定关系

由德布罗意公式

$$\lambda = \frac{h}{p}$$

上式可写为

$$\Delta p_x = \frac{h}{\Delta x}$$

即

$$\Delta p_x \Delta x = h$$

式中，Δx 是在 Ox 轴方向上电子位置的不确定量；Δp_x 是在 Ox 轴方向上电子动量的不确定量。

上面的计算实际上只是一个数量级上的估算，更严格的证明给出

$$\Delta p_x \Delta x \geqslant \frac{h}{4\pi} \tag{12-23}$$

这个关系是德国物理学家海森伯（W. K. Heisenberg）于1927年提出来的，称为**海森伯不确定关系**。它不仅适用于电子，也适用于其他微观粒子。不确定关系表明：对于微观粒子不能同时用确定的位置和确定的动量来描述。不确定关系的存在是物质本身的波粒二象性的反映，而不是由测量仪器或测量方法的缺陷所致。因此，对于具有波粒二象性的微观粒子，不可能用某一时刻的位置和动量来描述其运动状态，轨道的概念在此已失去意义，经典力学规律也不再适用。如果在所讨论的问题中，粒子的波动性不显著，甚至观察不到，则仍可应用经典力学。

不仅坐标和动量之间存在不确定关系，如果微观粒子处于某一状态的时间为 Δt，则其能量必有一个不确定量 ΔE，由量子理论可推出如下关系

$$\Delta t \cdot \Delta E \geqslant \frac{h}{4\pi} \tag{12-24}$$

式（12-24）称为时间和能量的不确定关系式。可以讨论原子激发态能级宽度 ΔE 和原子在该能级的平均寿命 Δt 之间的关系。

例 12-3 若质量为 9.11×10^{-31} kg 的电子和质量为 1.0×10^{-2} kg 的子弹都以 200m/s 的速率沿 x 方向运动，速率测量的相对误差都在 0.01% 之内，求在测量两者速率的同时，测量位置所能达到的最小不确定度 Δx。

解 1）求电子坐标的不确定度。电子动量的不确定度为

$$\Delta p_x = p_x \times 0.01\% = (m_e v_x) \times 0.01\%$$
$$= 9.11 \times 10^{-31} \times 200 \times 0.11 \times 10^{-2} \text{kg} \cdot \text{m} \cdot \text{s}^{-1}$$
$$= 1.8 \times 10^{-32} \text{kg} \cdot \text{m} \cdot \text{s}^{-1}$$

根据不确定关系，得

$$\Delta x \geqslant \frac{h}{4\pi \Delta p_x}$$
$$= \frac{6.63 \times 10^{-34}}{4 \times 3.14 \times 1.8 \times 10^{-32}} \text{m}$$
$$= 2.9 \times 10^{-3} \text{m}$$

2）求子弹坐标的最小不确定度。子弹动量的不确定度为

$$\Delta p_x = 0.010 \times 200 \times 0.01 \times 10^{-2} \text{kg} \cdot \text{m} \cdot \text{s}^{-1}$$
$$= 2.0 \times 10^{-4} \text{kg} \cdot \text{m} \cdot \text{s}^{-1}$$

根据不确定关系，得

$$\Delta x \geqslant \frac{6.63 \times 10^{-34}}{4 \times 3.14 \times 2.0 \times 10^{-4}}$$
$$= 2.6 \times 10^{-31}\,\text{m}$$

电子的线度比原子的线度 $10^{-10}\,\text{m}$ 小得多，而本题中电子位置的不确定度达到约 $3\,\text{mm}$，显然在这种情况下，用轨道等经典力学的概念描述电子的运动是没有意义的。对子弹而言，$10^{-31}\,\text{m}$ 的不确定度是目前任何仪器都无法观测到的，所以对子弹这样的宏观物体，用轨道等经典力学的概念描述其运动是足够准确的。这也是经典物理赖以奠基的研究对象不可能使人们发现不确定关系的原因。

第六节 波 函 数

一、波函数的概念

前面已经知道电子、中子、质子等微观粒子，如同光子一样，除具有粒子性外，还有波性。为了反映微观粒子的波性，用波函数来描述它的运动状态。下面先介绍一个最简单的一维波函数。

由波动理论知道，一维平面简谐波的波动方程为

$$y(x,t) = A\cos 2\pi\left(\nu t - \frac{x}{\lambda}\right) \tag{12-25}$$

上式写成复数形式为

$$y(x,t) = A e^{-i2\pi\left(\nu t - \frac{x}{\lambda}\right)} \tag{12-26}$$

实际上式（12-25）是式（12-26）的实数部分。

对于以给定的动量 p 和能量 E 沿 x 轴运动的自由粒子，由德布罗意假设可知，它的波长和频率分别为

$$\lambda = \frac{h}{p}, \qquad \nu = \frac{E}{h}$$

它的波动方程为

$$\Psi(x,t) = \psi_0 e^{-i2\pi\left(\nu t - \frac{x}{\lambda}\right)} \tag{12-27}$$

或者写为

$$\Psi(x,t) = \psi_0 e^{-i\frac{2\pi}{h}(Et - Px)} \tag{12-28}$$

式中，Ψ 叫做波函数；ψ_0 是波函数的振幅。

波函数又称概率幅，它是量子力学中最基本、最重要的概念。

二、波函数的统计诠释

上节已经讨论过德布罗意波的物理意义。对电子等微观粒子来说，粒子分布多的地方，粒子波的强度大，而粒子在空间分布数目的多少，是和粒子在该处出现的概率成正比的。因此，某一时刻，出现在某点附近体积元 dV 中的粒子的概率与 $\psi_0^2 dV$ 成正比，即与该体积元中波函数振幅的平方和体积元大小的乘积成正比。这被称为**波函数的统计诠释**，是玻恩（Max Born）1926 年提出来的。因为波的强度应为实正数，所以 $\psi_0^2 dV$ 应由下式来代替

$$|\psi_0|^2 \mathrm{d}V = \psi_0 \psi_0^* \mathrm{d}V$$

式中，ψ_0^* 是 ψ_0 的共轭复数；$|\psi_0|^2$ 为粒子出现在某点附近单位体积元中的概率，称为粒子在该点处的几率密度。

物理学的近代发展指出，统计性行为是实物粒子的固有属性并受不确定关系支配。描述粒子运动的波函数 Ψ 虽然是确定的函数，但它并不能确定粒子在什么时刻一定到达哪里，任一时刻 $\psi_0^2 \mathrm{d}V$ 给出的只是这个粒子在可能出现的整个空间范围内的统计分布。$|\psi_0|^2$ 大的地方粒子出现的概率大，$|\psi_0|^2$ 小的地方粒子出现的概率小。

三、对波函数的要求

由于粒子要么出现在空间的这个区域，要么出现在其他区域，所以某时刻在整个空间内发现粒子的概率应为 1，即

$$\int_V |\psi_0|^2 \mathrm{d}V = 1 \tag{12-29}$$

式(12-29)称为**归一化条件**。

另外，实际的情况是粒子出现的概率密度不可能是无限大，也不可能有多个值，而且粒子运动过程中概率密度不可能发生突变，所以要求描述粒子的波函数是有限、单值和连续的。此称为波函数的标准条件。

思 考 题

1. 为什么把光电效应实验中存在截止频率这一事实作为光的量子性的有力佐证？
2. 为什么平时看不到物质波？
3. 什么是波函数？玻恩对波函数的物理意义是怎样阐述的？

习 题

一、计算题

1. 试求波长为下列数值的光子的能量。
(1) 波长为 1500nm 的红外线；
(2) 波长为 500nm 的可见光；
(3) 波长为 20nm 的紫外线；
(4) 波长为 0.15nm 的 X 射线；
(5) 波长为 0.001nm 的 γ 射线。

2. 已知金属钨的逸出功为 7.2×10^{-19} J，分别用频率为 7×10^{14} Hz 的紫光和频率为 5×10^{15} Hz 的紫外线照射金属钨的表面，能不能产生光电效应？

3. 已知钾的光电效应红限 $\lambda_0 = 5.5 \times 10^{-7}$ m，求
(1) 钾的逸出功；(2) 在波长 $\lambda = 4.8 \times 10^{-7}$ m 的可见光照射下，钾的遏止电压。

4. 求氢原子中电子从 $n = 4$ 的轨道跃迁到 $n = 2$ 的轨道时，氢原子发射的光子的波长。

5. 为使电子的德布罗意波长为 0.1nm，需要多高的加速电压？

6. 在电视显像管中，电子从静止开始被 21000V 的电势差加速，求电子的德布罗意波长（忽略相对论效应）。

【科学家介绍】

玻尔

玻　尔

丹麦理论物理学家尼尔斯·玻尔(Niels Bohr,1885—1962年)1885年10月7日出生于哥本哈根。父亲是位有才华的生理学教授,幼年时的玻尔受到了良好的家庭教育。

在哥本哈根大学学习期间,玻尔参加了丹麦皇家学会组织的优秀论文竞赛,题目是测定液体的表面张力,他提交的论文获丹麦科学院金质奖章。玻尔作为一名才华出众的物理系学生和一名著名的足球运动员而蜚声全校。

1911年玻尔获哥本哈根大学哲学博士学位,论文是有关金属电子论的。由于玻尔别具一格的认真,此时他已开始领悟到了经典电动力学在描述原子现象时所遇到的困难。

获得博士学位后,玻尔到了剑桥大学,希望在电子的发现者汤姆逊的指导下,继续他的电子论研究,然而汤姆逊已对这个课题不感兴趣。不久他转到曼彻斯特卢瑟福实验室工作。在这里,他和卢瑟福之间建立了终生不渝的友谊,并且奠定了他在物理学上取得伟大成就的基础。

1913年,玻尔回到哥本哈根,开始研究原子辐射问题。在受到巴耳末公式的启发后,他把作用量子引入原子系统,写成了长篇论文《论原子和分子结构》,并由卢瑟福推荐分三部分发表在伦敦皇家学会的《哲学杂志》上。后来人们称玻尔的这三部分论文为"三部曲"。玻尔在论文中提出了原子结构和元素性质相对应的论断。对于放射现象,玻尔认为,如果承认卢瑟福的原子模型,就只能得出一个结论,即α射线和β粒子都来自原子核,并给出了每放射一个α粒子或β粒子时原子结构相应的变化规律。玻尔在论文最后做总述时,归纳了自己的假设,这就是著名的玻尔假设。当时以及后来的实验都证明了玻尔关于原子、分子的理论是正确的。

论文发表后,引起了物理学界的注意。1916年,玻尔在进一步研究的基础上,提出了"对应原理",指出经典行为和量子的关系。

1920年,丹麦理论物理研究所(现名玻尔研究所)建成,在玻尔领导下,研究所成了吸引年轻物理学家研究原子和微观世界的中心。海森伯、泡利、狄拉克、朗道等许多杰出的科学家都先后在这里工作过。

玻尔不断完善自己的原子论,他的开创性工作,加上1925年泡利提出的不相容原理、从根本上揭示了元素周期表的奥秘。

此后,德布罗意、海森伯、玻恩、约旦、狄拉克、薛定谔等人成功地创立了量子力学,海森伯提出了不确定性关系,玻尔提出了"互补原理",物理学取得了巨大进展。同时也引起了一场争论,特别是爱因斯坦和玻尔之间的争论持续了将近30年之久,争论的焦点是关于不确定性关系。爱因斯坦对于带有不确定性的任何理论都是反对的,他说:"……从根本上说,量子理论的统计表现是由于这一理论所描述的物理体系还不完备。"他认为,玻尔还没有研究到根本上,反而把不完备的答案当成了根本性的东西。他相信,只要掌握了所有的定律，一切活动都是可以预言的。争论中，他提出不同的"假想实验"以实现对微观粒子的位置和动量或时间和能量进行准确的测量，结果都被玻尔理论所否定。然而爱因斯坦还是不喜欢玻尔提出的理论。在争论的基础上，玻尔写成了两部著作：《原子理论和对自然的描述》、《原子物理学和人类的知识》，分别在1931年和1958年出版。

在20世纪30年代中期，量子物理转向研究核物理，1936年玻尔发表了《中子的俘获及原子核的构成》一文，提出了原子核液滴模型。1939年和惠勒共同发表了关于原子核裂变力学机制的论文。在发现链式反应后，玻尔继续完善他的原子核分裂的理论。

第二次世界大战期间，玻尔参加了制造原子弹的曼哈顿计划，但他坚决反对使用原子弹。1952年欧洲核子研究中心成立，玻尔任主席。

玻尔一生中获得了许多荣誉、奖励和头衔，享有崇高的威望。1922年由于他对原子结构和原子放射性的研究获诺贝尔物理奖。

*第十三章　激光简介

激光技术是 20 世纪 60 年代初期发展起来的一门新兴科学技术，它不但引起了现代光学应用技术的巨大变革，还促进了物理学和其他有关学科的发展。本章简要介绍激光的产生机理、特性及应用。

第一节　激光的形成与特性

一、开创激光的简单历史

雷达在第二次世界大战中起的作用给科学家留下了深刻的印象，以至于在战争结束后，人们还在大力开展对雷达的研究工作。20 世纪 50 年代初，在美国哥伦比亚大学工作的汤斯正在从事研究产生毫米波长和亚毫米波长电磁辐射的方法，后来他走出传统的框子，有了一个新想法，就是后面将要谈到的受激辐射的原理。汤斯按照这个思想，在 1954 年成功地制出了氨分子振荡器，产生出波长为 1.25cm 的相干电磁辐射。这种振荡器命名为 Maser（微波激射器）。

微波激射器的成功激起了许多物理学家开拓更短波长相干辐射的热情。在美国贝尔电话实验室工作的肖洛和汤斯联手合作研究，1958 年 12 月，他们俩把研究成果写成论文《红外和光学激射器》，发表在美国出版的《物理学评论》杂志上。其中论述了获得光激射器（即现在的激光器）的可能性和实验方法。

在 20 世纪 50 年代末，提出制造激光器的方案有好几种。美国休斯实验室的梅曼采用红宝石晶体做激光器的工作物质，氙灯做激励源，在 1960 年 5 月制成世界上第一台激光器。

我国的第一台激光器在 1961 年 9 月问世，是中科院长春光学精密机械研究所王之江领导设计并和另几位青年科学家共同实验研制成的。他们用的工作物质也是红宝石晶体，长度 3cm，直径 0.5cm，含铬离子浓度约为 0.04%。可是直到 1964 年年底，我国第一台激光器还没有一个统一的名字。1964 年 12 月，《光受激辐射》杂志编辑部求助著名科学家钱学森教授，不久，钱学森教授就给 Laser 起了一个中国名字——激光。

二、光的辐射和吸收

当原子从一个能级跃迁到另一个能级时，将有光的辐射或吸收。一般说来，这种辐射跃迁存在三种类型：自发辐射、受激吸收和受激辐射。

1. 光的自发辐射

在原子中，处于高能级 E_2 的原子是不稳定的，会自动地跃迁到低能级或基态能级 E_1 上，并发射能量为

$$h\nu = E_2 - E_1 \tag{13-1}$$

的光子，这一跃迁过程称为**自发辐射**，如图 13-1 所示。式中，h 为普朗克常量，ν 是光子的

频率。

任何光源中的发光物质，都包含着大量的原子。各个原子在进行自发辐射时所发出的光子，无论是频率、振动方向或是相位，都不一定相同，所以自发辐射的光不是相干光。白炽灯、荧光灯、高压汞灯等普通光源中的发光过程主要是自发辐射。

2. 光的受激吸收

与上述辐射过程相反，处在低能级 E_1 上的原子，受到能量恰好为 $h\nu = E_2 - E_1$ 的光子照射时，就吸收这种光子而跃迁到高能级 E_2，这个跃迁过程称为**受激吸收**，如图 13-2 所示。

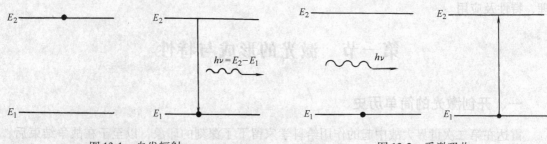

图 13-1 自发辐射 　　　　　　　　　　　　　　图 13-2 受激吸收

3. 光的受激辐射

处于高能级 E_2 的原子在外界影响下，由于受到能量恰好为 $h\nu = E_2 - E_1$ 的外来光子的激励而跃迁到低能级 E_1 上，并发射一个与外来光子一模一样的光子，即它们的频率、相位、振动方向、偏振状态、传播方向均相同。这种辐射称为**受激辐射**。如图 13-3 所示，如果这两个光子再激励物质中处于能级 E_2 的其他原子发生受激辐射，这样就会产生四个特征完全相同的光子……于是，在一个入射光子的作用下，会获得大量特征完全相同的光子，这个过程称为**光放大**，如图 13-4 所示。

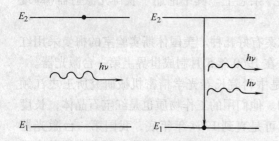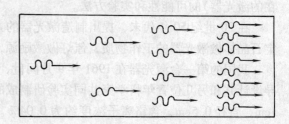

图 13-3 受激辐射 　　　　　　　　　　　图 13-4 受激辐射的光放大示意图

可见，在受激辐射中，各原子发出的光是互相有联系的，它们的频率、相位、振动方向和传播方向都相同。因此，这样的光是相干光，由受激辐射而产生的光就称为**激光**。

应当指出，不是任何能量的外来光子都能使原子引起受激辐射，只有能量等于 $h\nu = E_2 - E_1$ 的光子才能引发出原子从能级 E_2 向能级 E_1 的受激辐射。

三、产生激光的机理

1. 粒子数反转分布

上述三种过程实际上是同时存在的。其中，吸收过程使光子数减少，而受激辐射过程使光子数增加。因此，光通过物质时光子数的增减取决于哪个过程占优势。受激辐射的强弱由

处在高能级 E_2 上的原子数目 N_2 决定，吸收过程的强弱由处在低能级 E_1 上的原子数目 N_1 决定。可是，在正常状态下，大多数原子处于基态，只有少数原子处于激发态，且能级越高，分布的粒子数越少，这种分布称为**粒子数的正常分布**。因而，当光通过物质时，受激吸收过程总是比受激辐射过程占优势，不可能出现光放大。这就是在正常情况下很难产生连续受激辐射的原因。事实上，这与人们平时观察到的，光通过正常状态下的工作物质后，要减弱的现象是一致的。若要实现光放大，必须设法使处于高能级上的原子数超过低能级上的原子数，以使受激辐射占优势，这称为**粒子数的反转分布**，这种分布是实现光放大的必要条件。

为了形成粒子数的反转分布，必须从外界输入能量，把低能级上的粒子数激发到高能级上去，这个过程称为**激励**。激励的方式有光激励、气体放电激励、化学激励、核激励等。通过激励能够实现粒子数反转的物质称为**激光物质**，它可以是气体，也可以是固体或液体。并非所有的物质都是激光物质，这取决于物质是否有适当的能级结构。处于激发态的原子是不稳定的，一般约为 10^{-8}s 的时间就可能通过自发辐射跃迁到基态。有些物质存在一种比激发态稳定、但又不如基态稳定的能级，称为**亚稳态能级**。如红宝石中的铬离子，它的亚稳能级寿命有几毫秒。许多粒子都具有亚稳态，如氦原子、氖原子、氩离子、钕离子、二氧化碳分子等。具有亚稳态的工作物质就能实现粒子数反转。

现以图 13-5 所示的三能级为例来说明实现粒子数反转的原理。图中 E_1 为基态，E_3 为激发态，E_2 为亚稳态。通过激励把 E_1 上的原子抽运到 E_3 上去，这些粒子通过碰撞减少能量（转化为热运动）而无辐射地"暂留"在 E_2 上，使 E_2 上的粒子数 N_2 不断增加，而 E_1 上的粒子数 N_1 则不断减少，以至 $N_2 > N_1$，这样就形成了粒子数反转分布。

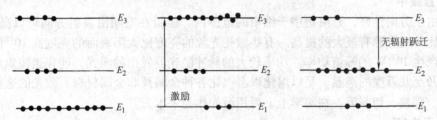

图 13-5 粒子数的反转分布

2. 光振荡

有了粒子数反转分布，可以产生光放大，但还不一定输出激光。因为那些处于亚稳态的粒子将产生自发辐射，虽然也产生各自的光放大，但从总体来看，它们向四面八方传播，步调也不一致，所以仍然是普通光。

要产生能够实用的激光，必须有一个光学谐振腔。最简单的光学谐振腔是由两个放置在工作物质两边的平面反射镜组成，这两个反射镜互相严格平行，其中一个是全反射镜，另一个是部分透光的反射镜，如图 13-6 所示。

光在粒子数反转的工作物质中传播时得到光放大，有一部分不沿谐振腔轴线方向运动的光子射出腔外，只有沿轴线方向运动的光子才能使处于亚稳态的

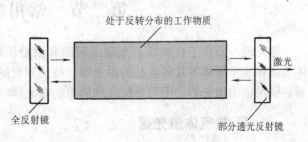

图 13-6 光学谐振腔示意图

粒子受激辐射产生光放大，形成轴向的光子流。光子流被反射镜来回反射，形成链式的光放大，这就是光振荡。若光在谐振腔内来回一次的增益大于光的损耗（如工作物质的吸收和散射、反射镜的吸收和透射），则形成稳定的光振荡。此时，从部分透光反射镜透射出的光很强，这就是输出的激光。

四、激光的特性

激光的产生过程表明，激光主要是由同频率、同相位和同方向的光子构成。因此，它具有以下几个重要特性。

1. 方向性好

激光几乎是一束定向发射的平行光，其发散角度很小，可在 1″ 以下。用红宝石激光器将直径为 1mm 的光束射向月球，通过 380000km 的距离，月球面上光斑直径仅有 1.6km。而普通探照灯（光束直径约为 0.3m）射出 1km，光斑直径就有 10m。激光的这种特性可用于定位、导向、测距。

2. 单色性好

例如，氦-氖气体激光器发出波长为 632.8nm 的红光，对应的频率为 4.74×10^{14} Hz，频率宽度只有 9×10^{-2} Hz。而普通的氦-氖混合气体放电管所发出的同样频率的光，其频率宽度达 1.52×10^{9} Hz，比激光的频率宽度大 10^{10} 倍以上。也就是说，激光的单色性比普通光高 10^{10} 倍。目前，普通光源中最好的单色光源是氪灯，激光的单色性比氪灯还高一万倍。激光的这种特性可用于激光通信、等离子体测试等。

3. 能量集中

激光由于方向性好，光束集中于细窄的范围内，能量在空间沿发射方向可以高度集中，在亮度上比普通光源有极大的提高。有些激光光源的亮度比太阳表面的亮度高 10^{10} 倍，有些激光器能产生 10^{12} W 的峰值功率。功率较大的脉冲激光器发出的激光，能在透镜焦点附近产生几千度乃至几万度的高温，足以熔化以至汽化各种金属及非金属材料。激光的这种特性可用于打孔、焊接、切割等。在医学上，可用激光作为手术刀。

4. 相干性好

激光的谱线宽度极窄，相位在空间的分布也不随时间而变化，特制的氦-氖激光器输出的光束相干长度达 2×10^{7} km。而普通单色光的相干长度只有米的量级，以具单色光之冠的氪灯发射的红光来说，其相干长度也只有 38.5cm。激光横向范围相干面积也很大，其光束截面上的各部分都是相干光源。激光的相干性也有很重要的应用，如用激光干涉仪进行检测，比普通干涉仪速度快、精度高。用激光作为全息照相的光源有其独到的优点。

第二节　常用激光器

激光器一般由工作物质、光学谐振腔和激励源构成，如果按工作物质分，有气体、液体、固体和半导体等几种类型的激光器。按照激光的输出方式来分，又可分为连续输出激光器和脉冲输出激光器。下面介绍几种简单的激光器。

一、氦-氖气体激光器

氦-氖（He-Ne）激光管的构造如图 13-7 所示，激光管的外壳用硬质玻璃制成，中间有一根毛细管作为放电管,制造时先抽去管内空气,然后按5:1~10:1的氦、氖比例充气,直至总压强为2~3mmHg为止。激励是用气体放电的方式进行的,为使气体放电,在阳极和阴极之间加上几千伏的高压。

氦-氖气体中粒子数的反转是如何形成的呢?在这两种气体的混合物中,产生受激辐射的是氖原子,氦原子只起传递能量的作用。在通常情况下,绝大多数的氦原子和氖原子都处在基态,如图13-8所示。氦原子的能级中有两个激发态E_2和E_2'。氖原子有两个与氦原子的E_2十分接近的能级E_3和E_3',有与氦原子的E_2'比较接近的能级E_2和E_2'。在激光器两电极间加上几千伏的电压时,产生气体放电,电子在电场的作用下加速运动,与氦原子发生碰撞,使氦原子激发到两个激发态上。这些处于激发态的氦原子又与处于基态的氖原子发生碰撞,并使氖原子激发到能级$E_3(E_3')$和$E_2(E_2')$上。由于处于能级E_2上的氖原子数极少,这样在能级$E_3(E_3')$和能级$(E_2、E_2')$之间就形成了粒子数的反转分布。当受激辐射引起氖原子在能级E_3和E_2'之间跃迁时,即发射波长为632.8nm的红色激光。能级E_3向E_3'、E_2向E_2'间的跃迁所产生的辐射为红外线,采取一定的措施可以把它抑制掉。

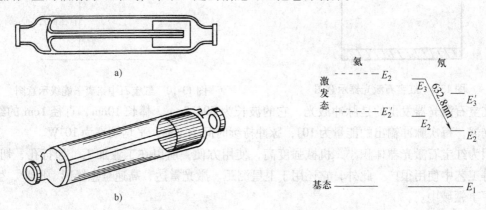

图13-7　氦-氖激光管　　　　　图13-8　氦和氖的原子能级示意图
a) 剖面图　b) 实物图

氦-氖激光器的输出功率不大,管长25cm的激光器输出功率约为2~3mW,管长50cm的激光器输出功率约为3~10mW。输出方式是连续输出。目前,在各种常用的激光器中,氦-氖激光器输出激光的单色性最好,因此,在精密测量中常采用这种激光器。此外,它还具有结构简单、使用方便、成本低等优点。在许多低功率场合,如通信、图像与数据记录、集成电路图案的产生、医疗等方面,氦-氖激光器也被广泛使用。

二、红宝石激光器

最早(1960年)制成的激光器就是红宝石激光器,它属于固体激光器,它的激光物质是棒状红宝石晶体,如图13-9所示。棒的两端面要求很光洁并严格平行,作为谐振腔的两个反射镜可以单独制成,也可以利用棒的两端面镀上反射膜。激励是用脉冲氙灯发出强烈的光脉冲进行的。为了提高激励功率,常装有聚光器。另外,附有一套用于点燃氙灯的电源设备。为了防止红宝石温度升高,还附有冷却设备(一般采用水冷却)。

红宝石是在人工制造的刚玉(Al_2O_3)中,掺入少量的铬离子而构成的晶体。在红宝石中,起发光作用的是铬离子。当红宝石受到强光照射时,铬离子被激励,使处于基态E_1的大量铬离子吸收光能而跃迁到激发态 E_3。如图 13-10 所示,被激发的铬离子在能级 E_3 上停留时间很短,很快地以无辐射跃迁的方式转移到亚稳态 E_2,这种跃迁放出的能量只能使红宝石发热。铬离子在亚稳态 E_2 上停留时间较长,因而不立即以自发辐射的方式返回基态,加上外界强光的不断激励,使亚稳态 E_2 上的粒子数不断积累,这样就在亚稳态 E_2 和基态 E_1 之间形成了粒子数反转。

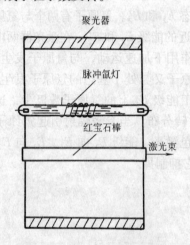

图 13-9　红宝石激光器示意图

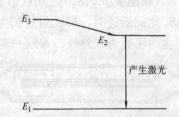

图 13-10　红宝石中铬离子能级示意图

红宝石激光器发出的是脉冲激光,它的波长为 694.3nm。棒长 10cm、直径 1cm 的红宝石激光器,每次脉冲输出的能量为 10J,脉冲持续时间为 1ms,平均功率为 10^4 W。

因为红宝石激光器体积小,机械强度高,使用方便,所以在工业加工,如打孔、切割、焊接等工艺中使用很广。此外,它还用于卫星测距、激光雷达、高速全息摄影、医学、生物学及军事领域中。

三、二氧化碳激光器

这是 1964 年研制成功的一种典型的分子气体激光器,也是输出功率最高的气体激光器。最高输出功率可达 50kW,脉冲输出功率可达 10^{12} W,仅次于钕玻璃激光器。工作物质是二氧化碳气体。为实现粒子数反转而采用的激励方式很多,有放电激励、光激励和化学激励等。其最重要的一条激光谱线的波长是在红外区的 10600nm,正好处于红外大气窗口之内,有良好的大气透射率。二氧化碳激光器的能量转换率为(30～40)%,可连续工作或以脉冲方式运转,工作条件简便。它在材料加工、通信、测距和远距离目标识别、光纤传感器、非线性光学、等离子体物理、激光武器、激励光源、医学、光化学等方面都有广泛的应用。

四、钕玻璃激光器

它是采用在玻璃内掺入稀土元素钕做工作物质的激光器,激光由掺入的钕离子发射。主要的激光波长是 1060nm。由于钕玻璃可采用技术很成熟的玻璃熔炼方法制造,比较容易获得大体积、光学均匀性良好的钕玻璃,因而能制成大型的器件,从而获得很高的激光能量和功率。现在已制成输出功率 10^{14} W 的激光器,居各种类型激光器之首。

五、双异质结半导体激光器

这是由不同成分的半导体材料做成激光器有源区和约束区的激光器，输出的激光波长主要在 900nm 附近。输出的激光功率在 90 ~ 100mW 之间。采用注入电流激励。

半导体激光器是各类激光器中体积最小，重量最轻的激光器，整个激光器的体积比一颗钮扣还小。而且，激光器的使用寿命很长，有效使用时间超过 10h。

此外，氩离子激光器、准分子激光器、染料激光器等均已有万应用。

第三节　激光的应用

由于激光具有许多优异特性，所以它在许多技术领域得到了广泛的应用。

一、激光精密计量

1. 长度测量

近代科学研究和工程技术中对长度的测量要求越来越高。例如，高精密度机械加工中，测量 1m 以上的长度，要求其误差不得超过 $1\mu m$。米尺、游标卡尺、千分尺之类的机械测长器具根本无法适应这样的要求，因此人们早已用光波波长作为测长的尺度。随着机床、自动制图机、集成电路制作机等工作机械大型化、精密化、数值控制化的发展，需要长尺子并以很高精度确定其位置。利用光的干涉方法能进行长度精密定位。但是，有效量程受单色光限制，最大量程 L_{max} 由下式给出

$$L_{max} = \frac{\lambda^2}{\Delta\lambda} \tag{13-2}$$

式中，$\Delta\lambda$ 是光谱线（带）宽度。

用氦灯的黄光（波长 $\lambda = 587.6nm, \Delta\lambda = 0.0045nm$）计量，最大有效量程 $L_{max} = 7.7cm$；用氪灯的红光（波长 $\lambda = 605.7nm, \Delta\lambda = 4.7 \times 10^{-4}nm$）计量，最大量程 $L_{max} = 38.5cm$。激光有极好的单色性，用它计量的有效量程会大得多。例如，用特制氦-氖激光器输出的红光（$\lambda = 632.8nm, \Delta\lambda = 2 \times 10^{-9}nm$），最大量程可达 20km。

光尺是通过干涉的方法显示测量的长度。把激光器输出的激光在干涉仪中分成两束，一束在干涉仪中走过固定路程；另一束射到靶棱镜后反射回干涉仪，光靶棱镜相对于干涉仪移动时，这束光的光程发生变化，两束光会合之后发生干涉，生成干涉条纹。当靶棱镜移动半个波长时，干涉图上发生一条条纹的移动。数出通过参考点的条纹移动数目 N，就可以由下面的公式得到移动的长度 L

$$L = N \cdot \frac{\lambda}{2} \tag{13-3}$$

干涉仪和生产设备一起使用，已见于许多数字控制机械和其他精密测长工作。其测量 1m 长度，其误差为百分之几微米。如果采用带有电子计数器的光电检测装置测量条纹的数目，还可读到条纹间距的百分之一，从而进一步提高测量长度的精度。

2. 测距和测速

用光学方法可以方便而迅速地测出远方目标距离，测量精度非常高。用激光雷达发射激

光脉冲，此脉冲经反射体发射回到发射激光脉冲的位置。设从发射脉冲到接受脉冲所需时间为 $2\Delta t$，则雷达到发射体间的距离则是

$$L = c\Delta t \tag{13-4}$$

式中，$c = 2.998 \times 10^8 \mathrm{m/s}$。只要测得时间 Δt，就可以得知长度 L。

质量为 $0.5\mathrm{kg}$ 左右的脉冲激光测距仪，可测 $20\mathrm{km}$ 的目标距离，误差 $0.5\mathrm{m}$，完成测量时间不到 $1\mathrm{s}$，利用激光相干性高的特点发展的相位测距法，测距精度更高，对 $8000\mathrm{km}$ 远的卫星测距，误差仅为 $2\mathrm{cm}$。用激光源发出激光，遇反射物体返回，如果激光相位的变化为 $2\Delta\varphi$，那么，激光源到反射体间的距离为

$$L = \frac{\Delta\varphi}{2\pi}\lambda \tag{13-5}$$

式中，λ 为所用激光的波长。用相位计测出激光相位的变化 $\Delta\varphi$，就可得到长度 L。

利用激光照射在运动物体上产生的光多普勒频移，或利用从运动物体表面散射回来的激光衍射花样发生的移动，可以确定物体的运动速度、流体的流速、物体转动的角速度等。这种方法测量的速度范围宽，低的可以测出 $0.007\mathrm{m/s}$ 的速度，高的可以测每秒几百米的速度，甚至还可以设计出激光电流计和激光电压计以测量电学量。

3. 激光表面质量检测

以激光的相干性和单色性为基础的检查技术，检查速度快、漏检率低，还可以在生产线上进行检查和分类。利用激光全息技术可以不用解剖样品而直接探出零件内部是否存在缺陷，以及缺陷的位置、大小。这就是所谓的激光无损检测。

还可以用激光进行准直、导向，现在激光准直、导向技术在造船业、大型发动机安装、建筑、隧道开挖等工程中已广为使用。

二、激光信息处理

在现代社会生活中，需要存储、传递、处理的信息量巨大，而且数量与日俱增。激光技术能够大幅度提高信息处理能力。

1. 光盘

一张薄薄的圆盘，外观上酷似普通唱片，写入读出信息的原理也相类似，只是用激光束代替机械唱针。因为激光的相干性很好，用聚光系统可以聚成比针头还小的光束，所以它在介质上写入的信息占据的空间尺寸可以非常小，因而光盘有极高的信息存储密度。一张直径 $30\mathrm{cm}$ 的光盘，能存储 3 千兆字节信息。以一页 16 开文件写 1600 字计，相当于可以存入 80 多万页的文件。用激光从光盘中读取信息的时间很短，在 $50 \sim 100\mathrm{ms}$ 之间。由于读出信息的光点与光盘不发生机械摩擦，所以只要光盘材料稳定，使用寿命原则上是无限长的。

2. 光通信

提高传递信息容量比较简单而有效的办法是提高使用的载波频率。例如，用波长 $10\mathrm{cm}$ 电波代替波长 $100\mathrm{m}$ 的电波，通信容量就可以提高 1 千倍。所以，从 19 世纪开始无线电通信之后，人们不断发展短波长通信。起先是使用波长几千米的长波通信，后来发展波长为几百米的中波通信，20 世纪 50 年代发展波长为厘米量级的微波通信。波长再缩短，就进入光波波段。光波频率在 $10^{14} \sim 10^{15}\mathrm{Hz}$ 之间，厘米波的频率是 $10^{10}\mathrm{Hz}$ 左右，所以，光波通信的容量又比微波通信提高 $1 \sim 10$ 万倍。不过，普通光不适合做通信的载波。只有激光发明后，提供

了单色性很好的光波，光通信才进入实用化阶段。光信号在光纤中传送时，损耗很小，现在的技术水平已达到 0.2dB/km，这就是光纤通信。

3. 光计算

光波有并行性，又可以交叉，亦即几束光在一起不发生相互影响（电流则没有这个性质），所以利用光波束代替电流构造计算机，会获得更高的计算速率和容量。现在已设计出两种光计算机：模拟光学计算机和数字光学计算机，前者接近人大脑对外部世界认识的自然本质，往下发展有可能制造出智能计算机，它有人工视觉，有学习、联想、推理能力；数字光学计算机能克服电子计算机串行处理中的"瓶颈效应"，使计算速度和容量大幅度提高。

此外，激光图像处理技术（由于光束的并行及可交叉互联性）是一种高速信息处理技术，它可与计算机图像处理互为补充。在显示技术方面，激光液晶大屏幕显示将代替阴极射线管，成为下一代电视的主角。

4. 激光印刷产业

在印刷产业中，采用激光做光源的高分辨率成像技术的设备主要包括激光打印机、激光复印机、激光照排机、激光分色排版机、激光制版机等。这些机械现已在各大报社、出版社应用，它不仅提高了排版印刷质量，也大大提高了排版印刷速度。

三、强激光的应用

1. 激光加工

聚焦起来的激光束内光功率可以极高。如一台普通激光器，它在 1ms 内发射 100J 光能量，光束发散角 1×10^{-3} rad。用焦距 1cm 的透镜聚焦，在焦点上的光功率密度约为 1.3×10^{11} W/cm^2。材料对激光的反射率视波长的不同，数值在 0.50～0.98 之间，即使材料表面对光的吸收率为 1%，它吸收的激光功率密度也有 1.3×10^9 W/cm^2，这个数值足以可以把大多数金属瞬间加热熔化、汽化。利用激光在空间和时间上高度集中的特性，可以进行精密加工，尤其是对高熔点、高硬度材料的精密加工，如对仪表或钟表中宝石轴承的打孔（控制激光光束的形状可打出异形孔）。利用激光进行切割和焊接，可比传统切割、焊接技术提高工效 40 倍。目前，世界上又出现了用激光镀合金的新技术。旧的镀合金方法，是在钢、铁等金属的表面镀上另外某种金属，然后用 700～800℃ 以上高温对其加热，使镀层合金化。而激光镀合金，只是用激光对镀层照射数秒钟，就可使镀层合金化。由于镀层金属扩散到母材上，在界面的母材一侧也形成合金，因此，用这种技术所镀合金层的抗拉强度高达 40000N·cm^{-2}；而传统技术所镀合金层的抗拉强度只有 50 N·cm^{-2} 左右。

用激光加工，比用普通工具加工优越：①与材料无实体接触，避免出现由于工具磨损、断裂造成的损耗和误工，简化了装夹和固定零件的问题，还能在特殊条件下进行加工以及自动化操作加工；②加工精度高，一般都可以达到 1μm 以下；③引起零件发生的畸变量小；④节能，尤其是表面淬火处理，效果更为明显。现在，正在形成一个激光加工业。

2. 激光分离同位素

分离同位素技术在科学研究、国民经济建设以及军事上都有重要价值。把某种同位素从天然同位素混合物中提取出来，这就是同位素分离技术。激光的单色性很好，利用不同的同位素原子（分子）光谱的同位素位移，可以选择性地激发、电离或离解其中某种同位素原子，最后再利用物理方法或化学方法把这种同位素从混合物中分离出来。用这个办法可以获得比较高的分离系数，且运转的能耗低。

另外，用激光可以实现核聚变，就是利用高功率激光束作用于由氘、氚或氘-氚制成的靶丸，使氘、氚核发生聚合，同时释放出巨额核能量的技术。激光还可用于热处理、激光微区退火、烘干、微掺杂、激光外延晶体以及大规模集成电路互连、微电子元件的整形等。

四、激光医学

利用高亮度激光束产生的热效应，以及单色性好的激光束产生的生物效应，可以医治包括眼科、妇科、皮肤科、内科、肿瘤科在内的200多种疾病。治疗的方法主要有：

1. 激光刀

用光学系统聚焦的激光束作用于生物体组织，可在短时间内使之烧灼和汽化。当光束以一定速度移动时能把组织切开，起手术刀的作用。激光刀在切开组织的同时，激光的能量还能把组织中的血管烧结封闭起来，起到止血的作用，所以出血量比较少。正因为这个道理，用激光刀可以对肝、脾等血管丰富的部位动手术。同时，激光刀与手术部位是非接触的，因而是自身消毒的手术，尤宜处理感染性病变组织。

2. 光凝治疗

利用激光把生物组织细胞的水分蒸发和组织蛋白凝固，可以治疗眼科中的视网膜脱离、皮肤粘膜血管病变和消化道出血病变等。

3. 光照射治疗

低功率激光束照射生物体，通过生物效应，能对生物体起消炎、消肿、镇痛和促进伤口愈合的作用。直径细小的激光束照射体穴和耳穴，能获得用银针针灸的效果。激光针灸操作方便安全，不但不会出现晕针、滞针、断针和刺伤血管、神经及内脏的情况，而且无痛感。

对某些目前认为难度较大的疾病，如各种癌症、心血管病、肾结石等，用激光治疗会得到较好的疗效。用紫外激光局部消融角膜，改变眼球的曲率半径，是目前矫正部分患者的近视、远视和散光的新方法。对深度近视，用激光矫正后一般都能达到正常视力标准。

五、激光生物应用

生物组织吸收激光能量后，将引起生物体发生光生物热效应、生物光压效应、生物光化学效应、生物电磁效应和生物刺激效应，由此会引起生物遗传异变。基于这个道理，激光在农业生产上已开展应用并取得了相当好的效果。水稻、小麦等种子在播种前用激光照射，会使之提前发芽，秧苗粗壮且生长加快，种植后分蘖增多，抗病害能力增强，提前成熟，稻穗粒数增多。用激光照射蔬菜、果树等，可提高产量和改善品质。

激光技术也能提高畜牧、渔业生产能力。孵化前用激光照射蛋种，可以提高孵化率；用激光照射过的牲畜精子，活力增强，有效保存期加长，可提高通过人工授精繁殖牲畜的能力；激光照射可以改善鱼的生活习性，提高它对生活环境的适应能力及抗病害的能力。

六、激光武器

在古代人们就幻想用光束做武器。它有重大特点：①射击速度快。射击时不需要提前量，瞄准射击精度高，目标也失去回避攻击的机动能力，特别是对高速运动目标，这个优点起的作用尤为突出。②无惯性。光束质量接近零，射击时无后坐力，便于迅速变换射击方向而不影响射击精度。

激光武器基本上是由高能激光系统、精密跟踪系统两部分组成。它又可分为战术激光武器和战略激光武器两类。前者主要指以伤害人眼睛及武器系统中的光电传感器系统和制导炸弹、导弹、炮弹以及打击战术导弹为目标的激光武器。它要求射击的距离不太远，需要的激光能量不太高。

激光战略武器主要用于拦截和摧毁洲际弹道导弹、卫星、天基武器站等战略目标。这类激光武器要求的激光功率比较高，还要有高精度的瞄准跟踪系统，目前还未达到实用阶段。

七、科学实验应用

激光技术推进了物理学、化学和生物学的研究发展，加深了人们对物质及其运动规律的认识，并且促成了一些新科学分支。

1. 非线性光学

激光有很高的单色亮度，它与物质相互作用时产生了许多光学现象，如光倍频、光和频及光差频、四波混频、多光子吸收、自聚焦和自散焦、饱和吸收、自感应透明、受激散射、光学双稳态和参量过程等。研究这些现象的性质和它们的应用，构成了光学的新分支——非线性光学。它既拓宽了光学的研究领域，又渗透到原子、分子物理、凝聚态物理和光学材料的研究中，促进了这些学科的发展。

2. 激光光谱

光谱是研究和分析物质结构及成分的重要技术，也是研究原子、分子结构，了解客观世界物质组成的重要手段。激光有很好的单色性和很高的亮度，用激光做光源，能消除多普勒效应的影响，光谱分辨率达到 $10^{10} \sim 10^{11}$，比通常得到的最高光谱分辨率高 100 万倍。利用激光选择激发或选择电离原子、分子，在这个基础上发展起来的激光感应荧光光谱和共振多光子电离光谱，探测灵敏度极高，可探测单个原子或分子。

3. 激光微束

把激光束通过光学系统导入显微镜，经它放大、聚焦成直径为微米量级的光束，在科学研究中，特别是在生物工程中会有很大的应用潜力。例如，可以用来准确地照射细胞的某一特别部位或某个细胞器，用以研究细胞的功能和有丝分裂过程；可以给细胞打孔引入外源基因；可以对 DNA 做切割和焊接基因。

可以预料，随着激光科学技术的提高，它的应用将越来越广。

到目前为止，都是基于能级粒子数反转的观点建立激光发射的，现正在探讨新的激光产生机理——无粒子数反转激光器。采用适当的工作条件，如在外辐射场作用下，原子能级间发生量子相干作用或让处于低能级的原子的受激吸收受到抑制，从而在无粒子数反转的条件下获得激光增益。

思 考 题

1. 自发辐射与受激辐射比较有哪些不同？
2. 激光器有哪几个基本组成部分？
3. 概括光学谐振腔的作用。
4. 形成激光的基本条件是什么？

5. 激光束有哪些特点?

【物理趣闻】

光彩闪耀，诺贝尔物理学奖

诺贝尔奖(Nobel Prize)创立于1901年。1895年，瑞典著名化学家、硝化甘油炸药发明人诺贝尔立遗嘱将其遗产的大部分(约920万美元)作为基金，将每年所得利息分为5份，设立物理、化学、生理与医学、文学及和平5种奖金，其获奖人不受任何国籍、民族、意识形态和宗教的影响，评选的标准是成就的大小及创新程度。物理学奖和化学奖由瑞典皇家科学院评定，生理学或医学奖由瑞典皇家卡罗林医学院评定，文学奖由瑞典文学院评定，和平奖由挪威诺贝尔委员会选出。1968年，瑞典中央银行为纪念诺贝尔，出资增设了诺贝尔经济奖，委托瑞典皇家科学院评定。1990年，诺贝尔的一位重侄孙克劳斯·诺贝尔又提出增设诺贝尔地球奖，授予杰出的环境成就获得者。

瑞典化学家诺贝尔

诺贝尔奖包括金质奖章、证书和奖金支票，其中奖金数视基金会的收入而定；金质奖章内含黄金23K，直径约为6.5cm，正面是诺贝尔的浮雕像，不同奖项的奖章的背面饰物不同；每份获奖证书的设计也各具风采。

诺贝尔物理学奖授予在基础研究和应用基础研究中阐明现象、特征和规律，并做出重大发现的人，其研究成果应为前人尚未发现或尚未阐明，且得到国内外物理学界公认的成果。

一、不朽的丰碑

诺贝尔物理学奖像一座高大的灯塔，指引着现代科学技术发展的道路，它和现代人类文明的进步紧密地联系在一起，已成为一种世界性的文化、思想和精神体现。任何科学家，一旦成为诺贝尔奖的获得者，就理所当然地跻身于科学精英的行列。从1901—2010年的110年中，共颁诺贝尔物理学奖104次(1916年、1931年、1934年、1940—1942年未颁奖)，已有189人次获奖，其得主的国籍和次数分布见下表。

诺贝尔物理学奖得主国籍统计

美国	英国	德国	法国	荷兰	前苏联	日本	瑞士	瑞典	意大利	丹麦	俄罗斯	奥地利	加拿大、印度、波兰、巴基斯坦各1人
87	24.5	23	11	8	7	6	4	4	3	3	2.5	2	4

(注:对于拥有两个国籍的科学家,两个国家各记0.5)

回顾百余年历史，诺贝尔物理学奖涉及许多研究领域。在X射线方面，德国科学奖伦琴发现X射线而获得1901年的诺贝尔物理学奖；德国科学家劳厄发现了X射线在晶体中的衍射(1914年)；英国科学家巴克拉发现了元素的次级X射线标识谱(1917年)等；从量子论到量子力学，成就辉煌，德国的普朗克提出量子假说(1918年)；爱因斯坦提出光量子假说(1921年)；法国的德布罗意发现了电子的波动性(1929年)；德国的海森堡创立了矩阵力学(1932年)；奥地利的薛定谔创立了波动力学(1933年)等；粒子物理学方向也是硕果累累，英国的查德威克发现了中子(1935年)；美国的安德森发现了正电子(1936年)；日本的汤川秀树预言了介子的存在(1949年);英国的鲍威尔发现了 π 介子(1950年)等;天体物理学和宇宙学的成果更是全球瞩目,美国科学家贝特提出了恒星能源的 C—N 循环理论(1967年);英国的赖尔和休伊什在射电天体物理方面和发现脉冲星方面分别做出杰出贡献(1974年);美国的彭齐亚斯和罗伯特·威尔逊发现了微波背景辐射(1978年);美国科学家福勒创立化学元素起源的核合成理论(1983年)等;凝聚态物理的发展堪为20世纪50年代后物理学界最亮丽的风景线,德国的波诺兹和瑞士的缪勒发现了钡镧铜氧系统中高 T_c 超导电性(1987年);俄罗斯的泽罗斯·阿尔弗洛夫和美国的赫伯特·克罗默研制了用于高速光电子学的半导体异质结结构(2000年);法国的阿尔伯特·福特和德国科学家彼得·格林德在1988年分别独立发现纳米多层膜中的巨磁电阻(2007年);英国的安德烈·盖姆和康斯坦丁·诺沃肖洛夫在二维空间材料石墨烯方面做了开创性实验(2010年)等。这些科学上的巨人,灿如星辰,同他们的成就一样,将永远铭刻在人类科学发展史上,成为不朽的丰碑,照耀千秋万代。

二、两次获得诺贝尔物理学奖的人

美国科学家约翰·巴丁是迄今唯一一位在同一领域(凝聚态物理学)中两次获得诺贝尔奖的传奇式人物,分别于1956年和1972年由于在半导体方面的研究与晶体管效应的发现和微观超导理论(BSC理论)的创立获得诺贝尔物理学奖。巴丁不仅拥有伟大的成就,还有着令人敬仰的人格品质,他以温和、谦逊著称。在与同事交往方面,巴丁从不计较个人的付出,而是把荣誉留给同事。1957年年初,巴丁认为他与库珀、施里弗已经攻克超导理论的难关,于是打算在1957年3月召开的美国物理学会会议上公布他们的研究成果。随后,巴丁让他的两位年轻的合作者前往会议地点最先公布这一理论,而他自己却坚持留在伊利诺斯大学,他这样做的目的无非是想给库珀、施里弗这样的年轻人更多的机会。

巴丁还把对家庭的真诚和热爱延伸到了他的学生和研究人员身上。施里弗回忆说,科学交往和个人交往融合在一起,能成为巴丁长达40年之久的学生和同事,成为巴丁一家人的朋友而感到无比荣幸和自豪。

三、父子同时获奖

英国的亨利·布拉格和儿子劳伦斯·布拉格,因其共同创立了 X 射线晶体结构分析而分享1915年的诺贝尔物理学奖。在 X 射线衍射的研究工作中,父亲善于动手,儿子善于动脑,两人珠联璧合,相得益彰;J·J·汤姆逊因为发现电子获得了1906年诺贝尔物理学奖,而其子 G·P·汤姆逊因电子衍射的实验发现于1937年获奖;1922年因建立玻尔理论而获奖的尼尔斯·玻尔和1975年因对原子核结构理论有杰出贡献而获奖的儿子阿格·玻尔则是一对与原子结下不解之缘的父子。阿格·玻尔从小就在父亲身边接受科学熏陶,经常与父亲及父亲的朋友们共享讨论的兴趣;通过对 X 射线光谱进行分析而发现 M 系谱线的1924年获诺贝尔物理学奖得主曼尼·西格班和1981年因创立 X 射线光电子能谱学而获奖的凯·西格班出自于瑞典著名的物理世家。凯·西格班和父亲一样,很善于组织和领导手下的科研人员,而且工作勤奋,无论平时还是假日,总是坚持工作或是到各个实验室巡视。

父子均获诺贝尔物理学奖绝不是简单的遗传因素所致,因为科学的精神、信仰、态度和思想并非遗传所得,而是源于良好的家庭传统和氛围。从这些获奖父子身上我们会发现,为后代创造和谐积极的家庭环境,要比为他们留下丰富的物质财富更重要。

四、美籍华裔获奖者

祖籍分别为中国安徽和上海的杨振宁和李政道，共同发现了弱相互作用中的宇称不守恒，因此荣获了 1957 年的诺贝尔物理学奖。1976 年，祖籍山东的丁肇中因独立发现了 J/ψ 新粒子也获此殊荣。他最喜欢的诗是叶剑英的《攻关》："攻城不怕坚，攻书莫畏难。科学有险阻，苦战能过关。"朱棣文，祖籍中国江苏，因发展激光冷却和陷俘原子的方法而荣获 1997 年诺贝尔物理学奖。1998 年，祖籍河南的崔琦由于分数量子霍尔效应的重大发现，也走上了诺贝尔物理学奖的领奖台。而 2009 年获物理学奖的高锟出生于上海，求学于香港，深造于英国，定居于美国，可是国籍的改变始终不曾改变他作为炎黄子孙的拳拳之心。

身在海外，山重水隔，斩不断中华儿女情长。他们是华人的骄傲，而且一直心系祖国，以各自的方式努力促进中国的科技事业发展。

五、华人憾事

令我们遗憾的是，诺贝尔奖无情地冷遇了华裔"核科学女皇"——吴健雄。祖籍江苏的吴健雄在 20 世纪微观物理学的发展中，以融实验家和理论家为一体的非凡天才，堪与许多世界第一流的物理学家相媲美。吴健雄以精准的实验结果证明了杨振宁和李政道提出的弱相互作用中宇称不守恒的新论点，但未和他们同时获奖。对杨、李、吴的工作都很了解的美国科学家奥本海默和 1944 年度诺贝尔物理学奖得主拉比（发现核磁共振方法）都曾公开表示，吴健雄应该得到此项荣誉。在物理学史上，曾取得突破性科研成果而与诺贝尔奖失之交臂的还有 1930 年首先发现正负电子湮灭的赵忠尧和 1953 年发现反西格马负超子的王淦昌。

少年智则国智，少年强则国强，少年进步则国进步，少年雄于地球则国雄于地球。正值大好时光的青年人，意气风发，又值国家重视、培养和鼓励人才的黄金时期，理应抓住机遇，立志高远，奋发图强。只有树立了这样的信念，把自己的未来与祖国的前途和命运紧密相连，才可能实现中国国籍公民诺贝尔物理学奖的零突破，为祖国增光，为世界的科学事业贡献力量！

附　　录

附录 A　国际单位制(SI)单位

表 1　国际单位制(SI)的基本单位

量的名称	单位名称	单位符号		定 义
		中文	国际	
长度	米 (meter)	米	m	米是光在真空中 1/299 792 458 秒的时间间隔内所经过的路程
质量	千克 (kilogram)	千克	kg	千克等于国际千克原器的质量
时间	秒 (second)	秒	s	秒是铯－133 原子的基态两超精细能级之间跃迁辐射周期的 9 192 631 770 倍的持续时间
电流	安[培] (Ampere)	安	A	安培是一恒定电流，若保持在处于真空中相距 1 米的两无限长而圆截面可忽略的平行直导线内，则在此两导线之间产生的力在每米长度上等于 2×10^{-7} 牛顿
热力学温度	开[尔文] (Kelvin)	开	K	开尔文是水三相点热力学温度的 1/273.16
物质的量	摩[尔] (mole)	摩	mol	摩尔是一系统的物质的量，该系统中所包含的基本单元数与 0.012 千克碳－12 的原子数目相等。在使用摩尔时，基本单元应指明，可以是原子、分子、离子、电子及其他粒子，或是这些粒子的特定组合
发光强度	坎[德拉] (candle)	坎	cd	坎德拉是一光源在给定方向上的发光强度，该光源发出频率为 540×10^{12} 赫兹的单色辐射，且在此方向上的辐射强度为 1/683 瓦特每球面度

表 2　国际单位制(SI)的辅助单位

量的名称	单位名称	单位符号	定 义
[平面]角	弧度	rad	弧度是一个圆内两条半径之间的平面角，这两条半径在圆周上截取的弧长与半径相等
立体角	球面度	sr	球面度是一立体角，其顶点位于球心，而它在球面上截取的面积等于以球半径为边长的正方形面积

表 3　国际单位制(SI)的十进位制词头

因数	词头名称		符号	因数	词头名称		符号
	原文(法)	中文			原文(法)	中文	
10^{18}	exe	艾[可萨]	E	10^{9}	giga	吉[咖]	G
10^{15}	peta	拍[它]	P	10^{6}	méga	兆	M
10^{12}	téra	太[拉]	T	10^{3}	kilo	千	k

（续）

因数	词 头 名 称		符号	因数	词 头 名 称		符号
	原文(法)	中文			原文(法)	中文	
10^2	hecto	百	h	10^{-6}	micro	微	μ
10^1	déca	十	da	10^{-9}	nano	纳[诺]	n
10^{-1}	déci	分	d	10^{-12}	pico	皮[可]	p
10^{-2}	centi	厘	c	10^{-15}	femto	飞[母托]	f
10^{-3}	milli	毫	m	10^{-18}	atto	阿[托]	a

附录 B　基本物理常量

（供课程计算用）

物 理 量	符 号	数 值	单 位
真空中光速	c	299 792 458	$m \cdot s^{-1}$
真空磁导率	μ_0	$4\pi \times 10^{-7}$	$N \cdot A^{-2}$
		$12.566\ 370\ 614 \times 10^{-7}$	$N \cdot A^{-2}$
真空电容率	ε_0	$8.854\ 187\ 817 \times 10^{-12}$	$F \cdot m^{-1}$
牛顿引力常量	G	$6.672\ 59 \times 10^{-11}$	$N \cdot m^2 \cdot kg^{-2}$
普朗克常量	h	$6.626\ 075\ 5 \times 10^{-34}$	$J \cdot s$
基本电荷	e	$1.602\ 177\ 33 \times 10^{-19}$	C
电子质量	m_e	$9.109\ 389\ 7 \times 10^{-31}$	kg
电子-α 粒子质量比	m_e/m_α	$1.370\ 933\ 54 \times 10^{-4}$	
电子比荷	e/m_e	$-1.758\ 819\ 62 \times 10^{11}$	$C \cdot kg^{-1}$
经典电子半径	r_e	$2.917\ 940\ 92 \times 10^{-5}$	m
电子磁矩	μ_e	$928.477\ 01 \times 10^{-26}$	$J \cdot T^{-1}$
质子质量	m_p	$1.672\ 648 \times 10^{-27}$	kg
质子-电子质量比	m_p/m_e	$1\ 836.152\ 701$	
质子比荷	e/m_p	$9.578\ 830\ 9 \times 10^7$	$C \cdot kg^{-1}$
阿伏伽德罗常量	N_A	$6.022\ 136\ 7 \times 10^{22}$	mol
原子质量常量	u	$1.660\ 540\ 2 \times 10^{-27}$	kg
气体常量	R	$8.314\ 510$	$J \cdot mol^{-1} \cdot K^{-1}$
玻耳兹曼常量	k	$1.380\ 658 \times 10^{-23}$	$J \cdot K^{-1}$
斯特藩-玻耳兹曼常量	σ	$5.670\ 51 \times 10^{-8}$	$W \cdot m^2 \cdot K^{-4}$

参 考 文 献

[1] 张三慧. 大学物理学[M]. 2 版. 北京：清华大学出版社，1999.

[2] 周圣源，黄伟民. 高工专物理学[M]. 北京：高等教育出版社，1996.

[3] 李西伯. 物理学[M]. 北京：高等教育出版社，1992.

[4] 陈熙谋. 光学·近代物理[M]. 北京：北京大学出版社，2002.

[5] 朱峰. 大学物理学[M]. 北京：清华大学出版社，2004.